新技术通识课程系列丛书

互联网技术

李林静　主编

电子工业出版社

Publishing House of Electronics Industry

北京·BEIJING

内 容 简 介

  本书按照"项目任务驱动教学法"进行编写,在"互联网+"的背景下,对网络互联的 TCP/IP 通信体系进行介绍,围绕市面上生产的网络互联设备如接入层交换机、路由器、三层交换机展开介绍。对交换机构建中小型局域网、路由器实现不同网络的互联、无线网络构建、VPN 实现跨网通信安全保护等企业建网、管网、用网需求的企业案例进行梳理,在 Cisco Packet tracer 中组织实施。

  全书共 9 章,主要内容包括网络互联的基础知识、网络互联设备与介质、交换机构建中小型局域网、路由器实现不同网络的互联、无线网络组建、VPN 实现跨网通信安全保护、远程办公、互联网+、"互联网+教育"案例。各章均附有习题,课件 PPT 放在电子工业出版社资源平台上,供读者下载参考。

  Cisco Packet tracer 中以项目、任务进行组织实施,以企业需求为背景,理论知识融入工程项目任务,在实践中掌握建网、管网、懂网、用网所需的知识与技能,培养学生善于用网络工具解决各自领域中出现的实际问题的能力。

  本书适合作为各大高校信息类、电子商务类相关专业互联网技术通识型教材以及各类计算机网络培训班的培训教材,同时也是广大网络爱好者自学计算机网络技术的参考书,具有很高的实用价值。

图书在版编目(CIP)数据

互联网技术 / 李林静主编. —北京:电子工业出版社,2022.6

ISBN 978-7-121-43427-3

Ⅰ. ①互… Ⅱ. ①李… Ⅲ. ①互联网络—高等学校—教材 Ⅳ. ①TP393.4

中国版本图书馆 CIP 数据核字(2022)第 078267 号

责任编辑:魏建波

印　　刷:涿州市京南印刷厂

装　　订:涿州市京南印刷厂

出版发行:电子工业出版社

    北京市海淀区万寿路 173 信箱　　邮编:100036

开　　本:787×1092　1/16　印张:17.25　字数:428.4 千字

版　　次:2022 年 6 月第 1 版

印　　次:2023 年 5 月第 2 次印刷

定　　价:52.00 元

  凡所购买电子工业出版社图书有缺损问题,请向购买书店调换。若书店售缺,请与本社发行部联系,联系及邮购电话:(010)88254888,88258888。

  质量投诉请发邮件至 zlts@phei.com.cn,盗版侵权举报请发邮件至 dbqq@phei.com.cn。

  本书咨询联系方式:(010)88254609,hzh@phei.com.cn。

前　言

　　《国务院关于积极推进"互联网+"行动的指导意见》指出："互联网+"作为一种新形态，是"把互联网的创新成果与经济社会各领域深度融合，推动技术进步、效率提升和组织变革，提升实体经济创新力和生产力，形成更广阔的以互联网为基础设施和创新要素的经济社会发展新形态"。

　　"互联网+"通过发挥互联网在生产要素配置中的优化和集成作用，提升实体经济的创新力和生产力。以 MOOC 为代表的互联网教育，以工业 4.0 为代表的智能制造，以互联网金融为代表的现代服务业等，都展示出"互联网+"的巨大创新空间和潜力。

　　为了将互联网技术完整地呈现出来，与达内时代科技集团有限公司（杭州分部）、杭州塔网科技有限公司、衢州知信科技等企业的网络工程师合作，以企业项目实施和任务场景为载体，本书从网络互联的 TCP/IP 通信结构入手，介绍了用于网络互联的设备和通信介质，并根据不同的应用场景挑选二层交换机、路由器、三层交换机等设备。围绕中小型局域网构建，借助 Cisco Packet Tracer 搭建网络拓扑、IP 地址规划、网络配置、网络连通性测试和故障排除等内容，同时融入交换机的网络互联操作系统 IOS、设备安全保护和 VLAN 技术实现数据流的隔离。随着网络规模的增加，路由器和三层交换机实现网络互联的需求被展现。无线网络是有线网络的有效补充，移动办公人员和分支机构通过 VPN 技术实现内部资源的访问。最后探讨了支持远程办公的工具和分享互联网+案例。

　　本书总结了计算机网络团队在网络互联教学过程中积累的宝贵经验，从各章节的设计到内容的组织，从语言的把握到网络互联技术的讲解，都力争做到合情合理、深入浅出。

　　本书由衢州学院李林静主编。其中第 1 章、第 2 章、第 3 章的部分内容、第 4 章、第 8 章由李林静编写，第 6 章 VPN 基本知识由郑月斋编写，第 3 章的任务 1 和任务 2 由潘铁强编写，杭州塔网科技有限公司的周万里编写了第 6 章的公司搭建企业远程虚拟专用网案例，衢州知信科技徐建伟编写了第 6 章的抗疫期间 VPN 案例，达内时代科技集团有限公司（杭州分部）把建娟编写了第 9 章 互联网+教育案例，衢州学院大数据专业的罗朝亚、张凌琳对项目实施进行了验证，辅助编写了第 5 章和第 7 章内容。

在编写过程中，本书引用了部分参考资料中的相关数据，在此特向有关作者表示深深的谢意。

最后，感谢电子工业出版社及相关工作人员对本书编写工作提供的帮助；感谢家人和朋友给予的关心和大力支持，本书能够完成与你们的鼓励是分不开的；同时也感谢学校对本书出版的支持。

愿本书能够对读者学习互联网络技术有所帮助，并真诚地欢迎读者批评指正，希望能与读者朋友们共同学习成长，在浩瀚的技术之海不断前行。

由于编者水平所限，书中错误在所难免，欢迎读者批评指正。

E-mail：1142762774@qq.com。

李林静

本书中使用的图标

 网络云　 路由器　 二层交换机　 核心交换机

 台式计算机　 Web 服务器

 数据库服务器　 数据库

 无线路由器　 笔记本电脑

 室外无线 AP　 建筑群

 移动办公　 管道

 终端用户

目 录

第 1 章　　　　　　　　网络互联的基础知识

本章的学习目标

- 了解什么是互联网，互联网对数字经济的影响；
- 了解互联网基础结构的演变；
- 掌握互联网的组成，分组交换技术；
- 掌握 TCP/IP 体系结构；
- 熟悉两台主机之间 TCP/IP 封装与解封；
- 理解 IP 地址的作用，掌握网络号的计算方法；
- 熟悉建立简单通信的步骤。

随着信息化、网络化、数字化及智能化的发展，人们进入了"互联网+"时代，各种先进的计算机信息技术、多媒体技术及数字化技术等被应用到各大领域。对此，本章先介绍互联网对数字经济和人们生活的影响，接着对互联网进行了概述，包括互联网发展的三个阶段，以及对数字经济的影响，然后讨论了互联网的组成，实现数据传递的分组交换技术，分析了两台主机之间 TCP/IP 封装与解封过程，明确 IP 地址在网络互联中的作用，网络号的计算方法和建立简单通信的步骤。

1.1　互联网对数字经济发展的支撑作用不断增强

在人工智能、云计算、大数据等信息技术和资本力量的助推下，在国家各项政策的扶持下，2013—2020 年期间，我国互联网和相关服务业保持平稳较快增长态势，业务收入和利润保持较快增长，如图 1.1 所示。其中 2020 年我国互联网产业更是展现出了巨大的发展活力和韧性，克服了新冠肺炎疫情带来的冲击和困难，在数字基建、数字经济、数字惠民和数字治理等方面取得了显著进展，2020 年规模以上互联网和相关服务企业完成业务收入 12838 亿元，较上年增加 777 亿元，同比增长 6.4%，成为我国应对新挑战、建设新经济的重要力量。随着研发投入快速提升，业务模式不断创新拓展，互联网对数字经济发展的支撑作用不断增强。

图 1.1   2013—2020 年互联网业务收入及增长趋势

> **注：**互联网行业是直接参与互联网经营的行业，相关服务业就是跟互联网相关的服务业务，包括物流、仓储、配送等依赖互联网或者跟互联网有关的行业，而其本身并不是互联网行业。

互联网企业的业务分为信息服务、平台服务、接入服务和数据服务。其中，信息服务包括网络音乐和视频、网络游戏、新闻信息、网络阅读等服务内容，在 2020 年，互联网企业共完成信息服务收入 7068 亿元，在互联网业务收入中占比为 55.1%；平台服务以提供生产服务平台、生活服务平台、科技创新平台、公共服务平台等为主，如在线教育平台、网络销售平台企业、直播带货、社交团购等线上销售平台等，在 2020 年，互联网平台服务企业实现业务收入 4289 亿元，占互联网业务收入比为 33.4%。随着 5G、云计算、大数据和人工智能等新技术应用加快，新型基础设施建设进入快速增长期。2020 年以云计算服务、大数据中心业务服务等的数据服务收入为 199.8 亿元，较上年增加 83.6 亿元，同比增长 71.94%。

1.2   互联网对我们生活的影响

随着互联网技术在我国的飞速发展，从共享经济到掌上购物，从线上政务到移动支付，一系列依托于移动互联网手段的新事物，不仅走进了人们视野，还不断改变着人们的生活、工作、学习及沟通方式。

互联网的发展为人们提供了多姿多彩的生活方式。在互联网上，人们不再只是被动的消费者和受众，人们可以参与自己感兴趣的生产或生活过程，成为生成者和创造者；人们也可以从互联网上选择最优的教育和医疗服务；人们还可以通过虚拟社区，享受交友、娱乐、购物乐趣。

互联网的普及使人们的工作方式更加灵活，如办公虚拟化，工作人员在家里同样可以完成自己的任务，基于"互联网+商业"活动，可超越时空的限制而展开，逐步将我们的物理空间向虚拟空间转变。

随着物联网、云计算、大数据的兴起，物品变成了虚拟模式，不再是纯粹的物品。物品可以通过互联网传播、展示、销售，变成虚拟商品，也可以通过物流进行运输转移。通过物联网，人们可以直接觉察事物的所有改变，生存状态和各项自然情况，这些都变成了数据，数据收集、存储、流转、分析、评判、分类、分发都在机器的运算下将所得展示出来，以获得相应的处置。网络赋予了物体以生命，同时也提供给人类更多的资信和依据，人们只需要看懂结果就好。

互联网也改变了人与人之间的空间关系。人们通过网络传递消息，通过网络办公，职场变得互通了，不再受空间限制，可以以互联网相联，而不必见面或者聚在一起就做好了职场中的工作。通过互联网，千里之外的人可以互相沟通、视频、传递、汇款、支付。空间被互联网打破，成了零距离。

1.3　互联网概述

1969 年起源于美国的 ARPANET 现已发展成为世界上最大的国际性互联网。我们先给出关于计算机网络、简单家庭网络、小型企业网络、不断发展的企业网络及互联网的一些最基本的概念。

1.3.1　计算机网络与互联网

计算机网络是利用通信设备和通信线路将地理位置分散功能独立的多台计算机系统互联而成，可以实现资源共享和信息传递的网络系统，计算机网络是计算机技术和通信技术相结合的产物。在计算机网络定义中涉及设备和通信线路，设备在计算机网络中称为节点（Node），通信线路称为链路（Link）。计算机网络中的节点可以是计算机、集线器、交换机、路由器、防火墙等。计算机网络可以很简单，如图 1.2 所示。在图 1.2 中，我们可以看到该网络是由 8 个节点和 7 条链路组成的，6 台 PC 和一台打印机通过线缆与一台二层交换机相连，构成了一个简单的计算机网络，这种简单网络场景一般出现在办公环境中，通过一台二层交换机将多台计算机连接在一起，实现打印机共享和信息通信。计算机网络也可以很复杂，如在谈及网络互联时，我们通常用网络云来表示一个网络，如图 1.3 所示。这样做的好处是可以不去关心网络云中的细节，如有多少节点和链路，此时探讨的是网络互联有关的内容。路由器可以将多个网络互联起来，形成一个覆盖范围更大的网络，即互联网，如图 1.4 所示。在图 1.4 中两台路由器将 5 个网络互联起来。单个网络是把地理位置分散的计算机连接在一起，而互联网则是把多个网络连接在一起。下面对互联网基础结构进行介绍。

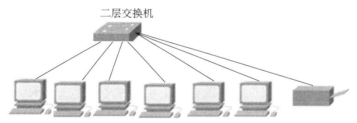

图 1.2　具有 8 个节点和 7 条链路的简单网络

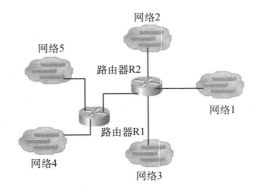

图 1.3　网络云　　　　　　　图 1.4　两台路由器将 5 个网络互联构建互联网

1.3.2　互联网基础结构的演变

互联网是全球规模最大、技术最为成功、应用最为广泛的计算机网络，它是由院校、研究所、企业、政府、家庭局域网和网络服务提供商建立的网络相互连接而发展壮大的超级网络，连接着数以亿万的计算机、服务器等终端设备。互联网基础结构的演变大体上分为三个阶段，这三个阶段并不是连续的，有一些阶段部分重叠了，因为网络结构的演变是逐渐的，并不是某个具体的日期就发生了变化。

第一个阶段是实验室阶段。互联网的前身是 1969 年问世的美国 ARPANET，它是美国高级研究计划署（Advanced Research Project Agency）的简称，由美国国防部创建的第一个分组交换网，它最初只是一个单一的分组交换网，并不是一个互联网，所有要连接在 ARPANET 上的主机都直接与就近的节点交换机相连，但到了 20 世纪 70 年代中期，人们已认识到不可能仅使用一个单独的网络来满足所有的通信需求。于是，专家们就开始研究网络互联问题，这就导致了后来互联网的出现。1983 年，TCP/IP 协议成为 ARPANET 的标准协议，这使得所有使用 TCP/IP 的计算机都能够互联互通、相互通信，因而，人们把 1983 年作为互联网的诞生时间。1990 年，ARPANET 实验任务完成，正式宣布关闭。

第二个阶段是学术性网络。它发展成为三级结构的互联网，如图 1.5 所示。它分为主干网、地区网和校园网或企业网。这种三级计算机网络覆盖了全美国主要的大学和研究所。这就成为了互联网的主要组成部分。后来研究人员觉得互联网的使用不应该只限于在这些平台，必须扩大使用范围，于是美国政府决定将互联网主干网络交给私人公司来经营，并开始对互联网上传输进行收费，互联网由此得到了迅猛的发展。到 1992 年，互联网上的主机就超过 100 万台。那个时候的互联网主干网的速率最高提高到 45Mbit/s。

第三阶段是商业性网络。其特点是逐渐形成多层次网络服务提供商 ISP（Internet Service Provider，ISP）结构的互联网。从 1993 年开始，美国政府不再负责互联网的运营，而是由若干个互联网提供者分别运营各自的部分。在互联网的商业化过程中出现了很多 ISP。为了使不同的 ISP 经营的网络能够互联，美国建立了 4 个网络接入点（Network Access Point，NAP），它们分别由不同的电信公司经营，网络接入点 NAP 是最高级的互联网接入点，用来交换不同网络的流量。实际上，没有一个组织规定哪个服务提供商位于第一级，这要看这个

ISP 的网络规模、连接位置与覆盖范围。网络接入点 NAP 只负责连接那些第二级的 ISP，该级 ISP 一般是国家或区域级的 ISP。第二级的 ISP 负责连接第三级的 ISP，该级 ISP 一般是地区和本地的 ISP，这样互联网就形成了由 ISP 构成的多层次结构，如图 1.6 所示。终端设备可以通过校园网、企业网或 ISP 联入地区主干网，地区主干网通过国家主干网联入国家间的高速主干网，这样就形成了一个由 ISP 互联的大型、层次结构的互联网络结构。

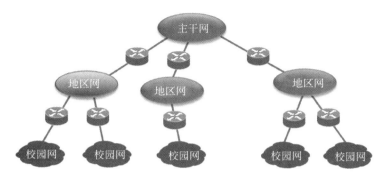

图 1.5　三级结构的互联网

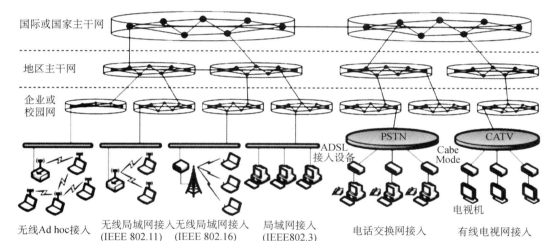

图 1.6　基于 ISP 的多级层次结构

> **注：** 网络服务提供商（Internet Service Provider，ISP），指的是面向公众提供下列信息服务的经营者：一是接入服务，即帮助用户接入 Internet；二是导航服务，即帮助用户在 Internet 上找到所需要的信息；三是信息服务，即建立数据服务系统，收集、加工、存储信息，定期维护更新，并通过网络向用户提供信息内容服务。这些 ISP 在中国有中国电信、中国联通和中国移动等公司。其中，ISP 接入服务是指为任何单位或个人提供上网服务，单位或个人通过某个 ISP 提供的 IP 地址（互联网上的主机都必须有 IP 地址才能上网，这一概念将在后面进行详细讨论）接入到互联网上。IP 地址管理机构不会把一个单个的 IP 地址分配给单个用户，而是把一批 IP 地址有偿租赁给经审查合格的 ISP。ISP 拥有申请的地址块、通信线路及路由器等互联设备，单位或个人向某个 ISP 交纳上网的费用，就可以从该 ISP 获取所需 IP 地址的使用权，并通过 ISP 接入到互联网中。

1.3.3　万维网的诞生推动了互联网的兴起和发展

互联网已经成为世界上规模最大和增长速度最快的计算机网络，没有人能够准确说出互联网究竟有多大。互联网的迅猛发展始于 20 世纪 90 年代。由欧洲原子核研究组织 CERN 开发的万维网 WWW（World Wide Web）被广泛使用在互联网上，大大方便了广大非网络专业人员对网络的使用，这成为互联网指数级增长的主要驱动力。万维网的出现推动了互联网的兴起，并发展成为今天我们所熟知的样子。在万维网诞生 25 周年之际，"互联网之父"蒂姆·伯纳斯·李（Tim Berners-Lee）称，如果当初不免费开放万维网，就不会有互联网的今天。

> **注**：1980 年，伯纳斯·李在欧洲粒子物理实验室工作时，创建了一个以超文本连接为基础的 ENQUIRE 原型系统，将每一个网页相互连接。在接下来的十年，伯纳斯·李继续研发这套系统，并在 1989 年提出了"通用连接信息系统"的概念，使得科学家之间能够分享和更新他们的研究结果。
>
> 1990 年，伯纳斯·李开发了超文本传输协议（HTTP）、超文本标记语言（HTML）、统一资源标识符（URL）、第一款 Web 浏览器和服务器，以及第一批网页。

1.3.4　互联网的发展概况

思科数据显示，在阿帕网诞生 50 年之后的今天，互联网上接入设备的数量已经超过了全球人口总和，是全球人口的两倍多，超过 40 亿人可以接入互联网。

1.　互联网流量正以每年 5ZB 的速度增长

1974 年，互联网上的日流量超过了 300 万个数据包。最初是以 TB 和 PB 为单位进行测算，如今每月的流量就已经以 EB 为单位，即 10^{18} 个字节。根据思科的视频网络指数，2017 年全球 IP 流量达到了每月 122EB，即每年 1.5ZB。思科预计，到 2022 年，全球 IP 年流量将达到每月 396EB，即每年 4.8ZB。随着流量的增长，连接到互联网的设备也在增加。目前，连接到 IP 网络的设备数量已经接近 200 亿台。思科预计，到 2022 年，网络设备将达到 285 亿台，比 2017 年的 180 亿台增长不少。这一数量已经远远超过了全球的人口。总体而言，思科预计到 2022 年，每人平均将拥有 3.6 台网络设备，高于 2017 年的 2.4 台。

2.　智能手机的流量将超过 PC

今天，智能手机的流量正在持续增长，并有望在未来几年超过 PC 的流量。思科的数据显示，2018 年，个人 PC 占总 IP 流量的 41%，但到 2022 年，个人 PC 将只占总 IP 流量的 19%。与此同时，到 2022 年，智能手机占总 IP 流量的比例将由 2017 年的 18% 增长至 44%。

3. M2M 和物联网将占据主导地位

思科的研究表明，设备和连接的数量在增长方面超过了全球人口增长速度，其中增长最快的类别是机器对机器（M2M）连接。M2M 属于物联网的一个子集，应用主要包括智能电表、视频监控、医疗保健监控、交通运输、包裹或资产跟踪。物联网是一个由传感器、机器和照相机等智能设备组成的网络，可以自动连接到互联网并共享信息，形成巨大的网络流量，并生成 ZB 级数据用于监控和分析。研究公司 IDC 预测，2025 年联网的物联网设备将达到 416 亿台，并将产生 79.4ZB 的数据。

4. 互联网助推中国数字经济发展

2020 年 9 月 29 日，中国互联网络信息中心（CNNIC）在京发布的第 46 次《中国互联网络发展状况统计报告》（简称《报告》）称，截至 2020 年 6 月，我国网民规模达 9.40 亿，互联网普及率达 67.0%。在上半年新冠肺炎疫情的冲击下，中国经济被迫拉伸了"韧带"，在供应链、企业管理和商业活动等方面都面临着全新的挑战。而数字经济的新业态、新模式及数字技术的迅猛发展，为提升中国经济"韧带"的韧性，推动形成新的经济增长点提供了重要的支撑。一是 5G、工业互联网等数字技术为数字经济提供了底层基础。借助数字技术，大规模匹配算法和高速网络传输到云端，信息的传输速度更快、能量的耗散更少，推动数字经济成为"低熵经济"。二是网络购物等数字消费为推动经济内循环提供了新动力。2020 年上半年，网络零售的规模已经超过社会消费品零售总额的四分之一，对消费的支撑作用进一步增强。此次《报告》数据显示，生鲜电商、农产品电商、跨境电商、二手电商等电商新模式也保持较快发展，用户规模分别达到 2.57 亿、2.48 亿、1.38 亿和 6143 万，在推动农产品上行、带动消费回流和促进闲置经济发展方面发挥了积极作用。三是以远程办公等为代表的数字服务正在形成新的服务业态。从《报告》中可以发现，在线教育、在线医疗、远程办公的用户规模分别达 3.81 亿、2.76 亿和 1.99 亿，这些成为极具发展潜力的互联网应用，在推动服务业创新的同时不断增强经济的韧性。

1.4 互联网的组成

从互联网的基础结构可以看出，互联网的拓扑结构虽然非常复杂，并且地理位置分布全球，但从其工作方式上看，可以划分为以下两个部分。

（1）边缘部分：由接入互联网的主机组成，用户可以直接使用和访问它们用来进行传递数据、音频或视频和资源共享。

（2）核心部分：由大量网络和连接这些网络的路由器组成，它们为边缘部分的主机提供数据交换和通信。

如图 1.7 所示给出了互联网的两个组成部分，下面分别讨论这两部分的作用和工作方式。

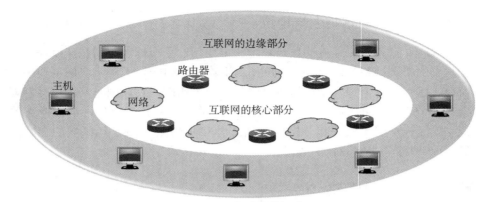

图 1.7 互联网的组成

1.4.1 互联网的边缘部分

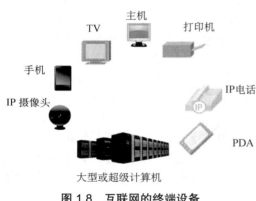

图 1.8 互联网的终端设备

从图 1.7 中可以看出，处于互联网边缘部分的是接入互联网的主机，这些主机又称为终端设备，要么是网络通信中源端，要么是目的端，数据从信源终端设备发出，流经网络，然后到达信宿终端设备，通常包括工作站、笔记本电脑、连接到网络中的服务器、网络打印机、VoIP 电话、网络摄像头、移动无线条码扫描仪、PDA、气象观测的遥控站等，如图 1.8 所示。其中，接入网络中的个人 PC 机不仅可以提供资源（服务）也可以获取资源（服务）；接入网络中的服务器仅提供服务。

随着现代工业生产规模的日益扩大，工业自动化应用日益呈现规模化、复杂化和广域分布化特性，同时随着数据时代的到来，用户对终端设备的功能和结构都提出了更高的要求。可以针对不同的行业选择终端设备之间的通信方式，例如航天、电力等领域对实时性要求较高，对分布性要求相对较低；而环境监测、供水供气等行业对实时性要求较低，对分布性要求较高。由于行业条件要求的差异，相应的终端设备之间的通信方式也会有所差别。

终端设备之间的通信方式通常划分为四大类：客户-服务器（C/S）交互方式、浏览器-服务器交互方式、C/S 与 B/S 混合架构和对等连接方式（P2P）。下面分别对这 4 种通信方式进行介绍。

1. 客户-服务器交互方式

客户-服务器方式即 Client/Server 方式，简称为 C/S 架构，由美国 Borland 公司最早研发。客户端包括一个或多个用户在 PC 上的运行程序，服务器端有两种：一种是数据库服务器，客户端通过数据库连接访问服务器端的数据；另一种是 Socket 服务器端，服务器端的程序通过 Socket 跟客户端通信。在图 1.9 中客户 A 向服务器 B 发出请求服务，服务器 B 向客户 A 提供服务，这里最主要的特征就是：客户端是服务器端的请求方，服务器端是客户端的提供者。服务请求方和服务提供方都要使用网络核心部分所提供的路由转发服务。此时我们称客户 A 与服务器 B 之间进行了网络通信，严格来讲，这里客户 A 与服务器 B 之间的通信指的是各自运行程序进程之间进行的通信。

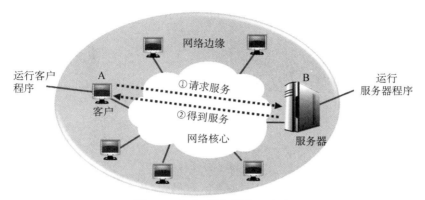

图 1.9　客户-服务器交互方式

注：主机 A 与主机 B 之间的通信是比较宽泛的说法，严格来讲，例如主机 A、B 之间的通信指的是主机 A 上某个进程与主机 B 上的某个进程之间进行了通信。打开 PC 上的任务管理器，切换到进程标签，可以看到当前主机上有很多运行的进程，网络通信进程的标志是 IP 地址+端口号，一台主机具有一个 IP 地址，若有多个进程同时通信，通过端口号来区分不同的进程。例如，工作时我们通常会同时开启 QQ、钉钉、微信等通信工具，通过端口号来区分不同的通信进程。

客户-服务器方式的特点：①在通信时客户端先主动向远地服务器发起通信请求，因此客户端必须知道服务器端的 IP 地址和端口号；②需要在用户的 PC 上安装客户端运行程序，实现绝大多数的业务逻辑和用户界面展示。下面通过一张图来了解 C/S 架构客户端与服务器的交互过程，如图 1.10 所示。在图 1.10 中，客户端和服务器处于同一个单位局域网中，使得交互式响应速度快，实时性强，用户群已知，在单位内部通信安全性很容易得到保障。作为客户端部分需要具备一定计算和存储能力，因为显

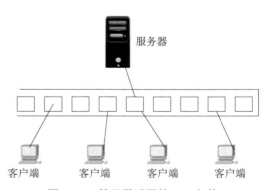

图 1.10　基于局域网的 C/S 架构

示逻辑跟事务处理都包含其中，通过与数据库的交互（通常是 SQL 或存储过程的实现）来达到持久化数据，以此满足实际项目的需要；③根据客户端承担事物逻辑的量，在 C/S 架构中，客户端称为胖客户端；④C/S 交互可以使用任何通信协议。

2.　浏览器-服务器交互方式

浏览器-服务器交互方式即 Browser/Server 交互方式，简称为 B/S 架构，由美国微软公

司研发。它是互联网技术的兴起产物，是基于 C/S 结构理论上改进的一种结构，B/S 属于 C/S，浏览器只是特殊的客户端，如图 1.11 所示。在这种结构下，客户端用户不需要在 PC 上安装任何客户端程序，只需要在用户的 PC 上安装浏览器即可。用户可以使用浏览器通过 Web 服务器和数据库做交互，交互的结果将会以网页的形式显示在浏览器端。下面通过一张图来理解 B/S 架构浏览器与服务器交互的过程，如图 1.12 所示。

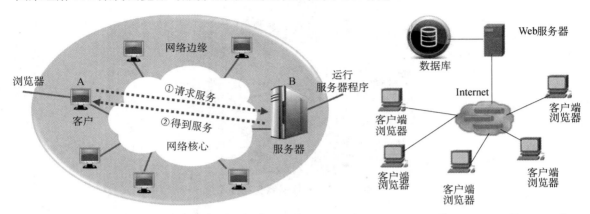

图 1.11　浏览器-服务器交互方式　　　　图 1.12　基于 Internet 的 B/S 架构

浏览器-服务器交互方式的特点：①B/S 架构中，显示逻辑交给了 Web 浏览器，极少数事务逻辑在客户端实现，其主要事务逻辑在服务器端实现；②根据客户端承担事物逻辑的量，在 B/S 架构中，客户端称为瘦客户端；③B/S 架构交互规定必须实现 HTTP 或 HTTPS 协议。

在目前的技术形势下，建立 B/S 结构的网络应用，并通过互联网模式下的数据库应用相对易于把握，成本也是较低的。它可以实现一次性到位的开发，能实现不同的人员从不同的地点，以不同的接入方式访问和操作共同的数据库。它能有效地保护数据平台和管理访问权限，服务器数据库也相对比较安全，尤其是在 Java 语言出现以后，B/S 架构的管理软件更是方便快捷和高效。

1）C/S 架构优缺点

优点：①C/S 架构的界面和操作可以很丰富；②安全性能可以很容易得到保证，实现多层认证也不难；③由于只有一层交互，因此响应速度较快。

缺点：①适用面窄，通常用于局域网中；②用户群固定。由于程序需要安装才可使用，因此不适合面向一些不可知的用户；③维护成本高，发生一次升级，则所有客户端的程序都需要改变。

2）B/S 架构优缺点

优点：①客户端无须安装，有 Web 浏览器即可；②B/S 架构可以直接放在广域网上，通过一定的权限控制实现多客户访问的目的，交互性较强；③B/S 架构无须升级多个客户端，升级服务器即可。

缺点：①在跨浏览器上，B/S 架构不尽如人意；②表现要达到 C/S 程序的程度需要花费不少精力；③在速度和安全性上需要花费巨大的设计成本，这是 B/S 架构的最大问题；④客户端与服务器端的交互模式是请求-响应模式，通常需要刷新页面，这并不是客户乐意看到的，在 Ajax 风行后此问题得到了一定程度的缓解。

3. C/S 与 B/S 混合架构

从上面的对比分析中，我们可以看出，传统的 C/S 体系结构并非一无是处，而新兴的 B/S 体系结构也并非十全十美。由于 C/S 体系结构根深蒂固，技术成熟，原来的很多软件系统都是建立在 C/S 体系结构基础上的，因此，B/S 体系结构要想在软件开发中起主导作用，要走的路还很长。我们认为，C/S 体系结构与 B/S 体系结构还将长期共存。例如，某变电站信息管理系统解决方案中，就使用了 C/S 与 B/S 混合软件体系结构的方式，其结构如图 1.13 所示。

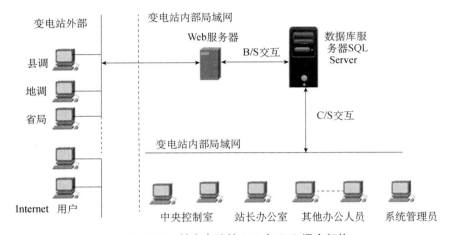

图 1.13　某变电站的 C/S 与 B/S 混合架构

变电站内部用户通过局域网直接访问数据库服务器，外部用户包括县调、地调和省局的用户及普通 Internet 用户通过 Internet 访问 Web 服务器，再通过 Web 服务器访问数据库服务器。该解决方案把 B/S 和 C/S 这两种架构进行了有机的结合，扬长避短，有效地发挥了各自的优势。同时，因外部用户只需一台接入 Internet 的计算机，就可以通过 Internet 查询运行生产管理情况，无须做太大的投入和复杂的设置。这样也方便所属电业局及时了解各变电站所的运行生产情况，对各变电站的运行生产进行宏观调控。

C/S 与 B/S 混合架构的优点是外部用户不直接访问数据库服务器，能保证企业数据库的相对安全。企业内部用户的交互性较强，数据查询和修改的响应速度较快。

C/S 与 B/S 混合架构的缺点是企业外部用户修改和维护数据时，速度较慢，较烦琐，数据的动态交互性不强。

4. 对等连接方式（P2P 方式）

对等连接（Peer-to-Peer，简写为 P2P）是指两个主机在通信时并不区分哪一个是服务请求方，哪一个是服务提供方。只要两个主机都运行了对等连接软件（P2P 软件），它们就可以进行平等的对等连接通信。这时双方都可以下载对方已经存储在硬盘中的共享文档。因此这种工作方式也称为 P2P 文件共享。如图 1.14 所示，主机 A、B、C 和 D 都运行了 P2P 软件，因此这几个主机都可进行对等通信如 A 和 C，B 和 C，B 和 D。实际上，对等连接方式从本质上看仍然是使用客户服务器方式，只是对等连接中的每一个主机既是客户又同时是服务器。例如，主机 C 请求 A 的服务时，C 是客户，A 是服务器。但如果 C 又同时向 B 提供服务，那么 C 又同时起着服务器的作用。

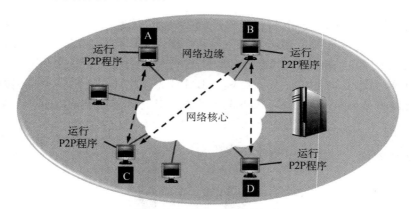

图 1.14　对等连接工作方式

　　自从互联网能够提供音频或视频服务后，宽带上网用户数也持续增加，很多用户使用宽带接入的目的就是能够更快地下载音频或视频文件，在 C/S 架构下，音频或视频文件的分发采用专门的服务器，多个客户端都从此服务器获取这些文件，这就导致互联网上数量很有限的媒体服务器经常要在过负荷状态下工作，有些媒体服务器在大量用户接连不断地访问时甚至会瘫痪。在这种情况下，C/S 架构因为服务器的个数只有一个，即便有多个也非常有限，系统容易出现单一失效点；单一服务器面对众多的客户端，由于 CPU 能力、内存大小、网络带宽的限制，可同时服务的客户端非常有限，可扩展性差。

　　P2P 技术正是为了解决这些问题而提出来的一种对等网络结构。在 P2P 网络中，每个节点既可以从其他节点得到服务，也可以向其他节点提供服务。这样，庞大的终端资源被利用起来，一举解决了 C/S 模式中的两个弊端。

　　P2P 工作方式受到广大网民的欢迎，因为这种工作方式不需要使用集中式的媒体服务器，这就解决了集中式媒体可能出现的瓶颈问题，在 P2P 工作方式下，所有的音频文件都在普通的用户之间传递。这其实是相当于有很多分散在各地的媒体服务器，由普通用户的 PC 机充当这种媒体服务器，向其他用户提供所要下载的音频或视频文件。

　　目前，P2P 工作方式下的文件分发在互联网流量中已占据最大的份额，比万维网应用所占的比例大得多，因此单纯从流量的角度看，P2P 文件共享应当是互联网上最重要的应用，现在 P2P 应用的范围很广，例如，文件分发软件、语音服务软件、流媒体软件、实时音频或视频会议系统、数据库系统、网络服务支持软件（如 P2P 打车软件、P2P 理财、BT 文件下载）等。

1.4.2　互联网的核心部分

　　如图 1.7 所示，互联网的核心部分是路由器，它将 Internet 中各个网络互联起来。路由器是一种专用的计算机，但它不叫作主机，路由器是实现分组交换（Packet Switching）的关键部件，其任务是转发收到的分组，这是网络核心部分最重要的功能。当分组从网络中的某台主机传输到路由器时，路由器根据分组要到达的目的地，通过路由选择算法为分组选择最佳的输出路径，然后将分组转发给与它相连的路由器，当分组从源主机发出后，往往需要经过多个路由器转发，经过多个网络最终到达目的主机。与终端设备的作用不同，在互联网核心部分的路由器是中间设备，它的作用是连接一个网络到另一个或多个网络。在路由器上运行的进程执行以下功能：

（1）重新生成和重新传输数据信号。

（2）维护直连网络和与之相连网络路由信息。

（3）将错误和通信故障通知其他设备。

（4）发生链路故障时，按照备用路径转发数据。

（5）根据服务质量优先级别分类和转发消息。

（6）根据安全设置允许或拒绝数据通信。

1.5　分组交换技术

为了理解分组交换技术，下面先介绍电路交换的基本概念。

1. 电路交换

公共电话网（Public Switched Telephone Network，PSTN）是以电路交换为信息交换方式，以电话业务为主要业务的电信网，是最早建立起来的一种通信网络。

如图 1.15 所示为电路交换的示意图。每一部电话都连接到交换机上，电话机 A 和 B 通话经过 4 个交换机 C、D、E、F，通话在 A 到 B 的连接上进行。其通信过程为：首先 A 拨号请求建立连接，当 B 听到铃音响起并摘机后，从 A 到 B 建立了一条专用物理通路连接，这条连接保证了双方通话时所需的通信资源，而这些资源在双方通信时不会被其他用户占用，此后 A 和 B 就能相互通电话，通话完毕，挂机后交换机释放刚才使用的这条专用物理通道，这种经过建立连接、通话、释放连接三个步骤的交换方式称为电路交换。如图 1.15 所示，用户线是电话用户到所连接的市话交换机的连接线路，是用户独占的传送模拟信号的专用线路，而 4 个交换机之间拥有大量话路的中继线，这些中继线则由许多用户所共有，正在通话的用户只占用了中继线里面的一个话路，电路交换的一个重要特点就是在通话的全部时间内，通话的两个用户始终占用端到端的通信资源。

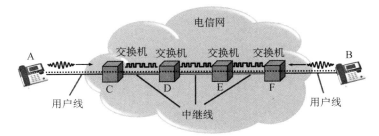

图 1.15　电话 A 和 B 通过电路交换实现通信

电路交换具有如下特点：

（1）电路交换是面向连接的。

（2）电路交换是一种直接的交换方式。

（3）电路交换中交换的含义从资源分配的角度来看，就是电话交换机按照某种方式动态地分配传输线路的资源，如交换机 C、D、E、F 在呼叫连接建立时会动态地为电话机 A 到 B 通话分配一条专用物理通道。

（4）电路交换分为三个阶段：①建立连接，建立一条专用的物理通路，以保证双方通话时所需的通信资源在通信时不会被其他用户占用；②通信，主叫和被叫双方就能互相通电话；③释放连接，释放刚才使用的这条专用的物理通路，即释放刚才占用的所有通信资源。

若公共电话网的终端对象改为计算机，使用电路交换来传送计算机数据，其线路的传输效率往往很低，这是因为计算机产生通信数据需求往往是突发式地出现在传输线路上，因此线路上真正用来传输数据的时间往往不到 10%，甚至不到 1%，已被用户占用的通信线路资源，绝大部分时间是空的。例如，当用户阅读终端屏幕上的信息或用键盘输入或编辑一份文件时，或计算机正在进行处理，而结果尚未返回时，宝贵的通信线路资源并未利用，而是白白地被浪费了。网络为了适应计算机之间的通信，诞生了存储转发技术。

2．分组交换

1）划分分组的基本思想

分组交换采用存储转发技术。如图 1.16 所示，把一个待发送的报文划分为 3 个分组，分组 1、分组 2 和分组 3。其具体做法是在发送端，先把较长的报文划分成较短的、固定长度的数据段如数据 1、数据 2、数据 3，例如，假设当前报文长度=3000bit，若每个数据段为 1024bit，则数据段 1 的长度=1024bit，数据段 2 的长度=1024bit，数据段 3 的长度=3000−1024−1024=952bit。在每一个数据段前面添加上一些必要的控制信息组成首部，就构成了一个分组（Packet），在图 1.16 中，分组 1=首部+数据 1，分组 2=首部+数据 2，分组 3=首部+数据 3，若首部的长度=160bit，则分组 1=1024+160=1184bit，分组 2=1024+160=1184bit，分组 3=952+160=1112bit。

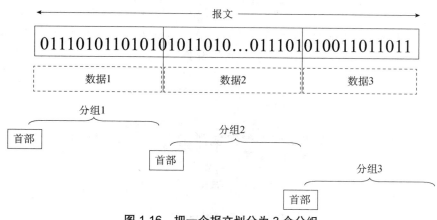

图 1.16　把一个报文划分为 3 个分组

　　分组又称为"包"，同样分组的首部也可以称为"包头"。Internet 以"分组"为基本单位在网络中传递。分组中的首部包含了诸如目的 IP 地址和源 IP 地址等重要控制信息，发送端每个分组独立地选择传输路径，并被正确地交付到目的地。接收到分组后剥去首部还原成报文。这里我们假定分组在传输过程中没有出现差错，在转发时也没有被丢弃。

　　如图 1.17 所示，互联网核心部分的路由器把各个网络互联起来，主机处于互联网边缘部分，在互联网核心部分的路由器一般都用高速链路相连接，而在网络边缘的主机接入到核心部分则通常以相对较低速率的链路相连接。

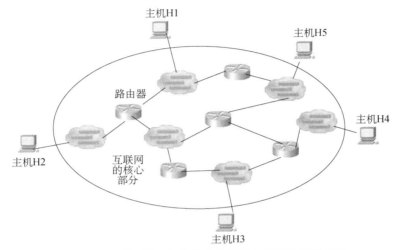

图 1.17　互联网核心部分的路由器把各个网络互联起来

　　主机和路由器都是计算机，但它们的作用却很不一样，主机是为用户进行信息处理的，并且可以和其他主机通过网络交换信息，路由器只用来转发分组即进行分组交换，路由器收到一个分组，先暂时存储一下，检查其首部是否正确，正确查找路由表，按照首部中的目的地址，找到合适的接口转发数据，把分组交给下一个路由器，这样一步一步地以存储转发的方式把分组交给最终的目的主机，各路由器之间必须经常交换彼此掌握的路由信息，以便创建和动态维护路由器中的路由表，使得路由表能够在整个网络拓扑发生变化时及时更新。

　　当我们讨论路由器转发分组过程时，往往把单个网络简化成一条链路，把路由器看成一个节点，这种简化图如图 1.18 所示。由图 1.18 我们可以看到互联网核心部分是路由器互联起来的网络，这样做的好处是可以重点关注路由器如何进行分组转发，而忽略具体网络的连接细节干扰。

　　2）分组的转发方式

　　交换网络可采用数据报分组交换和虚电路分组交换两种方式。

　　（1）数据报分组交换。数据报分组交换以数据报（Datagram）为基本传输单位，每个报文分组携带独立 IP 报头，IP 报头里含有源 IP 地址和目的地 IP 地址，这样每个报文分组都独立选择路径进行传输，最终各个分组到达目的地时可能出现不是按发送端出发的顺序到达目的地，即乱序到达，也有可能某个分组丢失，或某个分组重复到达。

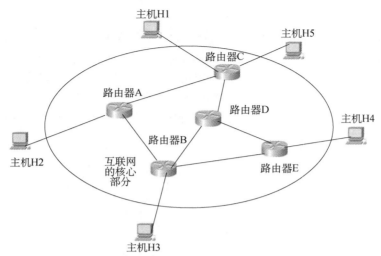

图 1.18　核心部分中的网络可用一条链路表示

为了说明数据报分组交换过程，现在举例说明，如图 1.19 所示，假设主机 A 向主机 D 发送三个分组，分别为 A.D.1、A.D.2、A.D.3。主机 A 先将分组逐个发往与它直接相连的路由器 A，路由器 A 把主机 A 发来的分组 A.D.1、A.D.2、A.D.3 放入缓存，假定从路由器 A 的路由表中查出分组 A.D.1 应该转发到链路路由器 A→路由器 C，于是分组 A.D.1 就传送了路由器 C，路由器 C 发现与主机 D 直接相连，将分组 A.D.1 交给主机 D，分组 A.D.1 达到目的主机 D。当分组 A.D.1 正在链路路由器 A→路由器 C 上传送时，该分组 A.D.1 并不占用网络的其他链路资源。分组 A.D.1 独立选择传输路径为主机 A→路由器 A，链路路由器 A→路由器 C，路由器 C→主机 D，如图 1.19 虚线所示。

当路由器 A 准备转发分组 A.D.2 时，假设链路路由器 A→路由器 C 的通信量太大，路由器 A 把分组 A.D.2 沿链路路由器 A→路由器 B 转发给路由器 B，路由器 B 把分组 A.D.2 放入缓存，路由器 B 根据路由表将分组 A.D.2 沿链路路由器 B→路由器 D 转发给路由器 D，路由器 D 把分组 A.D.2 放入缓存，路由器 D 根据路由表将分组 A.D.2 沿链路路由器 D→路由器 C 转发给路由器 C，路由器 C 发现与主机 D 直接相连，将分组 A.D.2 交给主机 D，分组 A.D.2 达到目的主机 D。分组 A.D.2 独立选择传输路径为主机 A→路由器 A，链路路由器 A→路由器 B，链路路由器 B→路由器 D，链路路由器 D→路由器 C，链路路由器 C→主机 D，如图 1.19 粗线所示。

当路由器 A 准备转发分组 A.D.3 时，假定从路由器 A 的路由表中查出分组 A.D.3，应该转发到链路路由器 A→路由器 C，于是分组 A.D.3 就传送了路由器 C，路由器 C 发现与主机 D 直接相连，将分组 A.D.3 交给主机 D，分组 A.D.3 达到目的主机 D。当分组 A.D.3 正在链路路由器 A→路由器 C 上传送时，该分组 A.D.3 并不占用网络的其他链路资源。分组 A.D.3 独立选择传输路径为：主机 A→路由器 A，链路路由器 A→路由器 C，路由器 C→主机 D，如图 1.19 虚线所示。

由于分组在交换转发过程中选择传输路径不同，到达目的主机的先后顺序就有可能和发送端出发时的发送分组的顺序不同，假设在图 1.19 所示到达目的主机 D 的分组顺序为 A.D.1、A.D.3、A.D.2，目的主机需要执行重组操作，重新对收到的分组进行排序，使得还原为发送时的顺序。这里假设各分组在发送的过程中没有出现丢失。

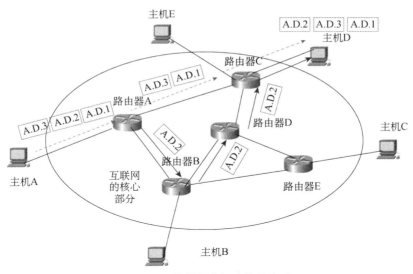

图 1.19　数据报分组交换的方式

数据报分组交换的特点有：①每个数据报分组在交换转发过程中独立选择传输路径；②每个数据报分组在传输过程中都必须带有源节点地址和目标节点地址；③每个数据报分组到达目标节点时可能出现乱序、重复或者丢失现象；④每个数据报分组传输路径逐段链路占用，使用完后立即释放。

在图 1.19 中我们只描述了假设主机 A 向主机 D 发送分组。实际上，Internet 可以容许非常多的主机同时进行通信。假设主机 A 向主机 D 发送分组的同时主机 B 向主机 E 发送分组 B.E.1 和 B.E.2，所选择的传输路径如虚线箭头所示的方向，如图 1.20 所示。链路 B-D、链路 D-C 同时为两对主机通信进行服务，分组 B.E.1、B.E.2 和 A.D.2 采用逐段占用的方式使用链路路由器 B→路由器 D，链路路由器 D→路由器 C，一旦完成某个分组传输，即可释放该链路。

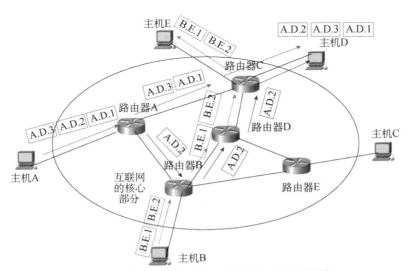

图 1.20　数据报分组交换中两对主机间同时通信

（2）虚电路分组交换。虚电路分组交换就是两个用户的终端设备，在开始相互发送和接收数据之前，需要通过通信网络建立起逻辑的连接，在虚电路分组交换中，所有分组都必须按照事先建立的虚电路传输，且存在一个虚呼叫建立连接和拆除阶段，而不是建立一条专用的物理电路，这是与电路交换本质上的区别。为了说明虚电路分组交换过程，现在举例说明，如图 1.21 所示，假设主机 A 向主机 D 发送分组，在发送分组之前需要建立分组转发数据的路径，即虚电路号为路由器 1→路由器 2→路由器 4→路由器 3，连接建立完成所有分组，A.D.1、A.D.2、A.D.3 都必须沿着事先建立的虚电路传输从路由器 1→路由器 2→路由器 4→路由器 3，路由器 3 发现与主机 D 直接相连，将分组 A.D.1、A.D.2、A.D.3 按发送顺序交给主机 D。

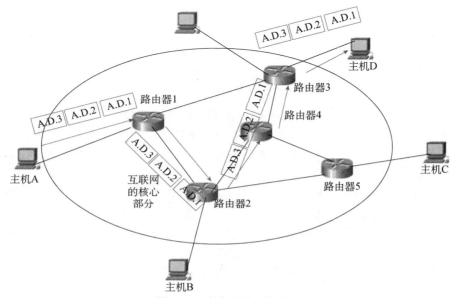

图 1.21　虚电路的工作方式

此时传输路径主机 A→路由器 1→路由器 2→路由器 4→路由器 3→主机 D，对于主机 A 向主机 D 发送分组来说，其路径是逐段占用的，例如，分组 A.D.1、A.D.2、A.D.3 使用完路由器 2→路由器 4 链路后，其他具有路由器 2→路由器 4 虚电路号的分组也可以使用链路路由器 2→路由器 4。如果在电路交换中，一旦连接路径建立如主机 A→路由器 1→路由器 2→路由器 4→路由器 3→主机 D，此时只有主机 A 和主机 D 可以使用，直到主机 A 和主机 D 之间的通话结束才释放所建立的所有链路段。

同样在虚电路分组交换网中，也支持多对主机同时进行通信。假设主机 A 向主机 D 发送分组的同时主机 B 向主机 E 发送分组 B.E.1 和 B.E.2，所选择的虚电路传输路径如虚线箭头所示的方向，主机 B→路由器 2→路由器 4→路由器 3→主机 E，如图 1.22 所示。虚电路号路由器 2→路由器 4→路由器 3 同时为两对主机通信进行服务，分组 B.E.1、B.E.2 和 A.D.1、A.D.2、A.D.3 采用逐段占用的方式使用虚电路号路由器 2→路由器 4，路由器 4→路由器 3，一旦完成分组传输，即可释放该虚电路号链路的占用。

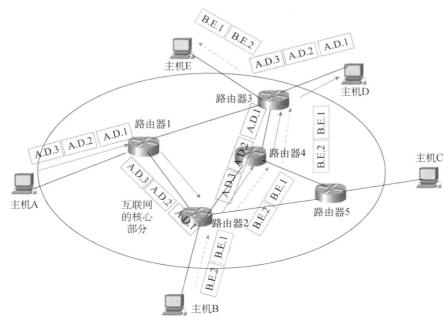

图 1.22　虚电路 2 对主机同时通信

　　虚电路分组交换的特点有：①通信前必须在源节点和目标节点之间建立一条虚电路号连接；②主机间通信包括虚电路建立、数据传输和虚电路拆除 3 个阶段；③有临时性专用链路。报文分组不必带目标地址、源地址等辅助信息，但需要携带虚电路标识号；④分组到达目标节点时不会出现丢失、重复和乱序的现象；⑤分组通过每个虚电路上的节点时，节点只需要进行差错检测，不进行路径选择；⑥互联网核心部分中的每个节点可以和任何节点建立多条虚电路连接。

1.6　按不同类别对互联的网络进行分类

　　路由器将各个网络互联起来形成互联网。这些网络是随着社会需求发展而出现的产物，可以从不同的角度对各个网络进行分类，学习并理解网络的分类，有助于我们更好地理解各个网络。下面进行简单介绍。

1. 按计算机网络的覆盖范围进行分类

　　按照计算机网络所覆盖的地理范围的大小进行分类，计算机网络可以分为局域网（Local Area Network，LAN）、城域网（Metropolitan Area Network，MAN）、广域网（Wide Area Network，WAN）和个人区域网（Personal Area Network，PAN）。了解一个计算机网络所覆盖的地理范围的大小，可以使人们一目了然地了解该网络的规模和主要技术。局域网的覆盖范围一般在方圆几十米到几千米，一个办公室、一个办公楼、一个建筑物或多个建筑群内，一个园区范围内的网络就是典型的例子，在企业、院校、政府部门内部建设的网络也是局域网，该网络属于单位独自管理、私有的，如图 1.23 所示就是覆盖一个建筑物或多个建筑物的局域网。

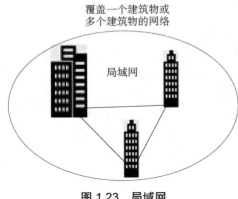

图 1.23　局域网

当网络覆盖范围达到一个城市的大小时，称为城域网（MAN），城域网的覆盖范围一般是一个城市，可跨越几个街区甚至整个城市，其覆盖距离为 5～50km。城域网可以为一个或几个单位所拥有，但也可以是一种公用设施，用来将多个局域网进行互联。目前很多城域网采用的是以太网技术，因此有时也常并入局域网的范围进行讨论。

网络覆盖到多个城市甚至全球的时候，就属于广域网的范畴，我国著名的公共广域网是 ChinaNet、ChinaPAC、ChinaFrame、ChinaDDN 等。大型企业、院校、政府机关通过租用公共广域网的线路，可以构成自己的网络系统。如图 1.24 所示说明了 LAN 和 WAN 之间的关系。在图 1.24 中，一家公司在城市 1 和城市 2 都拥有自己的办公区域和移动办公人员，要像局域网络中的计算机那样，通过电缆连接跨越 50km 以上城市之间的计算机，显然是不切实际的，为了满足这种需要，广域网（WAN）技术应运而生，通过路由器连接两个城市之间的局域网，实现公司和个人远距离通信需求。广域网唯一的目的是连接局域网，它通常没有终端用户，只负责分组转发的中间设备，如路由器和核心交换机等。

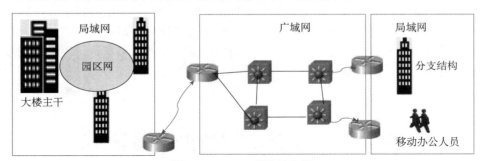

图 1.24　WAN 所处的位置

WAN 借助服务提供商 ISP 如中国电信、联通、移动提供的设施才能使位于不同地点的 LAN 相互连接，依据合同租用线路得到带宽和服务。ISP 负责在广域网上传送消息的中间设备和通信线路。

LAN 和 WAN 的不同有：

（1）WAN 是覆盖区域比 LAN 大的数据通信网络。

（2）LAN 连接一栋大楼或其他小型地理区域内的计算机、外围设备和其他设备；而 WAN 连接不同的 LAN，是互联网的核心部分。

（3）WAN 由 ISP 维护运营，而 LAN 归使用它的公司或组织所有。

Internet 是世界上最大的广域网，覆盖全球，完成了最大区域范围内计算机之间的网络通信传输。作为第五代移动通信网络 5G，其峰值理论传输速度可达每秒数十吉字节，在互联网资源下载、访问方面可以提供更快的速度，其最重要的功能就是移动终端可以快速地访问互联网了。同时它绝不局限于互联网的访问，还涉及物联网。5G 网络将作为物联网的组网基础，其所连接的网络将不仅仅是手机、PC，而是万物，所以 5G 实现了范围更广、接入网络更多的网络互联。

随着各种短距离无线通信技术的发展，人们提出了一个新的概念，即个人局域网（PAN）。PAN 的核心思想是，用无线电或红外线代替传统的有线电缆，实现个人信息终端的智能化互联，组建个人化的信息网络。从计算机网络的角度来看，PAN 是一个局域网；从电信网络的角度来看，PAN 是一个接入网，因此有人把 PAN 称为电信网络"最后一米"的解决方案。PAN 定位在家庭与小型办公室的应用场合，其主要应用范围包括语音通信网关、数据通信网关、信息电气互联与信息自动交换等。实现技术主要有 Bluetooth、IrDA、Home RF、ZigBee 与 UWB（Ultra-Wideband Radio）四种。

2. 按面向的用户群分类

公用网（Public Network）：公用的意思就是所有愿意按电信公司的规定缴纳费用的人都可以使用这种网络，如电信公司出资建设的大型网络，因此公用网也称为公众网。

专用网（Private Network）：也称单位内部网，为一个或几个部门所拥有，如银行、学校、军队、铁路、电力等，它只为拥有者提供内部员工服务，这种网络不向拥有者以外的人提供服务，如单位业务逻辑、单位办公流转等。专用网通常是由组织和部门根据实际需要自己投资建立的。

3. 按用户接入互联网方式分类

随着通信技术迅猛发展，电信业务向综合化、数字化、智能化、宽带化和个人化方向发展，人们对电信业务多样化的需求也不断提高，同时主干网上 SDH、ATM、无源光网络（PON）及 DWDM 技术的日益成熟和使用，为实现语音、数据、图像"三线合一，一线入户"奠定了基础。如何充分利用现有的网络资源增加业务类型，提高服务质量，已成为电信专家和运营商日益关注研究的课题，"最后一公里"解决方案是大家最关心的焦点。因此，接入网成为网络应用和建设的热点。所谓接入网，是指骨干网络到用户终端之间的所有设备。其长度一般为几百米到几千米，因而被形象地称为"最后一公里"。由于骨干网一般采用光纤结构，传输速度快，因此，接入网便成为整个网络系统的瓶颈。接入网的接入方式包括铜线（普通电话线）接入、光纤接入、光纤同轴电缆（有线电视电缆）混合接入和无线接入等几种方式。

从前面的介绍可以知道，企业或家庭用户必须通过 ISP 才能接入互联网，它是用户能够与互联网连接的"桥梁"，这个桥梁是单位或家庭用户想高速接入互联网而产生的一种网络技术，称为接入网（Access Network，AN），如图 1.25 所示。接入网是局域网如校园网或企业网和城域网之前的桥接区。接入网提供多种宽带接入技术，使用户接入互联网的瓶颈得到某种程度的缓解，现在电信为家庭用户提供 1Gbps 宽带接入技术。

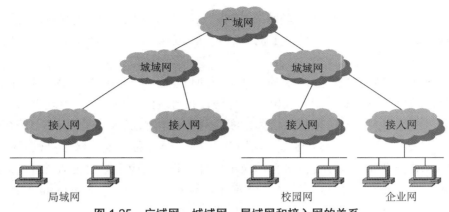

图 1.25　广域网、城域网、局域网和接入网的关系

1.7　计算机网络体系结构

1.7.1　计算机网络划分层次的必要性

路由器将各个网络连接起来形成互联网，实现通信和资源共享。数据通信从信源终端设备发出，流经网络，然后到达信宿终端设备。例如，为了可靠地完成信源到信宿网络文件传输任务，需要唤醒信宿，让信宿准备就绪，从信源到信宿经过多个中间节点，中间节点接收、存储，根据路由表重新转发数据，同时还需要对网络传输过程进行诸如目的地寻址、通信线路选择、争用、出错重发等各种控制。由此可见，从信源到信宿进行数据通信，这种通信必须高度协调工作才行，而这种协调是相当复杂的，为了设计这种复杂网络，网络通信采用分层的设计方法，可以将庞大而复杂的问题，转化为若干较小的局部问题，而这些较小的局部问题就比较易于研究和处理。

1.7.2　计算机网络体系结构的形成

在计算机网络产生之初，每个计算机厂商都制定了自己的网络模型，如 IBM 公司在 1974 年提出的系统网络结构模型（System Network Architecture，SNA），DEC 公司于 1975 年提出的分布式网络结构模型（Distributed Network Architecture，DNA）等。这些由不同厂商自行提出的专用网络模型，在体系结构上差异很大，相互之间互不相容，更谈不上将不同厂商产品的网络相互连接起来，构成更大的网络系统，这严重阻碍了计算机网络的发展，在这种情况下，就需要一个所有计算机都能使用的网络模型，因此诞生了 OSI 模型。

国际标准化组织在 1978 年提出了开放系统互联参考模型（Open System Interconnect Reference Model，OSI/RM）。"开放"是指非独家垄断，只要遵循 OSI 标准，一个系统就可以和位于世界上任何地方，也遵循 OSI 标准的其他任何系统进行通信。该模型是设计和描述网络通信的基本框架，生产厂商根据 OSI 模型的标准设计产品，OSI 模型描述了网络硬件和软件如何以层的方式协同工作并进行网络通信。

OSI 试图达到一种理想情况，即如果所有的计算机都遵循这个统一的标准，那么全世界计算机都能够很方便地进行互联和交换数据。在 20 世纪 80 年代，许多大公司甚至一些国家的政府机构纷纷表示支持 OSI。当时看来，似乎在不久的将来，全世界一定会按照 OSI 的标准来构造自己的计算机网络。然而到了 20 世纪 90 年代初期，虽然整套的 OSI 国际标准都已经制定出来了，但由于基于 TCP/IP 的互联网已抢先在全球相当大的范围内成功运行了，而与此同时却几乎找不到有任何厂家生产出符合 OSI 标准的商用产品。因此，人们得出这样的结论，OSI 只获得一些理论研究成果，但在市场化方面则事与愿违地失败了。现今规模最大、覆盖全球的，基于 TCP/IP 的互联网并未使用 OSI 标准。OSI 失败的原因，可归纳为：

（1）OSI 的专家们缺乏实际经验，他们在完成 OSI 标准时缺乏商业驱动力。

（2）OSI 协议实现起来过分复杂，而且运行效率很低。

（3）OSI 标准的制定周期太长，因而，使得按 OSI 标准生产的设备无法及时进入市场。

（4）OSI 层次划分不合理，有些功能在多个层次中重复。

现在得到广泛应用的不是法律上的国际标准 OSI，而是非国际标准 TCP/IP，这样 TCP/IP 被称为事实上的国际标准。从这种意义上来讲，能够占领市场的就是标准，在过去制定标准的组织中，往往以专家学者为主，但现在许多公司都纷纷加入了各种标准化组织，使得技术标准具有浓厚的商业气息。一个新标准的出现，有时不一定反映其技术水平是最先进的，而往往是因为它有一定的市场背景。

1.7.3 OSI 分层模型与协议

OSI 参考模型是一种将异构系统互联的分层结构。该结构共有 7 层，如图 1.26 所示。从下往上依次为物理层、数据链路层、网络层、传输层、会话层、表示层、应用层，也被依次地称为 OSI 第一层、第二层、第三层、第四层、第五层、第六层、第七层。在图 1.26 中，源主机 A 的每一层与目标主机 B 的对应层进行通信，如主机 A 的应用层与主机 B 应用层通过应用层协议进行通信，主机 A 的网络层与主机 B 的网络层通过网络层协议进行通信。这种通信称为对等实体间通信（peer-to-peer）。对等实体之间交换数据和通信时所必须遵守的规则和标准的集合称为协议，协议由语法、语义和时序三个要素构成，语法包括数据与控制信息的格式、信号电平等；语义指协议语法成分的含义，包括协调用的控制信息和差错管理；时序包括时序控制和速度匹配关系。

在对等实体间通信的过程中，每一层协议交换的信息称为协议数据单元（Protocol Data Unit，PDU），通常在该层的 PDU 前面增加一个单字母的前缀，表示哪一层数据，如应用层数据称为应用层协议数据单元（Application PDU，APDU），表示层数据称为表示层协议数据单元（Presentation PDU，PPDU），会话层数据称为会话层协议数据单元（Session PDU，SPDU）。通常把传输层数据称为段（Segment），网络层数据称为数据包（Packet），数据链路层称为帧（Frame），物理层数据称为比特流（Bit）。对等实体间通信建立的是逻辑信道，物理上上层通过接口调用下层服务。

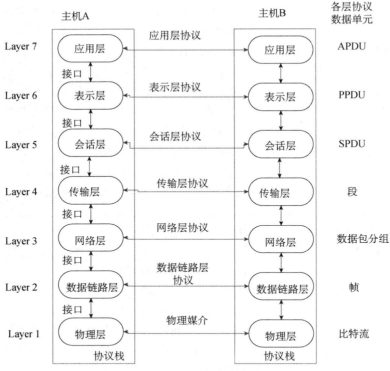

图 1.26　OSI 七层模型

1.7.4　TCP/IP 体系结构

TCP/IP 模型源于美国国防部的 ARP 计划，是迄今为止发展最成功的通信协议，它被用于构筑目前最大的、开放的互联网络系统 Internet。该模型分为四层，自下而上分别为网络接入层、网络互联层、传输层和应用层，如图 1.27 所示。在图 1.27 中，TCP/IP 模型有 2 个版本，左边版本是实际的模型，中间则是更通俗的对等模型，它们的区别在底部。正式的模型只有网络接入层，而对等模型则使用了 OSI 模型中相对应的两层。

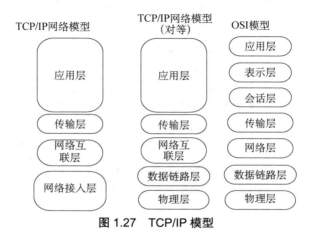

图 1.27　TCP/IP 模型

1．TCP/IP 各层功能

在 TCP/IP 模型中，网络接入层是 TCP/IP 模型的最低层，负责接收从网络互联层来的 IP 数据包，并将 IP 数据包通过底层物理网络发送出去，或者从底层物理网络上接收数据帧，抽出 IP 数据报，交给网络互联层。网络接入层使采用不同技术和网络硬件的网络之间能够互联，如以太网、帧中继、无线局域网之间能够互联。网络接入层功能对应 OSI 体系结构上数据链路层和物理层。

网络互联层负责为分组交换网上的不同主机提供通信服务，独立地将分组从源主机送往目的主机，包括为分组提供最佳路径选择和交换转发功能。TCP/IP 模型的网络互联层在功能上非常类似于 OSI 模型的网络层。在发送数据时，网络层把传输层产生的报文段封装成分组或包（Packet）进行传送。在 TCP/IP 体系中，由于网络层使用 IP 协议，因此分组也叫 IP 数据报，或简称数据报。

传输层负责在源节点和目的节点的两个对等实体间提供可靠的端到端的数据通信，即两主机中进程之间的通信，为保证数据传输的可靠性，传输层协议提供了确认、差错控制和流量控制等机制，传输层从应用层接收数据，并且在必要的时候把它分成较小的单元传递给网络层，并确保到达对方的各段信息正确。

应用层的任务是通过应用进程间的交互来完成特定网络应用，这些进程指主机上正在运行的程序，进程间交互和通信的规则对不同的应用需要不同的应用层协议，如 WWW 的 HTTP 协议，收发邮件的 SMTP，域名解析 DNS 等。通常我们将应用层要发送的数据称为报文（Message）。

2．TCP/IP 各层主要协议

TCP/IP 事实上是一个协议族，目前包含了 100 多个协议，用来将各种计算机和网络通信设备组成实际的 TCP/IP 计算机网络。TCP/IP 体系结构各层的一些重要协议如图 1.28 所示。

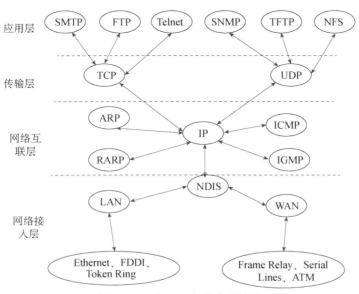

图 1.28　TCP/IP 各层主要协议

（1）网络接入层包括各种具体的物理网络，如以太网 Ethernet、令牌环网、帧中继、ISDN 和分组交换网 X.25 等。

（2）网络互联层包括多个重要协议，主要协议有 4 个：IP、ICMP、ARP、RARP。

IP 协议（Internet Protocol，IP）是其中的核心协议，该协议规定 IP 分组的格式。Internet 控制消息协议（Internet Control Message Protocol，ICMP）提供网络控制和消息传递功能。地址解析协议（Address Resolution Protocol，ARP）用来将逻辑地址 IP 地址解析物理地址。反向地址解析协议（Reverse Address Resolution Protocol，RARP）通过 RARP 广播将物理地址解析成逻辑 IP 地址。

（3）传输层主要协议有 TCP 和 UDP。传输控制协议（Transport Control Protocol，TCP）是面向连接的协议，用三次握手和滑动窗口机制来保证传输的可靠性和进行流量控制。用户数据报协议（User Datagram Protocol，UDP）是面向无连接的不可靠的传输层协议。

（4）应用层协议，常见的有 HTTP、SMTP、DNS、Telnet 等。

1.7.5　两台主机之间 TCP/IP 封装与解封

前面我们对信源到信宿的通信过程采用层次结构进行描述，现在我们采用实际使用 TCP/IP 五层层次体系结构对信源到信宿的通信过程进行细化，为了说明通信过程，以图 1.29 为例，主机 A 通过路由器与主机 B 相连。

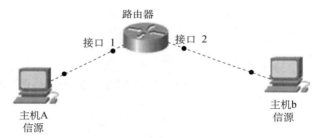

图 1.29　路由器直接连接两台主机

现在假设主机 A 上的应用进程 AP1 向主机 B 上的应用进程 AP2 传送数据。

采用 TCP/IP 五层层次体系结构对信源到信宿的通信过程进行描述，如图 1.30 所示，在图 1.30 中路由器在转发分组时只用到 TCP/IP 物理层、数据链路层和网络互联层。

发送端应用进程 AP1 在各层的封装过程如图 1.31 所示。在图 1.31 中，数据从应用层开始，逐层添加相应的首部信息。如应用层在数据的前面加上 H5；到传输层"H5+数据"称为传输层的数据，此时加上 H4，它是 TCP 头；到网络互联层"H4+H5+数据"称为网络互联层的数据，此时加上 H3，它是 IP 头；到数据链路层"H3+H4+H5+数据"称为数据链路层的数据，此时加上 H2 和 T2，它们分别是帧头和帧尾；这种网络节点在发送数据之前从上到下逐层用特定的协议头打包来传送数据过程，称为封装。发送端参与封装的层次和顺序是 Layer5→Layer4→Layer3→Layer2，物理层没有参与封装，到了物理层转化为可以光信号或电信号进行传播的比特流。

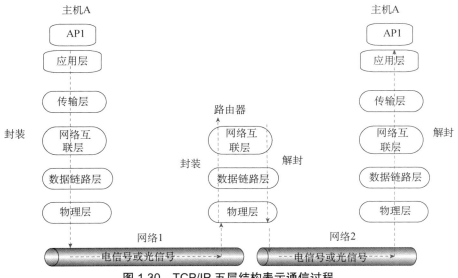

图 1.30　TCP/IP 五层结构表示通信过程

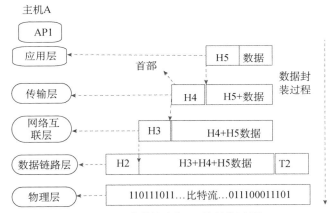

图 1.31　发送端主机 A 的封装过程

　　封装的数据通过物理电缆到达路由器的接口 1，接口 1 接收，逐层剥去相应的首部信息进行解封，如在数据链路层剥去帧头 H2 和帧尾 T2 后，剩下的的数据"H3+H4+H5"上传到网络互联层，网络互联层剥去 IP 报头 H3，查看 IP 报头 H3 和当前路由器转发的内容，决定从路由器接口 2 转发出去，重新在路由器上对剥去 IP 头 H3 的数据进行封装，封装的顺序是网络互联层→数据链路层，在网络互联层添加原来的 H3，对"H4+H5+数据"进行封装，在数据链路层添加"h2+t2"进行封装，此时帧头 h2 和帧尾 t2 与在发送添加的帧头 H2 和帧尾 T2 是不一样的，后面会对这部分内容进行详细介绍。物理层没有参与封装，封装的数据到了物理层转化为可以用光信号或电信号进行传播的比特流，路由器上封装和解封的过程如图 1.32 所示。

　　封装的数据通过物理电缆到达主机 B，主机 B 接收，逐层剥去相应的首部信息进行解封。解封的顺序是 Layer2→Layer3→Layer4→Layer5，如图 1.33 所示。在图 1.33 中，在数据链路层剥去 h2 和 t2，在网络互联层剥去 H3，在传输层剥去 H4，在应用层剥去 H5，至此主机 B 上的应用进程 AP2 收到主机 A 上的应用进程 AP1 发送的数据 data，假设没发生出错和丢失，收到的数据和发送的数据是一模一样的。

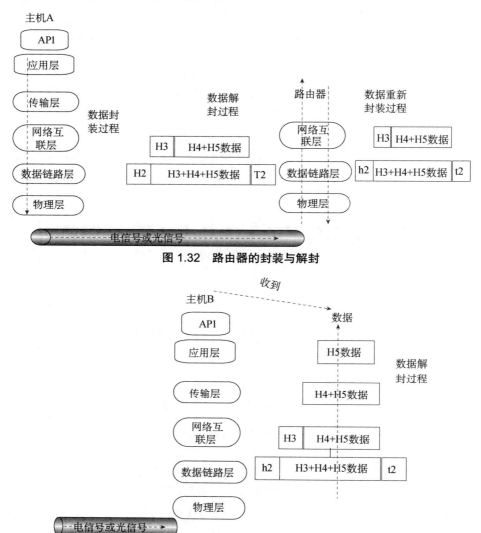

图 1.32　路由器的封装与解封

图 1.33　主机 B 解封过程

从图 1.31 到图 1.33 可以看出，主机 A 上的应用进程 AP1 向主机 B 上的应用进程 AP2 传送数据的过程是复杂的，但这些复杂的封装和解封过程对用户来说，都被屏蔽掉了，用户感觉我们是从主机 A 上发送数据直接通过网络把数据交给了主机 B。

1.8　IP 地址

为了使两台主机间实现通信，就必须为它们配置恰当的地址，这个地址是网络层的 IP 地址，它是网络中每台设备都必须具有的唯一定义的网络层地址。联网的计算机都必须使用

IP 地址来标识自己，类似于电话号码，通过电话号码可以找到相应的电话机主，电话号码没有重复的，IP 地址也一样。在网络层，通信两端的源地址和目的地址来标识该通信的数据包。采用 IPv4，每个数据包的 IP 报头中都有一个 32 位源 IP 地址和一个 32 位目标 IP 地址。当该数据包在网络中传输时，这两个地址保持不变，以确保网络设备总能根据确定的这两个 IP 地址，将数据包从源通信主机送往指定的目的主机。

1. IP 地址管理机构

IP 地址由统一的组织负责分配，所有的 IP 地址都由国际组织 NIC（Network Information Center）负责统一分配，目前全世界共有 NIC、APNIC、RIPE 三个这样的网络信息中心，具体负责美国及其他地区的 IP 地址分配。我国申请的 IP 地址要通过 APNIC（亚太网络信息中心），APNIC 的总部设在日本东京大学。在我国由 CNNIC（China Internet Network Information Center，简称 CNNIC）负责全国的 IP 地址分配。

IP 地址是唯一的，因为 IP 地址是全局和标准的，所以没有任何两台连到公共网络的主机拥有相同的 IP 地址，所有连接 Internet 主机都遵循此规则，公有 IP 地址是从 Internet 服务提供商（ISP）或地址注册处获得的。在同一局域网上，设备的 IP 地址也必须是唯一的。

2. IP 地址的点分十进制表示

采用 IPv4，IP 地址是 32 位的二进制数，网络设备以二进制形式使用这些地址，设备内部则运用数字逻辑解释这些地址。但用户要书写、表达和记忆这 32 位二进制数就显得困难重重。因此，我们使用点分十进制来表示 IPv4 地址。如图 1.34 所示，用点号分隔二进制形式的每个字节，每个字节用十进制数表示，那么这个十进制数的取值范围是 0～255。IP 地址上数最低为 0.0.0.0，IP 地址上数最高为 255.255.255.255。

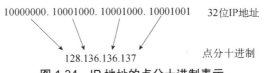

图 1.34　IP 地址的点分十进制表示

3. IP 地址的结构

32 位的 IP 地址以二进制形式存储于计算机中，IP 地址结构由网络标识和主机标识两部分组成，如图 1.35 所示。其中网络标识用于标识该主机所在的网络，而主机标识则表示该主机在相应网络中的特定位置，正是因为网络号所给的网络位置信息，才使得路由器能够在网络互联的路径中为 IP 分组选择一条合适路径。

图 1.35　IP 地址的结构

通常 IP 地址分为 A、B、C、D、E 共 5 类，称为有类别的 IP 地址。起始几位用于标识地址的类别，如图 1.36 所示。其中，A、B、C 三类作为普通的主机地址，D 类用于提供网络组播服务或作为网络测试用，E 类保留给未来扩充使用。A、B、C 三类的最大网络数目和可以容纳的主机数如表 1.1 所示。

图 1.36　IP 地址的分类

表 1.1　A、B、C 三类的最大网络数目和可以容纳的主机数

类别	最大网络数	每个网络可容纳的最大主机数目
A	$2^7-2=126$	$2^{24}-2=16777214$
B	$2^{14}=16384$	$2^{16}-2=65534$
C	$2^{21}=2097152$	$2^8-2=254$

1）A 类地址

如图 1.36 所示，A 类地址用来支持超大型网络。A 类 IP 地址仅使用第一个字节来标识网络部分，其余 3 个字节用来标识主机部分。用二进制数表示时，A 类地址的第一位总是 0，因此，第一个字节的最小值为 00000000，其十进制数为 0，最大值为 01111111，其十进制数为 127，但是 0 和 127 两个数保留，不能用作网络地址，任何有效 A 类 IP 地址第一个字节二进制数的取值范围是 00000001～01111110，转换为十进制数是 0～126。

2）B 类地址

如图 1.36 所示，B 类地址用来支持中大型网络，B 类 IP 地址使用 4 个 8 位组（4 个字节）的前两个 8 位组标识地址的网络部分，其余的两个 8 位组用来标识主机部分。用二进制数表示时，B 类地址前两位总是 10，因此第一个 8 位组二进制数最小值为 1000 0000，其十进制数是 128，二进制数的最大值为 1011 1111，其十进制数是 191，任何有效的 B 类 IP 地址的第一个 8 位组的二进制数的范围为 10000000～10111111，即 B 类地址的第一个十进制数的范围是 128～191。

3）C 类地址

如图 1.36 所示，C 类地址用来支持小型网络，C 类 IP 地址使用 4 个 8 位组（4 个字节）的前三个 8 位组标识地址的网络部分，其余的一个 8 位组用来标识主机部分。用二进制数表示时，C 类地址前 3 位总是 110，因此第一个 8 位组二进制数最小值为 1100 0000，其十进制数是 192，二进制数的最大值为 1101 1111，其十进制数是 223，任何有效的 C 类 IP 地址的第一个 8 位组的二进制数的范围是 11000000～11011111，即 C 类地址的第一个十进制数的范围是 192～223。

4）D 类地址

如图 1.36 所示，D 类地址用来支持组播，组播地址是唯一的网络地址，用来转发目的地址为预先定义的一组 IP 地址分组，因此，一台工作站可以将单一的数据流传输给多个接收者，用二进制数表示时，D 类地址的前 4 位总是 1110。因此第一个 8 位组二进制数最小值为 1110 0000，其十进制数是 224，二进制数的最大值为 1110 1111，其十进制数是 239，任何有效的 D 类 IP 地址的第一个 8 位组的二进制数的范围是 11100000～11101111，即 C 类地址的第一个十进制数的范围是 224～239。

5）E 类地址

如图 1.36 所示，Internet 工程任务组保留 E 类地址作为研究使用，因此 Internet 上没有发布 E 类地址使用。用二进制数表示时。E 类地址的前 4 位总是 1111，因此第一个 8 位组二进制数的最小值为 1111 0000，其十进制数是 240，二进制数的最大值为 1111 1111，其十进制数是 255，任何有效的 E 类 IP 地址的第一个 8 位组的二进制数的范围是 11110000～11111111，即 E 类地址的第一个十进制数的范围是 240～255。

4. IP 地址中二进制数与十进制数之间的转换

1）二进制数转换为十进制数

在 IP 地址的点分十进制的表示中，二进制数每 8 位一组，即一个字节大小为一组，分成 4 组，每组将二进制数转化为十进制数。那二进制数如何转化为十进制数？8 位一组可以将这 8 个二进制数看成 8 个位置，从右到左依次为位置 0、位置 1、…、位置 6、位置 7，每个位置代表 2 的幂，位置 0 为 2 的 0 次幂，位置 1 为 2 的 1 次幂，幂次逐位增加，在 8 位二进制数中，各个位置分别代表数量如表 1.2 所示。

表 1.2　8 位二进制位置的值

位置	位置 7	位置 6	位置 5	位置 4	位置 3	位置 2	位置 1	位置 0
2 的幂	2^7	2^6	2^5	2^4	2^3	2^2	2^1	2^0
十进制数	128	64	32	16	8	4	2	1
二进制位	1	0	1	1	0	1	0	0
位置数	128	0	32	16	0	4	0	0
总数	128+0+32+16+0+4+0+0=180							

从表 1.2 可以看出，要计算 IP 地址的点分十进制形式，只需要先将 8 位一组分成 4 组，每组按表 1.2 所示的方式转化为十进制数。

2）十进制数转换为二进制数

IP 地址的本质是 32 位的二进制表示，有时需要将十进制数转化为二进制数，转化的方法是：将该十进制数转化为 2 的幂之和，按幂所处的位置写成二进制形式。如 180 展开为 2 的幂的形式为，它等于 128+32+16+4，写成 2 的幂之和，它等于 $2^7+2^5+2^4+2^2$，按幂的位置写成二进制形式为 1011 0100。

5. 子网掩码

IP 地址本质上是 32 位的二进制表示，那么如何确定哪部分是网络地址，哪部分是主机地址，即 IP 地址的网络标识和主机标识是如何划分的？在一个 IP 地址中，计算机是通过子网掩码来决定 IP 地址中的网络地址和主机的。地址规划组委员会规定，用 1 表示网络部分，用 0 表示主机部分。

子网掩码也同样采用一个 32 位二进制形式，用于屏蔽 IP 地址的一部分信息，以区别网络地址和主机地址，也就是说，通过 IP 地址和子网掩码的逻辑与计算，才能知道计算机在哪个网络中，所以子网掩码很重要，必须配置正确，否则就会出现错误的网络地址。A、B、C 三类网络的默认子网掩码如表 1.3 所示。

表 1.3　A、B、C 三类网络的默认子网掩码

类别	二进制表示的掩码	点分十进制表示掩码	掩码中1 的个数	网络 ID 所占的位数
A	11111111 00000000 00000000 00000000	255.0.0.0	8	8
B	11111111 11111111 00000000 00000000	255.255.0.0	16	16
C	11111111 11111111 11111111 00000000	255.255.255.0	24	24

举例：

例 1.有类 IP 地址为 192.168.10.8，求它的网络 ID（网络号）和主机 ID。

解：从第一个十进制数 192 看，知道它是 C 类地址，C 类地址的默认子网掩码为 255.255.255.0，将 192.168.10.8 转化为 32 位二进制数与默认子网掩码二进制数进行逻辑与，得到网络 ID=192.168.10.0，主机 ID=8，其具体的计算过程如下：

192 转化二进制数=1100 0000，与第一个 255（=1111 1111）进行二进制逻辑与操作，二进制逻辑与操作如下：1 and 1=1，1 and 0=0，0 and 1=0，0 and 0=0。

1100 0000 and 1111 1111 对应位置上进行逻辑与=1100 0000，即 192

同理

168=128+32+8，即 1010 1000，与第二个 255（=1111 1111）进行二进制逻辑与操作。

1010 1000 and 1111 1111 对应位置上进行逻辑与=1010 1000，即 168

10=0000 1010 与第三个 255（=1111 1111）进行二进制逻辑与操作=0000 1010，即 10。

8 与第四个 0（=0000 0000），进行二进制逻辑与操作=0000 0000，即 0

将 4 对逻辑与操作的结果写成点分十进制形式，网络 ID=192.168.10.0，主机 ID 为这个网络地址中第 8 个 IP 地址。

技巧：255 转换为二进制形式是全 1，所以与 255 进行逻辑与操作的数的结果是这个数本身，这个特性使得在这道题中我们不需要将 192、168、10 转换为二进制就知道结果。同样与 0 进行逻辑与操作的数的结果是 0。

6. 特殊含义的地址

在 IP 地址中，有些 IP 地址是被保留作为特殊之用的，这些保留地址空间如下。

1）网络地址

网络地址用于表示一个具体的网络 ID，如路由器互联 5 个网络，这 5 个网络必须具备不同的网络 ID，一个有效的网络 ID，代表主机号部分全零的 IP 地址，如 11.0.0.0、

168.14.0.0、193.174.14.0 分别代表 A、B、C 3 类网络 ID。

网络号在 IP 网络通信中非常重要，位于同一个网络中的主机必须具有相同的网络号，它们之间可以直接相互通信，如图 1.37 所示。而网络号不同的主机之间则不能直接进行通信，必须经过第三层网络设备如路由器进行转发，如图 1.38 所示。

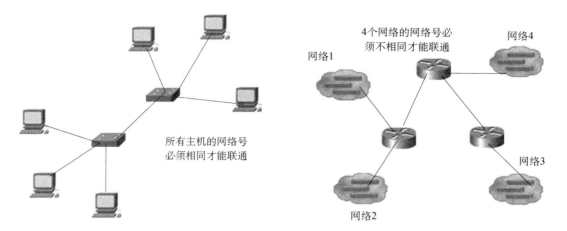

图 1.37　同一个网络中主机必须具有相同的网络号　　图 1.38　4 个网络中主机必须具有不同相同的网络号

2）广播地址

广播地址用于对网络中的所有设备广播分组，具有正常的网络号部分，主机号部分为全 1 的 IP 地址，代表一个在指定网络中的广播，被称为广播地址，如 14.255.255.255、178.14.255.255、196.178.10.255 分别代表在一个 A、B、C 类网络中的广播。

广播地址对于网络通信也非常有用，在计算机网络通信中，经常会出现对某一个指定网络中所有的机器发送数据的情形，如小区广播系统、学校广播系统等。

如果没有广播地址，源主机就要对所有的目的主机启动多次 IP 分组的封装与发送过程。除了网络地址和广播地址，其他一些包括全 0 和全 1 的地址格式及作用，如图 1.39 所示。

网络部分	主机部分	地址类型	用　途
任意	全0	网络地址	代表一个网段
任意	全1	广播地址	某一网段的所有节点
127	任意	回送地址	回送测试
	全0	所有网络	路由器指定默认路由
	全1	广播地址	本网段所有节点

图 1.39　特殊用途地址

3）回送地址

IP 地址中第一个十进制数为 127 开头的地址为保留地址，如常用的 127.0.0.1 称为回路测试地址，用于测试本机 TCP/IP 协议是否完整，不进行任何网络传输，只用于本机。

4）私有 IP 地址

地址按用途分为私有地址和公有地址两种。所谓私有地址，就是在 A、B、C 三类 IP 地址中保留下来为企业内部网络分配地址时所使用的 IP 地址。

私有地址主要在局域网中进行分配，在 Internet 上是无效的。这样可以很好地隔离局域网和 Internet。私有地址在公网上是不能被识别的，必须通过 NAT 将内部 IP 地址转换成公网上可用的 IP 地址，从而实现内部 IP 地址与外部公网的通信。公有地址是在广域网内使用的地址，但在局域网中同样也可以使用，除了私有地址以外的地址都是公有地址。

私有 IP 属于非注册地址，专门为组织机构内部使用。RFC1918 定义了私有 IP 地址范围：

10.0.0.1～10.255.255.254（A 类）

172.17.0.1～172.31.255.254（B 类）

192.168.0.1～192.168.255.254（C 类）

这些地址是不会被 Internet 分配的，它们在 Internet 上也不会被路由，虽然它们不能直接和 Internet 连接，但通过 NAT 技术仍旧可以和 Internet 通信。我们可以根据需要来选择适当的地址类，在内部局域网中将这些地址像公用 IP 地址一样使用。在 Internet 上，有些不需要与 Internet 通信的设备，如打印机、可管理交换机等也可以使用这些地址，以节省 IP 地址资源。公有地址（Public Address）由国际互联网络信息中心（Internet Network Information Center，Inter NIC）负责。这些 IP 地址分配给注册并向 Inter NIC 提出申请的组织机构，通过它可以直接访问互联网。

1.9　简单网络组建

两台计算机之间直接相连就构成了最小的计算机网络，用 Cisco Packet 搭建的网络拓扑如图 1.40 所示。适用的情景是如小王家希望把两台计算机互联起来，采用的方法之一可以使用交叉双绞线把两台计算机连接起来。

PC1

PC2

图 1.40　最简单网络互联

方案实施步骤：

（1）设备间的物理连接如图 1.40 所示。

（2）网络中设备 IP 地址规划。

如图 1.40 所示，需要分配地址的设备有 PC1 和 PC2，规划逻辑地址如表 1.4 所示。根据图 1.40 可以判断出，该网络只需要一个网络号，在表 1.4 中选用 C 类私有地址 192.168 开头，第三个十进制数选择的范围可以是 0～255，这里我们选择 10，第四个十进制数选择的范围可以是 1～254，这里我们依次为 PC1 和 PC2 分配这个网络中第 1 个地址和第 2 个地址，分配的结果如表 1.4 所示。按照上面计算网络号的方法，PC1 和 PC2 的网络号在同一个网络中，网络号/网络地址=192.168.10.0/24。IP 地址和子网掩码如影随形，通常用前缀表示方式如网络号=192.168.10.0/24，反斜杠后面的 24 代表 32 位子网掩码中前面 24 位全 1。

表 1.4　规划 IP 地址

设备名	IP 地址	子网掩码
PC1	192.168.10.1	255.255.255.0
PC2	192.168.10.2	255.255.255.0

（3）为设备分配地址。在 Cisco Packet 模拟软件中为 PC1 和 PC2 配置地址信息，如图 1.41 所示。

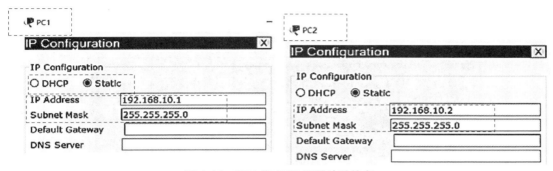

图 1.41　PC1 和 PC2 配置地址信息

> **技巧：**
>
> 1. 为设备分配 IP 地址时，如果重复输入相同的 IP 地址会有提示"该地址已使用，请分配其他地址"。
>
> 2. 子网掩码与 IP 地址如影随形，录入 IP 地址后，在子网掩码的空白处单击鼠标，默认子网掩码自动录入。
>
> 3. 设备获取 IP 地址时有 2 种方式：动态或静态，默认的是静态（人工指定）；动态指从网络中 DHCP 服务器上获取地址，如无线局域网中手机终端设备地址获取。

（4）连通性测试。配置完成后，需要测试配置是否生效和设备之间的联通性，需要用到 TCP/IP 实用程序中的 ipconfig 和 ping 命令。

① ipconfig 命令，可用于显示当前 TCP/IP 配置的设置值。这些信息一般用来检验人工配置的 TCP/IP 设置是否正确。其常见用法为：在命令行窗口输入"ipconfig"或"ipconfig/all"（Cisco Packet 不支持），从图 1.42 中可以看出，查看到的配置信息和我们输入的 IP 地址信息一致，说明生效，注意：Cisco Packet 中输入的命令是及时生效的。

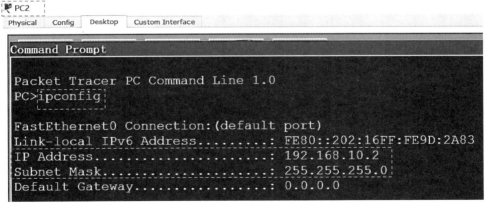

图 1.42　通过 ipconfig 查看 PC2 配置的信息

同理，在 PC1 的命令行窗口输入"ipconfig"，可以查看 PC1 配置的信息。

② ping 命令，ping 目标主机，用于确定本地主机是否能与另一台主机成功联通，例如

这里在 PC1 上 ping PC2，其具体的命令为：ping 192.168.10.2，其结果如图 1.43 所示。如图 1.44 所示 PC1 向 PC2 发送 4 个请求数据包，PC2 向 PC1 发送 4 个应答数据包，丢失率为 0。

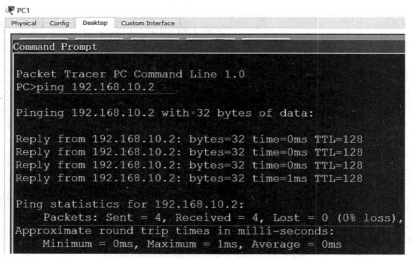

图 1.43　在 PC1 上 ping PC2 的结果

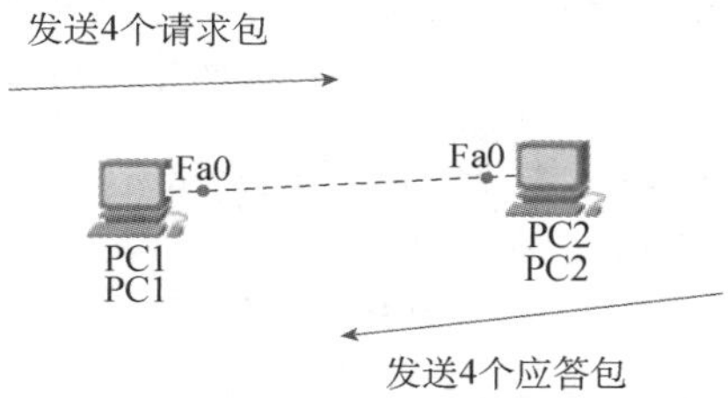

图 1.44　在 PC1 上 ping PC2 时双向通信

习题

一、填空题

1．按照网络覆盖的地理范围，计算机网络可以分为＿＿＿＿、＿＿＿＿＿、＿＿＿＿和＿＿＿＿。

2．在计算机网络协议的层次结构中，下层为上层提供的服务可分为＿＿＿和＿＿＿两类。

3．TCP/IP 协议只有 4 层，由下而上分别为＿＿＿、＿＿＿、＿＿＿、＿＿＿。

4．互联网的边缘部分是负责信息处理的＿＿＿子网，互联网的核心部分是负责信息传输的＿＿＿子网。

二、选择题

1．IPv4 地址中包含了多少位？（　　　）

A．16　　　　　　　　　　　　　　　　B．32

C．64   D．128

2．计算机互联的主要目的是（   ）。

A．定网络协议   B．将计算机技术与通信技术相结合

C．集中计算   D．资源共享

3．计算机网络建立的主要目的是实现计算机资源的共享。计算机资源主要指计算机
（   ）。

A．软件与数据库   B．服务器、工作站与软件

C．硬件、软件与数据   D．通信子网与资源子网

4．当目的计算机接收到比特流后发生什么过程？（   ）

A．封装   B．解封装

C．分段   D．编码

5．关于封装，下面的哪一个描述是不正确的？（   ）

A．封装允许计算机进行数据通信

B．如果一台计算机想给另外一台计算机发送数据，数据首先要被一个称为封装的过程
进行打包（分组）

C．封装发生在一层上

D．使用必要的协议信息对数据进行封装后再开始网络传输

6．下面哪一项是传输层的协议数据单元？（   ）

A．帧   B．段

C．数据包   D．分组

7．OSI 模型的哪一层没有在 TCP/IP 协议族中出现？（   ）

A．传输层   B．网络层

C．数据链路层   D．互联网层

8．下列哪种交换方法实时性最好？（   ）

A．分组交换   B．报文交换

C．电路交换   D．各种方法都一样

9．在 ISO / OSI 参考模型中，同层对等实体间进行信息交换时必须遵守的规则称为
（   ），相邻层间进行信息交换时必须遵守的规则称为（   ），相邻层间进行信息交换时
使用的一组操作原语称为（   ）。（   ）层的主要功能是提供端到端的信息传送，它利用
（   ）层提供的服务来完成此功能。

A．接口；   B．协议；   C．服务；   D．关系；

E．调用；   F．连接；   G．表示；   H．数据链路；

I．网络；   J．会话；   K．运输；   L．应用。

10．TCP/IP 网络类型中，提供端到端的通信的是（   ）。

A．应用层   B．传输层

C．网络层   D．网络接口层

三、简答题

1．计算机网络具有哪些功能？

2．简述 OSI 模型各层的功能。

3．简述数据发送方封装和接收方解封装的过程。

4．在 TCP/IP 协议中各层有哪些主要协议？

5．简述 TCP/IP 网络模型中数据封装的过程。

6．IP 中规定的特殊 IP 地址有哪些？各有什么用途？

7．子网掩码的作用是什么？

8．简述物理层在 OSI 模型中的地位和作用。

四、实训题

1．到学院的网络中心、计算中心，计算机公司或单位的计算中心参观，并画出网络拓扑图。

2．认识 Cisco Packet Tracer，将网络设备和线连接起来构建网络拓扑。

第 2 章　网络互联设备和介质

本章的学习目标

- 了解常见的网络互联设备及其工作层次；
- 理解各网络设备在企业网络架构中的角色；
- 掌握如何满足客户对网络设备流量的需求；
- 掌握二层交换机的工作机制；
- 掌握交换机的背板带宽和包转发率的计算；
- 熟悉以太网交换机构建的局域网；
- 了解路由器在网络互联中的作用；
- 熟悉网络互联的传输介质。

本章首先介绍常见的网络互联设备及它们工作的层次，讲解它们的工作机制，然后主要探讨如何选购接入层交换机、路由器、无线路由器，关注影响网络设备性能的主要参数，以及这些网络设备在网络架构中承担的角色。

2.1　网络互联设备简介

网络互联时需要涉及一些硬件设备，这些设备称为网络互联设备。常用的网络互联设备有交换机、路由器。在中关村在线官网上，我们可以看到有生产网络设备的厂商如华为、华三 H3C、腾达 Tenda、友讯 D-Link、锐捷、飞鱼星、艾泰、优倍快、网件，如图 2.1 所示。在图 2.1 中，网络设备包括无线路由器、无线上网卡、交换机和路由器，其中无线上网卡是我们在无线环境下终端设备上网需要的硬件设备。另外，我们可以看到生产无线路由器设备的厂商有哪些，每个厂商都有自己的侧重，如思科公司不生产无线路由器和无线上网卡，它的重点在交换机、路由器、服务器。在中关村在线官网上我们还可以查看网络中服务器、工作站生产厂商、参数、价格等，如图 2.2 和图 2.3 所示。

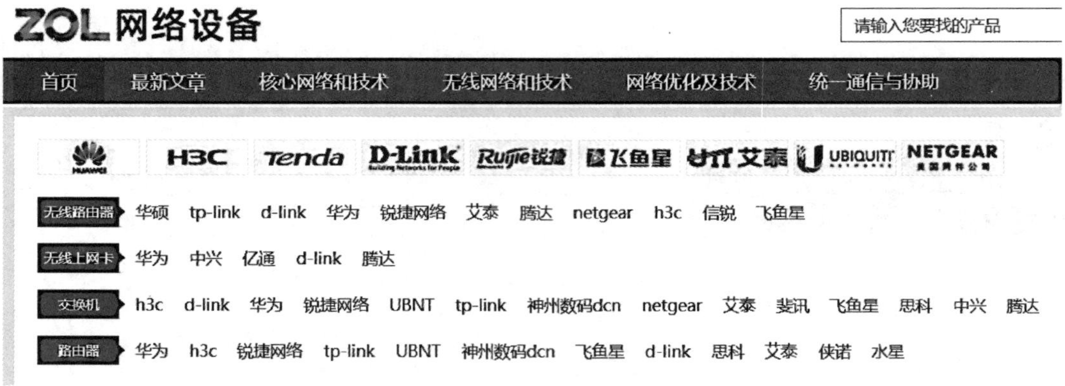

图 2.1　ZOL 网络设备

中关村在线 ZOL 是一家科技产业互联网公司。它引领科技产业链互联网转型升级，推动科技产业的发展，是一家资讯覆盖全国并定位于销售促进型的 IT 互动门户。中关村在线是集产品数据、专业资讯、科技视频、互动行销为一体的复合型媒体，也是美国哥伦比亚广播集团互动媒体公司 CBS Interactive 在中国区的旗舰媒体。

图 2.2　ZOL 网络中服务器设备

图 2.3　ZOL 网络中工作站设备

2.2　网络设备在企业架构中的角色

企业在不断发展的过程中，将雇佣越来越多的员工，不断设立园区（多个 LAN）、分支机构及进军全球市场，这些变化将影响企业对综合服务的需求，同时刺激企业对网络的需求。

2.2.1　企业及其网络

每个企业都有其特征，企业的发展取决于很多因素，如企业销售的产品和服务的类型，企业所有者的管理思路及企业所在国家的经济环境等。时下，随着"新基建"的逐步推进，我们走向了产业互联时代。在产业互联网时代，网络连接已从人人互联迈向万物互联，技术应用从侧重消费环节转向更加侧重生产环节。以 5G、云计算、人工智能等为代表的新信息技术，开始加速渗透到企业的研发设计、生产制造、供应链管理、客户服务等各个环节。数据信息、数据应用、数据资产已成为企业竞争力的核心，结合机器学习、深度学习等技术通过数据挖掘、存储、计算、分析、智能、可视化等实现企业自身数据资产化，构建企业自身的数据集市、数据中心、数据工厂，最大限度地将数据价值外显，为企业的经营决策提供坚实的帮助和依据。在消费互联网红利逐渐减退、产业互联网已蓄势待发的情况下，企业信息化架构需要更加开放多元化，能够提供日渐丰富的服务和应用，为企业提高生产效率和盈利能力提供有力的支撑。

网络不仅要满足企业的日常运营需求，还要适应企业不断成长发展的需求。为了满足这些需求，网络设计人员和管理员需要慎重地选择网络技术、协议和服务提供商，下面我们介绍企业网络架构的分层设计模型。

2.2.2　分层设计模型适应不断发展的网络规模

为了适应企业不断发展的需要，我们在网络设计中采用一种分层设计模型，如图 2.4 所示，这种模型有多种变体，可根据具体情况对其进行改进。

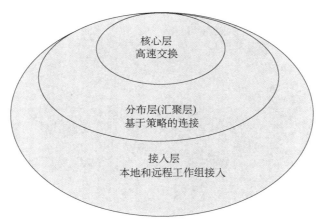

图 2.4　网络设备互联的分层设计模型

分层网络模型是一套行之有效的高级工具，可用来设计可靠的网络基础设施，它提供网络的模块化视图，从而方便设计和组建可扩展的网络。在图 2.4 中，接入层、汇聚层和核心层的功能如下。

1. 接入层

接入层通常指网络中直接面向用户连接或访问的部分。接入层利用光纤、双绞线、同轴电缆、无线接入技术等传输介质，实现与用户连接，并进行业务和带宽的分配。接入层的目的是允许终端用户连接到网络，因此接入层交换机具有低成本和高端口密度特性。

2. 汇聚层

位于接入层和核心层之间的部分，是网络接入层和核心层的"中介"，是楼群或小区的信息汇聚点，即在工作站接入核心层前先做汇聚，以减轻核心层设备的负荷。汇聚层具有实施策略、安全、工作组接入、虚拟局域网（VLAN）之间的路由、源地址或目的地址过滤等多种功能。网段划分（如 VLAN）与网络隔离可以防止某些网段的问题蔓延和影响到核心层。

3. 核心层

核心层的功能主要是实现骨干网络之间的优化传输，骨干层设计任务的重点通常是冗余能力、可靠性和高速的传输。核心层一直被认为是所有流量的最终承受者和汇聚者，所以对核心层的设计及网络设备的要求十分严格。

图 2.5 描述了园区环境中的分层网络模型。分层网络模型提供了一个模块化的框架，它支持灵活的网络设计，并简化了网络基础设施的实现和故障排除，然而网络基础设施仅仅是整个网络价格的基础，明白这一点很重要。接下来探讨 Cisco 企业架构。

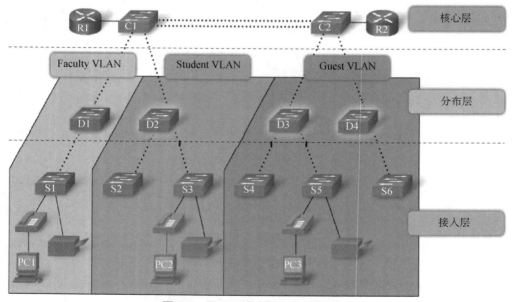

图 2.5　园区环境中的分层网络模型

2.2.3　企业架构

不同企业所需的网络是不同的，这取决于企业的组织结构和业务目标。不幸的是，很多网络的发展都缺乏良好的计划，只是需要时匆匆加入新组件。随着时间的推移，这些网络变得非常复杂而难以管理。这种网络是新旧技术的大杂烩，因此技术支持和维护非常困难，很容易出现网络瘫痪和性能低下等情况，给网络管理员带来了数不尽的麻烦。

为了避免出现这种情况，Cisco 开发了一种称为 Cisco 企业架构的推荐架构，该架构适合企业的各个发展阶段，如图 2.6 所示。这种架构旨在向网络规划人员提供与企业发展历程相称的网络发展路线图。通过遵循建议的路线图，管理员可对未来的网络升级进行规划，以便能够将升级无缝地集成。

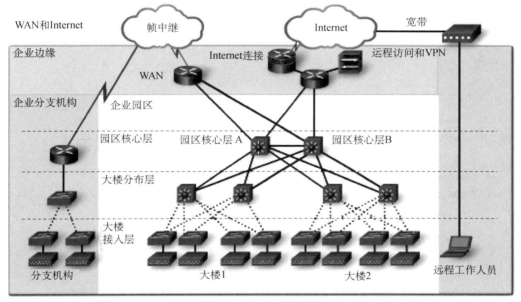

图 2.6　Cisco 企业架构

Cisco 企业架构由网络中特定区域的模块组成。每个模块的网络基础设施各不相同，并包含跨越到现有网络中，并支持不断发展的业务需求。

企业架构包含企业园区架构、企业边缘架构、企业分支机构、Cisco 企业数据中心架构、企业远程工作人员架构。

在图 2.6 中，我们可以看到接入层交换机、汇聚层交换机、核心层交换机在网络中的位置。将网络中直接面向用户连接或访问网络的部分如大楼 1 和大楼 2 各楼层交换机称为接入层，将位于接入层和核心层之间的部分称为分布层或汇聚层。接入层交换机一般用于直接连接计算机，汇聚层交换机一般用于楼宇间。汇聚相当于一个局部或重要的中转站，核心相当于一个出口或总汇总。定义的汇聚层的目的是减少核心层的负担，将本地数据交换机流量在本地的汇聚层交换机上交换，减少核心层的工作负担，使核心层只处理本地区域外的数据交换。

2.3   交换机

交换机（Switch）意为"开关"，是一种用于电（光）信号转发的网络设备，为接入层交换机的任意两个网络节点提供独享的电（光）信号通路。最常见的交换机是以太网交换机。其他常见的还有电话程控交换机。

2.3.1   交换机的分类

以华为公司生产的交换机为例，交换机通常按产品类型、价格区间、传输速率、应用层级进行分类，如图 2.7 所示。

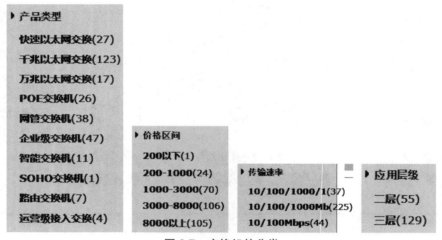

图 2.7   交换机的分类

以华为 S1700-24GR 产品为例，我们看到交换机具有多个端口，每个端口都具有桥接功能，可以连接一个局域网或一台高性能服务器或工作站。其外观如图 2.8 所示。服务器和工作站直接与交换机相连，如图 2.9 所示。

图 2.8   华为 S1700-24GR 产品外观

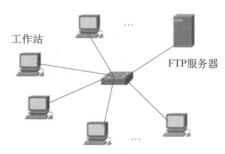

图 2.9   交换机连接工作站和服务器

在工程上，交换机的分类标准多种多样，常见的有以下几种：

（1）根据网络覆盖范围划分，交换机可以分为广域网交换机和局域网交换机。

（2）根据传输介质和传输速率划分，可以分为以太网交换机、快速以太网交换机、千兆以太网交换机、10 千兆以太网交换机、ATM 交换机、FDDI 交换机和令牌环交换机。

（3）根据交换机应用网络层次划分，可以分为企业级交换机、校园网交换机、部门级交换机和工作组交换机、桌机型交换机。

（4）根据交换机端口结构划分，可以分为固定端口交换机和模块化交换机。

（5）根据工作协议层划分，可以分为第二层交换机、第三层交换机和第四层交换机。

（6）根据是否支持网管功能划分，可以分为网管型交换机和非网管理型交换机。

注：网络传输速率

我们知道，计算机发出的信号都是数字形式的。比特（Bit）来源于 binary digit，意思是一个"二进制数字"，因此一个比特就是二进制数字中的一个 1 或 0。网络技术中的速率指的是数据的传送速率，它也称为数据率（Data Rate）或比特率（Bit Rate）。速率是计算机网络中最重要的一个性能指标。速率的单位是比特每秒（bits/s），有时也写为 bps，即 bit per second。常见的速率和速率之间的转换如下：

1kb/s=1000b/s，1Mb/s=1000kb/s，1Gb/s=1000Mb/s，1Tb/s=1000Gb/s

1Pb/s=1000Tb/s，1Eb/s=1000Pb/s，1Zb/s=1000Eb/s，1Yb/s=1000Zb/s

其中，k（kilo）读作千，M（Mega）读作兆，G（Giga）读作吉，T（Tera）读作太，P（Peta）读作拍，E（Exa）读作艾，Z（Zeta）读作泽。

这样，8×10^{10}bit/s 的数据率就记为 80Gbit/s。现在人们在谈到网络速率时，常省略了速率单位中应有的 bit/s，而使用不太正确的说法，如"80G 的速率"。另外，要注意的是，当提到网络的速率时，往往指的是额定速率或标称速率，而并非网络实际上的速率。

注：计算机领域中二进制转换

在计算机领域中，数的计算使用二进制。因此，千=K=2^{10}=1024，兆=M=2^{20}，吉=G=2^{30}，太=T=2^{40}，拍=P=2^{50}，艾=E=2^{60}，泽=Z=2^{70}，尧=Y=2^{80}。此外，计算机中的数据量往往用字节 B 作为度量的单位，通常一个字节代表 8 个比特，例如，15GB 的数据块以 10Gb/s 的速率传送，表明有 $15 \times 2^{30} \times 8$ 比特的数据块以 10×10^9b/s 的速率传送，在计算机领域中，所有的这些单位都使用大写字母，但在通信领域中，只有 1000 使用小写"k"，其余的也都用大写。

2.3.2 以太网和局域网

以太网是一种计算机局域网技术。IEEE 组织的 IEEE 802.3 标准制定了以太网的技术标准，它规定了包括物理层的连线、电子信号和介质访问层协议内容，其功能对应 OSI 模型的下面两层，对应 TCP/IP 模型的网络接入层如图 2.10 所示。在图 2.10 中，802.3 以太网标准包括 802.3u、802.3z、802.3ab。以太网是目前应用最普遍的局域网技术，传输速率从

10Mbps 发展到 100Mbps 的快速以太网，并继续提高至千兆（1000Mbps）以太网、万兆以太网。在图 2.7 中交换机有快速以太网交换机、千兆以太网交换机、万兆以太网交换机。

图 2.10   以太网标准与 TCP/IP 模型、OSI 模型比较

1. 局域网

局域网是计算机网络的重要组成部分，是当今计算机网络技术应用与发展非常活跃的一个领域。公司、企业、政府部门及住宅小区内的计算机都通过局域网连接起来，以达到资源共享、信息传递和数据通信的目的。而信息化进程的加快，更是刺激了通过局域网进行网络互联需求的剧增。因此，理解和掌握使用网络设备，构建自己单位的局域网也就显得尤为重要。同时，局域网还具有如下特点：

（1）网络所覆盖的地理范围比较小，通常不超过几十千米，甚至只在一个园区、一幢建筑或一个房间内。

（2）数据的传输速率比较高，从最初的 1Mbps 到后来的 10Mbps、100Mbps，近年来已达到 1000Mbps、10Gbps。

（3）具有较低的延迟和误码率，其误码率一般为 $10^{-8} \sim 10^{-10}$。

（4）局域网络的经营权和管理权归某个单位所有，与广域网通常由服务提供商提供形成鲜明对照。

（5）便于安装、维护和扩充，建网成本低、周期短。

尽管局域网地理覆盖范围小，但这并不意味着它们就是小型的或简单的网络。局域网可以扩展得相当大或者非常复杂。局域网具有如下的一些主要优点：

（1）能方便地共享昂贵的外部设备、主机及软件、数据。

（2）便于系统地扩展和逐渐地演变，各设备的位置可灵活调整和改变。

（3）提高了系统的可靠性、可用性。

局域网的应用范围极广，可应用于办公自动化、生产自动化、企事业单位的管理、银行业务处理、军事指挥控制、商业管理等方面。

2. IEEE802.3

1）IEEE 802.3u

IEEE 802.3u（100Base-T）是每秒发送 100 兆比特以太网的标准。即平时我们在局域网 LAN 中说的快速以太网（Fastethernet）。100Base-T 技术中可采用 3 类传输介质，即 100Base-T4、100Base-TX 和 100Base-FX，100Base-TX 和 100Base-FX 采用 4B/5B 编码方式，100Base-T4 采用 8B/6T 编码方式。

2）IEEE802.3z 和 IEEE802.3ab

千兆以太网技术有两个标准：IEEE802.3z 和 IEEE802.3ab。IEEE802.3ab 制定了五类双绞线上较长距离连接方案的标准。IEEE802.3z 工作组负责制定光纤（单模或多模）和同轴电缆的全双工链路标准。IEEE802.3z 定义了基于光纤和短距离铜缆的 1000Base-X，采用 8B/10B 编码技术，信道传输速率为 1.25Gbps，去耦后实现 1000Mbps 传输速率。IEEE802.3z 具有 4 种传输介质标准：1000Base-LX、1000Base-SX、1000Base-CX、1000Base-T。

（1）1000Base-LX。若采用多模光纤，1000Base-LX 可以采用直径为 62.5μm 或 50μm 的多模光纤，工作波长范围为 1270～1355nm，传输距离为 550m。

若采用单模光纤 1000Base-LX 可以支持直径为 9μm 或 10μm 的单模光纤，工作波长范围为 1270～1355nm，传输距离为 5km 左右。

（2）1000Base-SX。1000Base-SX 只支持多模光纤，可以采用直径为 62.5μm 或 50μm 的多模光纤，工作波长为 770～860nm，传输距离为 220～550m。

（3）1000Base-CX。1000Base-CX 采用 150 欧屏蔽双绞线（STP），传输距离为 25m，使用 9 芯 D 型连接器连接电缆。1000Base-CX 采用 8B/10B 编码方式。1000Base-CX 适用于交换机之间的连接，尤其适用于主干交换机和主服务器之间的短距离连接。

（4）1000Base-T。1000Base-T 采用 4 对 5 类双绞线完成 1000Mbps 的数据传送，每一对双绞线传送 250Mbps 的数据流。

2.3.3 802.3 以太网的 MAC 层和 LLC 层

在图 2.10 中，以太网标准把局域网的数据链路层分为逻辑链路控制（Logical Link Control，LLC）和介质访问控制（Medium Access Control，MAC）两个子层。上面的 LLC 层实现数据链路层与硬件无关的功能，如流量控制、差错恢复等，较低的 MAC 层提供 LLC 和物理层的接口。不同的局域网 MAC 层不同，LLC 层相同。分层将硬件与软件的实现有效地分离，硬件制造商可以在网络接口卡中提供不同的功能和相应的驱动程序，以支持各种不同的局域网（如以网、令牌环网等），而软件设计上则无须考虑具体的局域网技术。

1. MAC 子层

MAC 子层位于数据链路层的下层，除了负责把物理层的"0""1"比特流组建成帧，并且通过帧尾部的错误校验信息进行错误检测外，它另外一个重要的功能是提供对共享介质如交换机的访问，即处理局域网中各节点对共享通信介质的争用问题。

MAC 子层分配单独的局域网地址，这就是通常所说的 MAC 地址，即物理地址。MAC 子层将目标计算机的物理地址添加到数据帧上，当此数据帧传递到对端的 MAC 后，它检查该地址是否与自己的地址相匹配。如果帧中的地址与自己的地址不匹配，就把这一帧丢弃；如果相匹配，就将它发送到上一层。

在网络中，任何一个节点（计算机、路由器、交换机等）都有自己唯一的 MAC 地址，以在网络中唯一地标识自己，网络中没有两个拥有相同物理地址的节点。大多数 MAC 地址是由设备制造厂商建在硬件内部或网卡内的。在一个以太网中，每个节点都有一个内嵌的以太网地址。例如，在 Windows 操作系统里同时按下"WIN+R"打开命令窗口，在命令行窗口输入"ipconfig/all"可以查看到自己的物理地址，如图 2.11 所示。

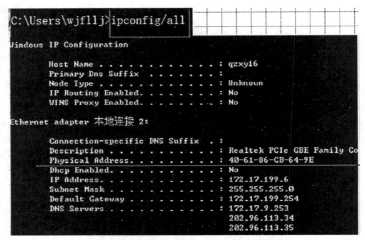

图 2.11　在 PC 的命令行窗口中查看自己本地网卡的 MAC 地址

在 Cisco Packet 仿真平台上以 2950-24 交换机为例，当将光标放在交换机上时可以查看到交换机上每个端口都有一个 MAC 地址，2950-24 交换机一共有 24 个端口，每个端口都有一个 MAC 地址，这些 MAC 地址各不相同，如图 2.12 所示。

图 2.12　Cisco Packet 仿真平台上查看交换机每个端口都有一个 MAC 地址

在 Cisco Packet 仿真平台上以 1841 路由器为例，当将光标放在路由器上时可以查看到路由器上每个接口都有一个 MAC 地址，1841 路由器一共有 2 个接口，每个接口都有一个

MAC 地址，这些 MAC 地址各不相同，如图 2.13 所示。

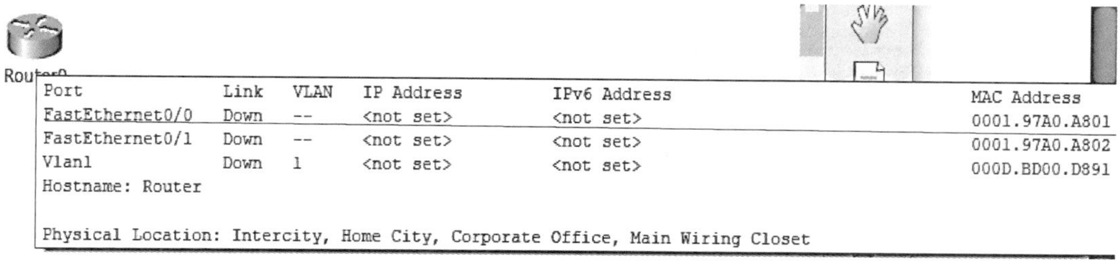

```
Router0
Port              Link   VLAN   IP Address        IPv6 Address         MAC Address
FastEthernet0/0   Down   --     <not set>         <not set>            0001.97A0.A801
FastEthernet0/1   Down   --     <not set>         <not set>            0001.97A0.A802
Vlan1             Down   1      <not set>         <not set>            000D.BD00.D891
Hostname: Router

Physical Location: Intercity, Home City, Corporate Office, Main Wiring Closet
```

图 2.13　Cisco Packet 仿真平台上查看路由器每个接口都有一个 MAC 地址

2. LLC 子层

LLC 子层位于网络层和 MAC 子层之间，负责屏蔽掉 MAC 子层的不同实现，将其变成统一的 LLC 界面，从而向网络层提供一致的服务，LLC 子层向网络层提供的服务通过其与网络层之间逻辑接口（又被称为服务访问点（SAP））实现。LLC 子层负责完成数据链路流量控制、差错恢复等功能。这样的局域网体系结构不仅使得 IEE802 标准更具有可扩充性，有利于其将来接纳新的介质访问控制方法和新的局域网技术，同时也不会使局域网技术的发展或变革影响到网络层。

注："ipconfig"命令应用程序

"ipconfig"命令以窗口的形式显示本机 IP 协议的具体配置信息。使用命令可以显示网络适配器的物理地址、主机的 IP 地址、子网掩码及默认网关等，还可以查看主机名、DNS 服务器、节点类型等相关信息。其中网络适配器的物理地址在检测网络错误时非常有用。

1）命令格式

```
ipconfig[/? | /all | /release[adapter]| /renew[adapter]
        | /flushdns | /registerdns
        | /showclassid adapter
        | /setclassid adapter[classidtoset]]
```

2）带主要参数用法含义
① ipconfig/all 显示所有的有关 IP 地址的配置信息。
② ipconfig/renew 对于使用动态获取 IP 的主机重新获取一次 IP 地址。

2.3.4　以太网帧

常用的以太网 MAC 帧格式有两种标准，一种是 DIX Ethernet V2 标准（即以太网 V2 标准），另一种是 IEEE 802.3 标准。这里只介绍使用得最多的以太网 V2 的 MAC 帧格式，如图 2.14 所示。图 2.14 中假定网络层使用的是 IP 协议，实际上使用其他的协议也是可以的。

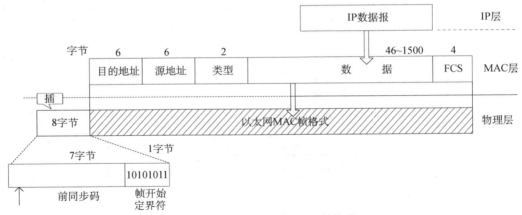

图 2.14　以太网 V2 的 MAC 帧格式

以太网 V2 的 MAC 帧较为简单，由 5 个字段组成。前两个字段分别为 6 字节长的目的地址和源地址字段。第三个字段是 2 字节的类型字段，用来标识上一层使用的是什么协议，以便把收到的 MAC 帧的数据上交给上一层的这个协议。例如，当类型字段的值是 0x0800时，就表示上层使用的是 IP 数据报。若类型字段的值为 0x8137，则表示该帧是由 NovellIPX发过来的。第四个字段是数据字段，其 IP 数据报长度在 46 到 1500 字节之间。那么最小帧长度=46+18(6+6+2+4)帧头帧尾=64 字节，最大帧长度=1500+18(6+6+2+4)帧头帧尾=1518 字节。最后一个字段是 4 字节的帧检验序列 FCS（使用 CRC 检验）。当传输媒体的误码率为 1×10^{-8} 时，MAC 子层可使未检测到的差错小于 1×10^{-14}。

2.3.5　交换机的主要参数

图 2.15　华为 S1700-24GR 主要参数

如图 2.15 所示，华为 S1700-24GR 的主要参数介绍如下。

（1）产品类型：快速以太网交换机。

（2）传输速率：10/100/1000Mbps；代表端口的速度可以自动适应 10Mbps、100Mbps、100Mbps 速率。

（3）背板带宽：48Gbps。交换机的背板带宽是交换机端口处理器或端口卡和数据总线间所能吞吐的最大数据量。背板带宽标识交换机总的数据交换能力，单位为 Gbps，也叫交换带宽，一般的交换机的背板带宽从几 Gbps 到上百 Gbps 不等。一台交换机的背板带宽越高，所能处理数据的能力就越强，但同时设计成本也会越高。采购交换机的时候，背板带宽是衡量处理速度的主要指标。

背板带宽计算公式：

背板带宽=每种端口的速率乘以端口数量之和，再乘以 2（全双工方式，上传和下载两个方向上同时传输数据）

以 24 千兆口接入交换机为例：

第 1 步：背板带宽=24×1000×2（Mbps）=48000Mbps

第 2 步：48000（Mbps）/1000（Mbps）=48（Gbps）

在 Cisco 架构体系中，汇聚层交换机背板带宽=接入交换机数量×48（Gbps）。

（4）包转发率：36Mpps。包转发率与以太网中传输数据帧的大小有关，在 2.3.4 节以太网帧的大小范围是 64～1518byte。包转发率的衡量标准是以单位时间内发送 64byte 的数据包（最小包）的个数作为计算基准的。

计算题 2-1

对于千兆以太网来说，计算方法如下：

第 1 步：1000000000bps/8bit=125000000 byte（字节）

第 2 步：125000000 byte/(64+8+12)byte=1488095pps

上面得到的单方向上对于千兆以太网交换机一个端口每秒传送多少个包 Packet，pps 意思是每秒传送多少个包 Packet。从上面的计算公式可以看出，一个包的大小越大，每秒需要传送包的个数就越少。其中当以太网帧为 64byte 时，在传输媒体上实际传送时需考虑 8byte 的帧头和 12byte 的帧间隙的固定开销。故一个线速（全速）的千兆以太网端口在转发 64byte 包时的包转发率为 1.488Mpps。对于万兆以太网，一个线速端口的包转发率为 14.88Mpps。对于千兆以太网，一个线速端口的包转发率为 1.488Mpps。对于百兆以太网，一个线速端口的包转发率为 0.1488Mpps。

在图 2.15 中交换机有 24 个端口，假设将该交换机每个端口以千兆速度连接工作站，全双工工作，传送最小的 64 字节的包，其最大吞吐量应达到 24 × 1.488Mpps × 2=71.424Mpps，在图 2.15 中，它提供的包转发率是 36Mpps，我们全速计算得到的最大吞吐量 71.424Mpps ＞交换机提供的包转发率 36Mpps，故无法保证所有端口线速工作时，提供无阻塞的包交换。

（5）应用层级：二层。

（6）端口数量：24 个。

（7）VLAN：不支持。

（8）MAC 地址表：8K。

例2.2 计算汇聚层交换机的背包带宽和包交换率。

若某个公司有 300 台计算机上网，接入层交换机选择千兆接入层交换机，每个接入层交换机端口数量是 24 个，那么千兆汇聚层交换机应该选择的背板带宽等于多少，包交换率等于多少，才能满足线速接入？

有 300 台计算机，计算机与接入层交换机相连，如图 2.16 所示，接入层交换机与汇聚层交换机相连已经用掉一个端口，所以接入层交换机还有 23 个端口，那么接入层交换机的个数=300/23=13.04，所以接入层交换机选择 14 台，汇聚层千兆以太网交换机选择 1 台，那这一台如何选？我们一起来看看。

从上面计算背板带宽和包转发率来看，一台接入层交换机的背板带宽是48（Gbps），在Cisco架构体系中汇聚层交换机背板带宽=接入交换机数量×48（Gbps）=14×48（Gbps）=672（Gbps）。

千兆交换机的吞吐量包转发率：1.488Mpps×2 =2.976Mpps（一个端口上联到核心交换机，但是有上行和下行）。千兆交换机包转发率：接入交换机数量14×2.976Mpps =41.664Mpps。所以对于汇聚层交换机要让300台计算机以线速进行工作，选择背板带宽和包转发率大于下面计算的值。

① 背板带宽=14×48（Gbps）=672（Gbps）。

② 千兆交换机包转发率=14×2.976Mpps =41.664Mpps。选用的汇聚层交换机如图2.17所示。

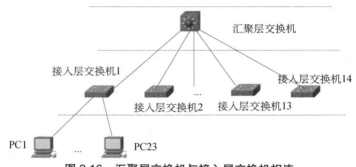

图 2.16　汇聚层交换机与接入层交换机相连

在图2.16中接入层交换机以线速进行工作时选择的背板带宽和包转发率应大于下面计算的值。

①背板带宽=48（Gbps）。

② 千兆交换机包转发率=24×1.488Mpps×2=71.424Mpps。选用的接入层交换机如图2.18所示。

主要参数	
产品类型①	千兆以太网交换机
应用层级	三层
传输速率①	10/100/1000Mbps
交换方式①	存储-转发
背板带宽①	336Gbps/3.36Tbps
包转发率①	96/126Mpps

图 2.17　汇聚层交换机：华为 S5735S-S24T4S-A 的主要参数

产品类型	千兆以太网交换机
应用层级	二层
传输速率	10/100/1000Mbps，10000Mbps
交换方式	存储-转发
背板带宽	168Gbps
包转发率	96Mpps

图 2.18　接入层交换机：华为 S1700-28GR-4X

2.4　交换机的工作机制

接入层交换机工作于 OSI 参考模型的第 1 层和第 2 层，即物理层和数据链路层。交换机内部维护一张 MAC 地址表，将 MAC 地址和端口建立一对一对应关系，其结构如图 2.19 所示。交换机能够读取出接收帧中的目的物理地址 MAC，按目的地址所在的端口完成定向转发。

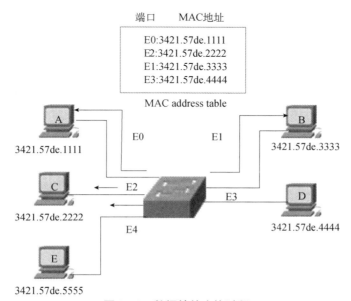

图 2.19　数据帧的交换过程

1.　交换机数据帧的转发过程

交换机根据数据帧的 MAC（Media Access Control）地址（即物理地址）进行数据帧的转发操作。交换机转发数据帧时，遵循以下规则：

（1）如果数据帧的目的 MAC 地址是广播地址或者组播地址，则向交换机所有端口转发（除数据帧来的端口）。

（2）如果数据帧的目的地址是单播地址，但是这个地址并不在交换机的 MAC 地址表中，那么也会向所有的端口转发（除数据帧来的端口）。

（3）如果数据帧的目的地址在交换机的 MAC 地址表中，那么就根据 MAC 地址表转发到相应的端口。

下面以图 2.19 为例来看看具体的数据帧交换过程，此时的 MAC 地址表如图 2.19 所示。

① 当主机 D 发送广播帧时，交换机从 E3 端口接收到目的地址为 ffff.ffff.ffff 的数据帧，则向 E0、E1、E2 和 E4 端口转发该数据帧。

② 当主机 D 与主机 E 通信时，交换机从 E3 端口接收到目的地址为 3421.57de.5555 的数据帧，查找 MAC 地址表后发现 3421.57de.5555 并不在表中，因此交换机仍然向 E0、E1、

E2 和 E4 端口转发该数据帧。

③当主机 D 与主机 A 通信时，交换机从 E3 端口接收到目的地址为 3421.57de.1111 的数据帧，查找 MAC 地址表后发现 3421.57de.1111 位于 E0 端口，所以交换机将数据帧只转发至 E0 端口，这样主机 A 即可收到该数据帧。

④如果在主机 D 与主机 A 通信的同时，主机 B 也正在向主机 C 发送数据，交换机同样会把主机 B 发送的数据帧转发到连接主机 C 的 E2 端口。这时 E1 和 E2 之间，以及 E3 和 E0 之间，通过交换机内部的硬件交换电路，建立了两条链路，这两条链路上的数据通信互不影响，因此网络也不会产生冲突。所以，主机 D 和主机 A 之间的通信独享一条链路，主机 C 和主机 B 之间也独享一条链路。而这样的链路仅在通信双方有需求时才会建立，一旦数据传输完毕，相应的链路也随之拆除。这就是交换机主要的特点。

从以上的交换操作过程中，可以看到数据帧的转发都基于交换机内的 MAC 地址表，但是这个 MAC 地址表是如何建立和维护的呢？下面就来介绍这个问题。

2. 交换机地址自学习和管理机制

交换机的 MAC 地址表中，一条表项主要由一个主机 MAC 地址和该地址所连接的交换机端口号组成。整张地址表的生成采用动态自学习的方法，即当交换机收到一个数据帧以后，将数据帧的源地址和输入端口记录在 MAC 地址表中。在思科的交换机中，MAC 地址表放置在内容可寻址存储器（Content Addressable Memory，CAM）中，因此也被称为 CAM 表。

当然，在存放 MAC 地址表项之前，交换机首先应该查找 MAC 地址表中是否已经存在该源地址的匹配表项，仅当匹配表项不存在时才能存储该表项。每一条地址表项都有一个时间标记，用来指示该表项存储的时间周期。地址表项每次被使用或者被查找时，表项的时间标记就会被更新，如果在一定的时间范围内地址表项仍然没有被引用，它就会从地址表中被移走。因此，MAC 地址表中所维护的一直是最有效和最精确的 MAC 地址/端口信息。

1）以太网交换机的自学习功能

我们用一个简单的例子来说明以太网交换机是怎样进行自学习的。

假定在图 2.20 中以太网交换机有 4 个端口，各连接一台计算机，其 MAC 地址分别是 A、B、C 和 D。一开始，以太网交换机里面的交换表是空的（图 2.20（a））。

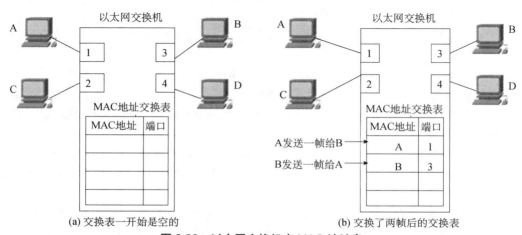

(a) 交换表一开始是空的   (b) 交换了两帧后的交换表

图 2.20　以太网交换机中 MAC 地址表

　　A 先向 B 发送一帧,从端口 1 进入交换机。交换机收到帧后,先查找交换表,没有查到应从哪个端口转发这个帧(在 MAC 地址这一列中,找不到目的地址为 B 的项目)。接着,交换机把这个帧的源地址 A 和端口 1 写入交换表中,并向除端口 1 以外的所有端口广播这个帧(这个帧就是从端口 1 进来的,当然不应当把它再从端口 1 转发出去)。

　　C 和 D 将丢弃这个帧,因为目的地址不对。只有 B 才收下这个目的地址正确的帧。这也称为过滤。

　　从新写入交换表的项目(A,1)可以看出,以后不管从哪一个端口收到帧,只要其目的地址是 A,就应当把收到的帧从端口 1 转发出去。这样做的依据是:既然 A 发出的帧是从端口 1 进入到交换机的,那么从交换机的端口 1 转发出的帧也应当可以到达 A。

　　假定接下来 B 通过端口 3 向 A 发送一帧。交换机查找交换表,发现交换表中的 MAC 地址有 A。表明要发送给 A 的帧(即目的地址为 A 的帧)应从端口 1 转发。于是就把这个帧传送到端口 1 转发给 A。显然,现在已经没有必要再广播收到的帧。交换表这时新增加项目(B,3),表明今后如有发送给 B 的帧,就应当从端口 3 转发出去。

　　经过一段时间后,只要主机 C 和 D 也向其他主机发送帧,以太网交换机中的交换表就会把转发到 C 或 D 应当经过的端口号(2 或 4)写入交换表中。这样,交换表中的项目就齐全了。要转发给任何一台主机的帧,都能够很快地在交换表中找到相应的转发端口。

　　考虑到有时可能要在交换机的端口中更换主机,或者主机要更换其网络适配器,这就需要更改交换表中的项目。为此,在交换表中每个项目都设有一定的有效时间。过期的项目就自动被删除。用这样的方法保证交换表中的数据都符合当前网络的实际状况。

　　2)生成树 STP 协议

　　以太网交换机的这种自学习方法使得以太网交换机能够即插即用,不必人工进行配置,因此非常方便。但有时为了增加网络的可靠性,在使用以太网交换机组网时,往往会增加一些冗余的链路。在这种情况下,自学习的过程就可能导致以太网帧在网络的某个环路中无限制地兜圈子。我们用图 2.21 所示的简单例子来说明这个问题。

　　如图 2.21 所示,假定一开始主机 A 通过端口交换机#1 向主机 B 发送一帧。交换机#1 收到这个帧后就向所有其他端口进行广播发送。现观察其中一个帧的走向:离开交换机#1 的端口 3→交换机#2 的端口 1→端口 2→交换机#1 的端口 4→端口 3→交换机#2 的端口 1→……这样无限制地循环兜圈子下去,白白消耗了网络资源。

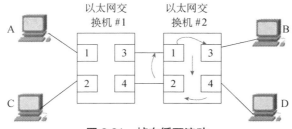

图 2.21　帧在循环流动

　　为了解决这种兜圈子问题,IEEE 的 802.1D 标准制定了一个生成树协议 STP(Spanning Tree Protocol),其要点就是不改变网络的实际拓扑,但在逻辑上切断某些链路,使得从一台主机到所有其他主机的路径是无环路的树状结构,从而消除了兜圈子现象。如图 2.22 所示,上面一条链路为主干链路,下面一条链路为备用链路,正常工作时激活主干链路,备用链路处于休眠状态，一旦主干链路断开，备用链路马上启用。

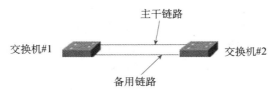

图 2.22　STP 协议建立冗余链路实现链路连接的可靠性

3．交换机数据转发方式

以太网交换机的数据交换与转发方式可以分为直接交换、存储转发交换和改进的直接交换 3 类。

（1）直接交换。在直接交换方式下，交换机边接收边检测。一旦检测到目的地址字段，将数据帧传送到相应的端口上，而不管这一数据是否出错，出错检测任务由节点主机完成。这种交换方式的交换延迟时间短，但缺乏差错检测能力，不支持不同输入/输出速率口之间的数据转发。

（2）存储转发交换。在存储转发方式中，交换机首先要完整地接收站点发送的数据，并对数据进行差错检测。如接收数据是正确的，再根据目的地址确定输出端口号，将数据转发出去。这种交换方式具有差错检测能力并能支持不同输入/输出速率端口之间的数据转发，交换延迟时间较长。

（3）改进的直接交换。改进的直接交换方式是将直接交换与存储转发交换结合起来，在接收到数据的前 64 字节之后，判断数据的头部字段是否正确，如果正确则转发出去。这种方式对于短数据来说，交换延迟与直接交换方式比较接近；而对于长数据来说，由于它只对数据前部的主要字段进行差错检测，交换延迟将会减少。

4．交换机工作特点

以太网交换机的每个接口都直接与一个单台主机或另一个以太网交换机相连，并且一般都工作在全双工方式下。以太网交换机还具有并行性，即能同时连通多对接口，使多对主机能同时通信（而网桥只能一次分析和转发一个帧）。相互通信的主机都独占传输媒体，无碰撞地传输数据。

以太网交换机的接口还有存储器，能在输出端口繁忙时把到来的帧进行缓存。因此，如果连接在以太网交换机上的两台主机，同时向另一台主机发送帧，那么当这台主机的接口繁忙时，发送帧的这两台主机的接口会把收到的帧暂存一下，以后再发送出去。

以太网交换机由于使用了专用的交换结构芯片，用硬件转发，其转发速率要比使用软件转发的网桥快很多。

以太网交换机一般都具有多种速率的接口，例如，可以具有 10Mbps、100Mbps 和 1Gbps 的接口的各种组合，这就大大方便了各种不同情况的用户。

5．讨论学习

1）情景描述

在 Cisco Packet Tracer 中搭建如图 2.23 所示的拓扑和配置信息，此时查看当前交换机

Switch1 的 MAC 地址表，发现为空。现在为 PC1 和 PC2 配置 IP 地址和子网掩码，配置完成后，在 PC1 的命令窗口输入"ping 192.168.10.2"，回车，再次查看交换机 Switch1 的 MAC 地址表，发现其学习到了 PC1 和 PC2 的物理地址及连接的交换机的端口信息，如图 2.24～图 2.27 所示。

图 2.23　在 Cisco Packet Tracer 最初交换机 MAC 地址为空

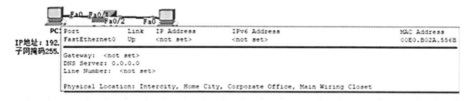

图 2.24　在 Cisco Packet Tracer PC1 的 MAC 地址

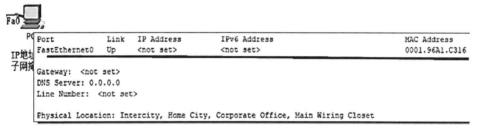

图 2.25　在 Cisco Packet Tracer PC1 的 MAC 地址

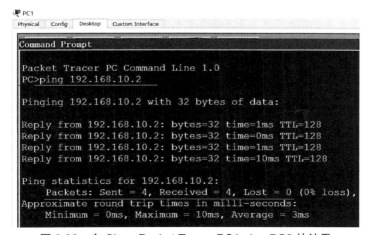

图 2.26　在 Cisco Packet Tracer PC1 ping PC2 的结果

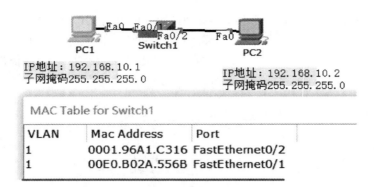

图 2.27　MAC 地址获取到 PC1 和 PC2 的 MAC 和对应端口情况

2）原因讨论

PC1 Ping PC2 目标这个动作，发送 4 个数据包，到达交换机 Switch1 的端口 Fa0/1，交换机按自学习机制，发现源地址为 PC1 的地址对不存在，学习后加入 MAC 地址表，PC2 收到请求包给自己，它对 PC1 发送 4 个应答包，到达交换机 Switch1 的端口 Fa0/2，交换机按自学习机制，发现源地址为 PC2 的地址对不存在，学习后加入 MAC 地址表，从而学习到两对地址对，如图 2.28 所示。

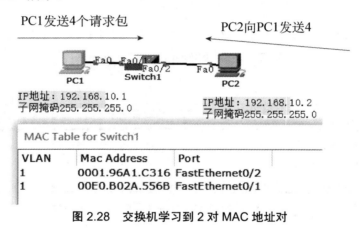

图 2.28　交换机学习到 2 对 MAC 地址对

2.5　路由器

路由器是连接两个或多个网络的互联设备，在网络间起网关的作用，是读取每一个数据包中的目标 IP 地址然后决定如何传送的专用智能性的网络设备。它能够理解不同的协议，例如，某个局域网使用的以太网协议，互联网使用的 TCP/IP 协议。这样，路由器可以分析各种不同类型网络传来的数据包的目的 IP 地址，把非 TCP/IP 网络的地址转换成 TCP/IP 地址，或者反之；再根据选定的路由算法把各数据包按最佳路线传送到指定位置。所以路由器可以把非 TCP/ IP 网络连接到互联网上。

1. 路由器简介

路由器又可以称为网关设备。路由器工作在 OSI/RM 模型的第三层网络互联层，对不同的网络之间的数据包进行存储、分组转发处理。数据在一个子网中传输到另一个子网中，可以通过路由器的路由功能进行处理。在网络通信中，路由器具有判断网络地址及选择 IP 路径的作用，可以在多个网络环境中，构建灵活的链接系统，通过不同的数据分组及介质访问方式对各个子网进行链接。路由器在操作中仅接受源站或者其他相关路由器传递的信息，是一种基于网络层的互联设备。

路由器能够连接任意两种不同的网络，但是这两种不同的网络之间要遵守一个原则，就是使用相同的网络层协议，这样才能够被路由器连接。路由技术简单来说就是对网络上众多的信息进行转发与交换的一门技术，具体来说，就是通过互联网络将信息从源地址传送到目的地址。路由技术这几年来也取得了不错的发展和进步，特别是第五代路由器的出现，满足了人们对数据、语音和图像的综合应用，逐渐被大多数家庭网络所选择并且被广泛使用。除此之外，这几年来，我国的路由技术越来越成熟，同时也结合了当代的智能化技术，使得人们在使用路由技术的过程中能够体会到快捷、快速的效果，从而推动和促进互联网与网络技术的发展。

路由器是互联网的主要节点设备。路由器通过路由决定数据的转发。转发策略称为路由选择（Routing），这也是路由器名称的由来。作为不同网络之间互相连接的枢纽，路由器系统构成了基于 TCP/IP 的国际互联网络 Internet 的主体脉络，也可以说，路由器构成了 Internet 的骨架。它的处理速度是网络通信的主要瓶颈之一，它的可靠性则直接影响着网络互联的质量。因此在园区网、地区网乃至整个 Internet 研究领域中，路由器技术始终处于核心地位，其发展历程和方向成为整个 Internet 研究的缩影。在当前我国网络基础建设和信息建设方兴未艾之际，探讨路由器在互联网络中的作用、地位及其发展方向，对于国内的网络技术研究、网络建设，以及明确网络市场上对于路由器和网络互联的各种似是而非的概念，都有重要的意义。

2. 路由器分类

在中关村在线官网上，查看路由器网络设备，可以看到路由器按品牌、价格、路由器类型、传输速率、端口结构、特性进行分类，如图 2.29 所示。在路由器类型里，路由器分为企业级路由器、SOHO 路由器、VPN 路由器、上网行为管理路由器、网吧专用路由器、多业务路由器、网络安全路由器。

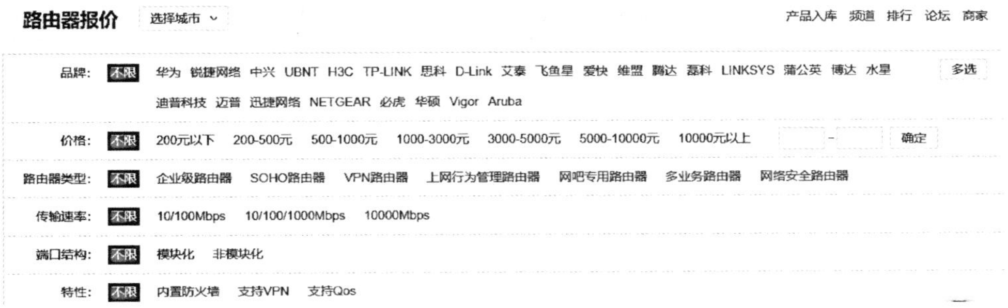

图 2.29　路由器的分类

图 2.30　华为 AR6140-S 的外观

以华为 AR6140-S 为例，其外观如图 2.30 所示。

路由器产品按照不同的划分标准有多种类型，常见的分类有以下几类。

1）按性能档次分

按性能档次可分为高、中、低档路由器。通常将路由器吞吐量大于 40Gbps 的路由器称为高档路由器，吞吐量在 25～40Gbps 之间的路由器称为中档路由器，而将低于 25Gbps 的看作低档路由器。当然这只是一种宏观上的划分标准，各厂家划分并不完全一致，实际上路由器档次的划分不仅是以吞吐量为依据的，而且是有一个综合指标的。以全球市场占有率大的 Cisco 公司为例，12000 系列为高端路由器，7500 以下系列路由器为中低端路由器。

2）从结构上分

从结构上分为模块化路由器和非模块化路由器。模块化结构可以灵活地配置路由器，以适应企业不断增加的业务需求，非模块化路由器就只能提供固定的端口。通常中高端路由器采用模块化结构，低端路由器采用非模块化结构。

3）从功能上划分

从功能上划分，可将路由器分为骨干级路由器、企业级路由器和接入级路由器。骨干级路由器是实现企业级网络互联的关键设备，它的数据吞吐量较大，非常重要。对骨干级路由器的基本性能要求是高速度和高可靠性。为了获得高可靠性，网络系统普遍采用诸如热备份、双电源、双数据通路等传统冗余技术，从而使得骨干级路由器的可靠性一般不成问题。

企业级路由器连接许多终端系统，连接对象较多，但系统相对简单，且数据流量较小，对这类路由器的要求是以尽量便宜的方法实现尽可能多的端点互联，同时还要求能够支持不同的服务质量。接入级路由器主要应用于连接家庭或 ISP 内的小型企业客户群体。

4）按所处网络位置划分

按所处网络位置划分通常把路由器划分为边界路由器和中间节点路由器。很明显，边界路由器处于网络边缘，用于不同网络路由器的连接；而中间节点路由器则处于网络的中间，通常用于连接不同网络，起到一个数据转发的桥梁作用。由于各自所处的网络位置有所不同，其主要性能也就有相应的侧重，如中间节点路由器因为要面对各种各样的网络。如何识别这些网络中的各节点呢？靠的就是这些中间节点路由器的地址记忆功能。基于上述原因，选择中间节点路由器时就需要更加注重地址记忆功能，也就是要求选择缓存更大、地址记忆能力较强的路由器。但是边界路由器由于可能要同时接收来自许多不同网络路由器发来的数据，所以这种边界路由器的背板带宽要足够宽，当然这也要视边界路由器所处的网络环境而定。

5）从性能上划分

从性能上可分为线速路由器和非线速路由器。线速路由器完全可以按传输介质带宽进行通畅传输，基本上没有间断和延时。通常线速路由器是高端路由器，具有非常高的端口带宽和数据转发能力，能以媒体速率转发数据包；中低端路由器是非线速路由器。但是一些新的宽带接入路由器也有线速转发能力。

3. 路由器主要参数

如图 2.31 所示，该路由器有 4 个广域网接口、5 个局域网接口。

配置参数　　　　　　　　　　　　　　　　　　　　　　　　　　　　📄 详细参数

路由器类型：企业级路由器　　　　　　　　　　　Qos支持：Diffserv 模式，MPLS QoS，优先级映....>>
传输速率：10/100/1000Mbps　　　　　　　　　　VPN支持：IPSec VPN，GRE VPN，DSVPN，A2A VPN....

广域网接口：4个　　　　　　　　　　　　　　　　处理器：ARM64 4核
局域网接口：5个　　　　　　　　　　　　　　　　产品内存：2GB

查看完整参数>>

图 2.31　华为 AR6140-S 的主要参数

1）广域网接口

路由器不仅能实现局域网之间的连接，更重要的应用还是在于局域网与广域网、广域网与广域网之间的相互连接。路由器与广域网连接的接口称为广域网接口（WAN 接口）。路由器中常见的广域网接口有以下几种：① RJ-45 端口，② AUI 端口，③ 高速同步串口，④ 异步串口，⑤ ISDN BRI 端口。

RJ-45 端口是最常见的端口，它是常见的双绞线以太网端口，因为在快速以太网中也主要采用双绞线作为传输介质，所以根据端口的通信速率不同，RJ-45 端口又可分为 10Base-T 网 RJ-45 端口和 100Base-TX 网 RJ-45 端口两类。其中 10Base-T 网的 RJ-45 端口在路由器中通常被标识为"ETH"，而 100Base-TX 网的 RJ-45 端口则通常被标识为"10/100bTX"，这主要是现在快速以太网路由器产品多数还是采用 10/100Mbps 带宽自适应的。其实这两种 RJ-45 端口仅就端口本身而言是完全一样的，但端口中对应网络电路结构是不同的，所以也不能随便连接。

AUI 端口是用来与粗同轴电缆连接的接口，它是一种"D"型 15 针接口，这在令牌环网或总线型网络中是一种比较常见的端口之一。路由器可通过粗同轴电缆收发器实现 10Base-5 网络的连接，但更多的是借助于外接的收发转发器（AUI-to-RJ-45），实现与 10Base-T 以太网络的连接。当然也可借助于其他类型的收发转发器实现与细同轴电缆（10Base-2）或光缆（10Base-F）的连接。这里所讲的路由器 AUI 接口主要是用粗同轴电缆作为传输介质的网络进行连接用的。

高速同步串口在路由器的广域网连接中应用最多，这种端口主要用于连接目前应用非常广泛的 DDN、帧中继（Frame Relay）、X.25、PSTN（模拟电话线路）等网络连接模式。在企业网之间有时也通过 DDN 或 X.25 等广域网连接技术进行专线连接。这种同步端口一般要求速率非常高，因为一般来说通过这种端口所连接的网络的两端都要求实时同步。

异步串口主要应用于 Modem 或 Modem 池的连接，用于实现远程计算机通过公用电话网拨入网络。这种异步串口相对于上面介绍的同步串口来说在速率上要求宽松许多，因为它并不要求网络的两端保持实时同步，只要求能连续即可。所以我们在上网时所看到的并不一定就是网站上实时的内容，但这并不重要，毕竟这种延时是非常小的，重要的是在浏览网页时能够保持网页的正常下载。

ISDN BRI 端口用于 ISDN 线路，通过路由器实现与 Internet 或其他远程网络的连接，可实现 128Kbps 的通信速率。ISDN 有两种速率连接端口，一种是 ISDN BRI（基本速率接口），另一种是 ISDN PRI（基群速率接口），ISDN BRI 端口采用 RJ-45 标准，与 ISDN NT1 的连接使用 RJ-45-to-RJ-45 直通线。

2）局域网接口

局域网接口主要用于路由器与局域网进行连接，因局域网类型也是多种多样的，所以这也就决定了路由器的局域网接口类型也可能是多样的。不同的网络有不同的接口类型，常见的以太网接口主要有 AUI、BNC 和 RJ-45 接口，还有 FDDI、ATM、光纤接口，这些网络都有相应的网络接口，下面是主要的几种局域网接口：① AUI 端口，② RJ-45 端口，③ SC 端口。

AUI 端口和 RJ-45 端口也可以作为局域网端口。

SC 端口也就是我们常说的光纤端口，它用于与光纤的连接，一般来说这种光纤端口是不太可能直接用光纤连接至工作站的，一般通过光纤连接到快速以太网或千兆以太网等具有光纤端口的交换机。这种端口一般在高档路由器中才具有，都以"100b FX"标注。

3）包转发率

包转发率，也称端口吞吐量，是指路由器在某端口进行的数据包转发能力，单位通常使用 pps（包/秒）来衡量。一般来讲，低端的路由器包转发率只有几 Kbps 到几十 Kpps，而高端路由器则能达到几十 Mpps（百万包/秒）甚至上百 Mpps。如果是在小型办公部门，则选购转发速率较低的低端路由器即可，如果是在大中型企业部门，就要提高这个指标，建议性能越高越好。

4）内置防火墙

防火墙是隔离本地和外部网络的一道防御系统。早期低端的路由器大多没有内置防火墙功能，而现在的路由器几乎普遍支持防火墙功能，有效地提高了网络的安全性，只是路由器内置的防火墙在功能上要比专业防火墙产品相对弱些。在选购产品时要注意这一点。

5）支持 VPN

VPN 的英文全称是 Virtual Private Network，翻译过来就是"虚拟专用网络"。顾名思义，我们可以把它理解成是虚拟出来的企业内部专线。早期的路由器可能不支持 VPN 功能。现在的路由器产品基本都支持 VPN 功能。

6）QoS 支持

QoS 的英文全称为 Quality of Service，中文名为服务质量。QoS 是网络的一种安全机制，是用来解决网络延迟和阻塞等问题的一种技术。现在的路由器一般均支持 QoS。路由器上的 QoS 可以通过下面几种手段获得：

（1）通过大带宽得到。在路由器上除增加接口带宽以外不做任何额外工作来保障 QoS。由于数据通信没有相应公认的数学模型做保障，该方法只能粗略地使用经验值做估计。通常认为当带宽利用率到达 50%以后就应当扩容，保证接口带宽利用率小于 50%。

（2）通过端到端带宽预留实现。该方法通过使用 RSVP 或者类似协议在全网范围内通信的节点间端到端预留带宽。该方法能保证 QoS，但是代价太高，通常只在企业网或者私网上运行，在大网公网上无法实现。

（3）通过接入控制、拥塞控制和区分服务等方式得到。该方式无法完全保证 QoS。这能与增加接口带宽等方式结合使用，在一定程度上提供相对的 QoS。

（4）通过 MPLS 流量工程得到。

2.6　无线路由器

　　无线路由器是用于用户上网、带有无线覆盖功能的路由器。无线路由器可以看作是一个转发器，将家中墙上接出的宽带网络信号通过天线转发给附近的无线网络设备（笔记本电脑、支持 WiFi 的手机、平板及所有带有 WiFi 功能的设备）。市场上流行的无线路由器一般都支持专线 XDSL、Cable、动态 XDSL、PPTP 四种接入方式，一般只能支持 15 个以内的设备同时在线使用。它还具有其他一些网络管理的功能，如 DHCP 服务、NAT 防火墙、MAC 地址过滤、动态域名等功能。一般的无线路由器信号范围为半径 50 米，已经有部分无线路由器的信号范围达到了半径 300 米。

　　在中关村在线官网上，查看无线路由器网络设备，可以看到路由器按品牌、价格、产品类型、最高传输速率、网络接口、频率范围、特性进行分类，如图 2.32 所示。在产品类型里，路由器分为智能无线路由器、SOHO 无线路由器、便携式无线路由器、家用无线路由器、分布式无线路由器、企业级无线路由器、随身 WiFi。

图 2.32　无线路由器的分类

　　以 TP-LINK TL-WDR7661 千兆版为例，其外观如图 2.33 所示。其主要参数如图 2.34 所示。

图 2.33　TP-LINK TL-WDR7661
千兆版外观

图 2.34　TP-LINK TL-WDR7661 主要参数

2.7 网络互联介质

网络互联介质分为有线介质和无线介质两种。常见的有线介质有双绞线、同轴电缆和光纤，如图 2.35 所示。常见的无线传输介质有无线电波、微波及红外线等。

| 双绞线 | 同轴电缆 | 光纤 |

图 2.35　有线传输介质

2.7.1 双绞线

双绞线（Twisted Pair，TP）是一种综合布线工程中最常用的传输介质，由两根具有绝缘保护层的铜导线组成。把两根绝缘的铜导线按一定密度互相绞在一起，目的是将导线在传输中电信号产生磁场辐射出来的电波互相抵消，有效降低信号干扰的程度。实际使用时，将 4 对双绞线包在一个绝缘电缆套管里，形成双绞线电缆，如图 2.36 所示。日常生活中一般把双绞线电缆直接称为双绞线。与其他传输介质相比，双绞线在传输距离、信道宽度和数据传输速度等方面均受到一定限制，其价格较为低廉。

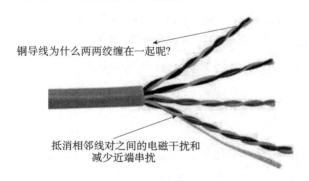

铜导线为什么两两绞缠在一起呢？

抵消相邻线对之间的电磁干扰和
减少近端串扰

图 2.36　4 对双绞线两两绕在一起

1. 双绞线的分类

双绞线可以根据有无屏蔽层进行分类，也可以从频率和信噪比角度进行分类。

根据有无屏蔽层进行分类，可将双绞线划分为屏蔽双绞线（Shielded Twisted Pair，STP）与非屏蔽双绞线（Unshielded Twisted Pair，UTP）。

屏蔽双绞线由 4 对不同颜色的传输线组成，在双绞线与外层绝缘层封套之间有一层金属屏蔽层。屏蔽层可减少辐射，防止信息被窃听，也可阻止外部电磁干扰的进入。屏蔽双绞线比同类的非屏蔽双绞线具有更高的传输速率。

非屏蔽双绞线同样由 4 对不同颜色的传输线组成，广泛应用于以太网中。电话线用的是 1 对非屏蔽双绞线。在综合布线系统中，非屏蔽双绞线得到广泛应用，它的主要优点如下：

（1）无屏蔽外套，直径小，节省占用的空间，成本低。

（2）重量轻，易弯曲，易安装。

（3）具有阻燃性。

（4）具有独立性和灵活性，适用于结构化综合布线。

按照频率和信噪比进行分类，常见的双绞线有三类线、四类线、五类线、超五类线及六类线等，具体如下。

（1）三类线（CAT3）：指在美国国家标准协会（American National Standards Institute，ANSI）和美国通信工业协会（Telecommunication Industry Association，TIA）及美国电子工业协会（Electronic Industries Alliance，EIA）制定的 EIA/T1A568 标准中指定的电缆，该电缆的传输频率为 16MHz，最高传输速率为 10Mbps，主要应用于语音、10Mbps 以太网（10Base-T）和 4Mbps 令牌环，最大网段长度为 100m，已淡出市场。

（2）四类线（CAT4）：该类电缆的传输频率为 20MHz，用于语音传输和最高传输速率 16Mbps（指的是 16Mbps 令牌环）的数据传输，主要用于基于令牌的局域网和 10BASE-T/100BASE-T。最大网段长 100m，未被广泛使用。

（3）五类线（CAT5）：这类电缆增加了绕线密度，外套一种高质量的绝缘材料，线缆最高频率带宽为 100MHz，最高传输速率为 1000Mbps，用于语音传输和最高传输速率为 100Mbps 的数据传输，主要用于 100BASE-T 和 1000BASE-T 网络。最大网段长度为 100m，这是最常用的以太网电缆。在双绞线电缆内，不同线对具有不同的绞距长度。

（4）超五类线（CAT5e）：超五类具有衰减小、串扰少、更高的信噪比、更小的时延误差，性能得到很大提高。超五类线主要用于千兆位以太网（1000Mbps）。

（5）六类线（CAT6）：该类电缆的传输频率为 1~250MHz，它提供的带宽为超五类带宽的 2 倍。六类线的传输性能远远高于超五类标准，最适用于传输速率高于 1Gbps 的应用。

2. 双绞线的制作

国际上最有影响力的 3 家综合布线组织为美国国家标准协会（ANSI）、美国通信工业协会（TIA）及美国电子工业协会（EIA）。在双绞线制作标准中，应用最广的是 EIA/TIA-568A 和 EIA/T1A-568B（见图 2.37）。这两个标准最主要的区别是线的排列顺序不一样。实际工程项目中用得比较多的线序标准为 EIA/TIA-568B。

EIA/TIA-568A 的线序为：白绿、绿、白橙、蓝、白蓝、橙、白棕、棕。

EIA/TIA-568B 的线序为：白橙、橙、白绿、蓝、白蓝、绿、白棕、棕。

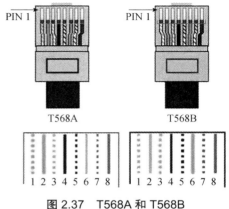

图 2.37　T568A 和 T568B

EIA/TIA-568A 的线序和 EIA/TIA-568B 的线序如图 2.37 所示。

根据 568A 和 568B 标准，RJ-45 水晶头各触点在网络连接中，对传输信号来说它们起的作用分别是：1、2 用于发送，3、6 用于接收，所以 8 根线的双绞线中，实际用来使用的是 4 根线。也就是说，只保证这 4 根线连通，这根双绞线电缆就可用于实际工程项目中，而并不需要 8 根线一定全部连通。

双绞线的制作用到的工具和材料如图 2.38 所示。

图 2.38　双绞线的制作用到的工具和材料

双绞线的制作步骤如下。

（1）剪断。用网线钳剪一段满足长度需要的双绞线。

（2）剥皮。把剪齐的一端插入网线钳用于剥线的缺口中，稍微握紧压线钳慢慢旋转一圈，让刀口划开双绞线的保护胶皮，剥下胶皮。当然，也可使用专门的剥线钳剥下保护胶皮。注意，剥皮的长度要适中，剥皮过长会导致网线外套胶皮不能被水晶头完全包住，实际使用时由于水晶头的晃动，会导致网线的断裂，从而不能保护双绞线。剥线过短，会导致双绞线不能插到水晶头的底部，造成水晶头插针不能与网线完好接触。

（3）排序。剥除外皮后即可见到双绞线电缆的 4 对 8 条芯线，把每对相互缠绕的线缆解开。解开后根据规则排列好顺序并理顺。

（4）剪齐。由于线缆之前是互相缠绕的，排列好顺序并理顺弄直之后，双绞线的顶端 8 根线已经不再一样长了，此时用压线钳的剪线刀口把线缆顶部裁剪整齐。

（5）插入。把按照一定的标准顺序整理好的线缆插入水晶头内。注意，插入时将水晶头有塑料弹簧片的一面向下，有针脚的一面向上。插入时要求将 8 根线一直插到线槽的顶端。

（6）压线。将水晶头插入压线钳的 8P 槽内压线，用力握紧线钳，可以使用双手一起压，使得水晶头凸出在外面的针脚全部压入水晶头内。

双绞线的制作主要步骤如图 2.39 所示。

（7）测试。将做好的网线的两头分别插入网线测试仪中，并启动开关，通过观察测线仪灯的闪烁情况判断网线制作是否成功，如图 2.40 所示。

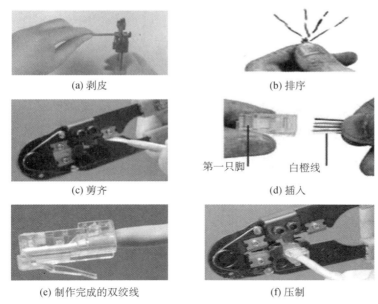

(a) 剥皮　　　　　　　　　　　　　　(b) 排序

第一只脚　　白橙线

(c) 剪齐　　　　　　　　　　　　　　(d) 插入

(e) 制作完成的双绞线　　　　　　　　(f) 压制

图 2.39　双绞线的制作步骤

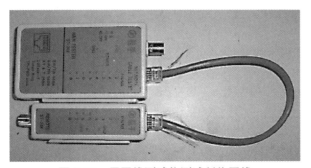

图 2.40　用网线测试仪测试制作网线

两端做好水晶头的双绞线有直通线和交叉线之分。直通线也称为平行线，指的是双绞线两端线序相同。标准的做法是：如果一端做成 EIA/TIA-568A 标准，则另一端同样须做成 EIA/T1A-568A 标准；如果一端做成 EIA/TIA-568B 标准，则另一端同样须做成 EIA/TIA-568B 标准。总之，两端的顺序相同，如图 2.41 和图 2.42 所示。

	1	2	3	4	5	6	7	8
A机器	白橙	橙	白绿	蓝	白蓝	绿	白棕	棕

	1	2	3	4	5	6	7	8
B机器	白橙	橙	白绿	蓝	白蓝	绿	白棕	棕

图 2.41　T568B 标准直通双绞线做法

A机器	1	2	3	4	5	6	7	8
	白绿	绿	白橙	蓝	白蓝	橙	白棕	棕

B机器	1	2	3	4	5	6	7	8
	白绿	绿	白橙	蓝	白蓝	橙	白棕	棕

图 2.42　T568A 标准直通双绞线做法

在工程项目中，如果确实忘记了标准 EIA/TIA-568A 或 EIA/TIA-568B 的顺序，只需记住一点，直通线的本质是两边的线序相同即可，不按照标准做同样能够解决问题。当然，在实际的工程项目中，尽量按照标准做网线水晶头。这样的网线抗干扰能力是最强的。

懂得直通线的本质之后，可以帮助我们解决一些实际问题。在实际工程中，利用标准做的双绞线主要使用 4 根线，分别为白橙、橙、白绿和绿。我们发现，有时由于这 4 根线存在断裂的情况会导致这根双绞线电缆线不能使用，从而使网络不能联通。如果我们懂得双绞线制作的本质，就可以使用别的颜色的线代替那根断的线，使这根双绞线仍然能够正常使用。如果一直强调必须使用标准的双绞线的做法做这根双绞线，那么这根线永远连不通，而实际这根线是可以再次使用的。

另一种常见的双绞线做法是做成交叉线。交叉线是双绞线一端的 1、2 号线对应另一端的 3、6 号线。一端的 3、6 号线对应另一端的 1、2 号线，如图 2.43 所示。按照标准的做法，如果双绞线的一端做成 EIA/TIA-568A，则另一端做成 EIA/TIA-568B。或者双绞线的一端做成 EIA/TIA-568B，则另一端做成 EIA/TIA-568A。这样的双绞线称为交叉线，如图 2.43 所示。懂得交叉线的本质之后，同样可以帮助我们解决实际问题。当编号为 1、2、3、6 的 4 根线中的某一根或几根出现断裂之后，可以利用其他线代替断裂的线，从而解决双绞线连不通的问题。

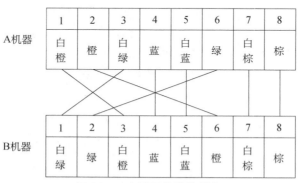

图 2.43　交叉双绞线的制作

3. 双绞线线型的选择

在工程项目中，往往需要对双绞线的线型进行选择，是使用直通线，还是使用交叉线？关于双绞线的选择，规则如下。

（1）相同性质设备之间用交叉线，不同性质设备之间用直通线。

（2）将路由器和 PC 看成相同性质设备，将交换机和集线器看成相同性质设备。

根据以上规则，得到常见设备之间的连线情况，如表 2.1 所示。

表 2.1　常见设备间的线型选择

设备	计算机	交换机	路由器
计算机	交叉线	直通线	交叉线
交换机	直通线	交叉线	直通线
路由器	交叉线	直通线	交叉线

2.7.2　同轴电缆

同轴电缆是指有两个同心导体，而导体和屏蔽层共用同一轴心的电缆。最常见的同轴电缆由绝缘材料隔离的铜线导体组成，在里层绝缘材料的外部是另一层环形导体及其绝缘层，整个电缆由聚氯乙烯或特氟纶材料的护套包住。

同轴电缆从用途上分，可分为 50 Ω 基带电缆和 75 Ω 宽带电缆（即网络同轴电缆和视频同轴电缆）两类。基带电缆又分为细同轴电缆和粗同轴电缆两类。

1. 细同轴电缆

细同轴电缆的最大传输距离为 185m，使用时与 50 Ω 终端电阻、T 型连接器、BNC 接头与网卡相连，不需要购置集线器等有源设备。

2. 粗同轴电缆

粗同轴电缆的最大传输距离达到 500m。不能与计算机直接连接，需要通过一个转接器转成 AUI 接头，然后再接到计算机上。粗同轴电缆的最大传输距离比细同轴电缆长，主要用于网络主干。

2.7.3　光纤

光纤是光导纤维的简称，是一种由玻璃或塑料制成的纤维，可作为光传导工具，光纤的传输原理是光的全反射。

细微的光纤封装在塑料护套中，使得它能够弯曲而不至于断裂。光纤的一端发射装置使用发光二极管（Light Emitting Diode，LED）或一束激光将光脉冲传送至光纤，光纤另一端的接收装置使用光敏元件检测脉冲。

在日常生活中，由于光在光导纤维中传导时的消耗比电在电线中传导时的消耗低得多，所以光纤被用作长距离的信息传递。

光纤分为单模光纤和多模光纤，单模光纤是只能传输一种模式的光纤，具有比多模光纤大得多的带宽。它适用于大容量、长距离通信。

多模光纤容许不同模式的光在一根光纤上传输，由于多模光纤的芯径较大，所以可使用较廉价的耦合器及接线器。

2.7.4　无线电波

无线电波是指在自由空间（包括空气和真空）传播的射频频段的电磁波。无线电技术的原理在于，导体中电流强弱的改变会产生无线电波。利用这一现象，通过调制可将信息加载于无线电波之上。当电波通过空间传播到达接收端，电波引起的电磁场变化又会在导体中产生电流。通过解调信息从电流变化中提取信息，最终达到信息传递的目的。

2.7.5　微波

微波是指频率为 300MHz～300GHz 的电磁波，是无线电波中一个有限频带的简称，即波长为 1mm～1m 的电磁波，微波频率比一般的无线电波频率高，通常也称为超高频电磁波。

2.7.6　红外线

红外线是太阳光线中众多不可见光线中的一种，可当作传输媒介。红外线通信有两个最突出的优点。

（1）不易被人发现和截获，保密性强。

（2）实现相对简单，抗干扰性强。

2.8　本章小结

本章讲解了在网络互联技术中涉及的常见网络设备及网络互联介质，讲解了交换机、路由器等常见的网络互联设备及它们在 OSI 参考模型中工作的层次。在交换机部分，主要讲述了交换机的分类，探讨了二层交换机、局域网、以太网、以太网帧、交换机的背板带宽和包转发率等参数。在网络互联设备路由器部分，主要介绍了路由器对网络的互联作用，路由器的分类、主要参数，无线路由器的分类、主要参数。

本章同时介绍了常见的网络互联介质，包括有线介质的双绞线、同轴电缆、光纤及无线传输介质的无线电波、微波、红外线。这部分特别详细地介绍了双绞线的分类、双绞线的制作过程及直通线、交叉线的工作原理。本章的最后探讨了直通线和交叉线各自使用的场合。

习题

一、填空题

1．局域网的体系结构涉及 OSI 模型的_____和_____两层。

2．802 标准把局域网的数据链路层分为_____、_____两个子层。

3．以太网地址由 IEEE 负责分配。由两部分组成：地址的前 3 个字节代表_____；后 3 个字节由_____分配。

4．网络互联设备包括_____、_____和_____。

5．以太网的最小帧长度是_____，最大帧长度是_____。

6．接入层交换机工作于 OSI 参考模型_____和_____两层。

二、简答题

1．常见的网络互联设备有哪些？

2．简述集线器的工作原理。

3．简述二层交换机及三层交换机的工作原理。

4．简述二层交换机和三层交换机各自的使用场合。

5．简述交换机的启动过程。

6．简述交换机的端口类型。

7．简述路由器的工作原理。

8．分析路由器的启动过程。

9．路由器的端口类型有哪几种？

10．分析一下交换机和路由器的区别。

11．常见的传输介质有哪些？

12．简述双绞线的制作过程。

三、操作题

1．实际操作查看交换机和路由器的启动过程。

2．指出实际交换机及路由器的端口类型。

3．实际动手制作一根直通线和一根交叉线。

4．写出交叉线和直通线使用测试仪测试时，测试仪两端指示灯的亮起顺序。

第 3 章　交换机构建中小型局域网

本章的学习目标

- 能够使用单交换机或多交换机组建交换式网络；
- 熟悉网络设备交换机的 IOS；
- 能够通过控制台端口对交换机进行初始配置；
- 能够配置交换机的各种口令；
- 能够对交换机进行基本配置；
- 能够利用 show 命令查看交换机的各种状态；
- 能够在单交换机上进行 VLAN 划分；
- 能够通过 VLAN 技术隔离网络；
- 能够根据场合需要建立以太信道。

本章探讨用交换机如何构建中小型局域网，在交换式以太网中掌握网络拓扑的搭建、设备间的连接、设备地址的规划、设备地址的配置、网络连通性测试。在设备管理方面，通过控制台口令、特权口令、远程登录口令实现交换机的三级安全保护，同时通过绑定 PC 的 MAC 地址设置端口安全。随着接入网络中的计算机越来越多，交换式以太网中广播流量越来越多，通过 VLAN 技术可以实现广播域划分和部门安全隔离。分布层和核心层之间、核心层和服务器之间部署以太信道，提高了可扩展的带宽。

3.1　任务 1　组建单交换机小型交换式网络

随着办公自动化的深入，如何组建一个经济、实用的局域网的问题引起人们越来越多的关注。通常人们将少于 100 人的机构称为小型办公室。小型办公室一般以小型企业、中型企业和家庭办公室为主，但并不局限于此。按网络规模划分，局域网可以分为小型、中型及大型 3 类，在实际工作中，一般将信息点在 100 个以下的网络称为小型网络，信息点在 100～500 个之间的网络称为中型网络，信息点在 500 个以上的网络称为大型网络。

3.1.1　任务情景

小王所在的研究生实验室 318 有 20 位学生，单位布线时给实验预留了一个以太网接口，目前要求学生通过有线方式上网，现实验室通过快速以太网交换机把这些计算机连接起来，组成一个小型局域网。

3.1.2　网络设备选型

若选用快速以太网交换机，传输速率为 10/100/1000Mbps，端口数量为 24 个，假设当前端口速率为千兆以太网，需要背板带宽=1000 Mbps×24×2=48Gbps。

需要的包转发率：

第 1 步：1000000000bps/8bit=125000000 byte（字节）

第 2 步：125000000 byte/(64＋8＋12)byte=1488095pps

上面得到的是单方向上对于千兆以太网交换机一个端口每秒传送多少个包 packet。

假设将该交换机每个端口以千兆的速度连接工作站，全双工工作，传送最小的 64 字节的包，其最大吞吐量应达到 24×1.488Mpps×2=71.424Mpps。如要保证所有端口线速工作，其选用的背板带宽>48Gbps，最大吞吐量应达到 24×1.488Mpps×2=71.424Mpps。

3.1.3　网络拓扑的搭建

以以太网交换机为中心构建交换式以太网，采用的拓扑结构为星形，在 Cisco Packet Tracer 中搭建拓扑，选用快速以太网交换机 2950-24，设备间的物理连接如图 3.1 所示。PC 和交换机的连接如表 3.1 所示。

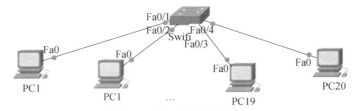

图 3.1　搭建的星形网络拓扑

表 3.1　PC 和交换机的连接

设备名	使用的接口类型	双绞线的类型	对接交换机的接口
PC1	FastEthernet0	直通双绞线	FastEthernet0/1
PC2	FastEthernet0	直通双绞线	FastEthernet0/2
…	…	…	…
PC19	FastEthernet0	直通双绞线	FastEthernet0/19
PC20	FastEthernet0	直通双绞线	FastEthernet0/20

3.1.4　PC 机的 IP 地址规划

在图 3.1 中，需要分配地址的设备有 PC1～PC20，规划逻辑地址如表 3.2 所示。由图 3.1 可以判断出，该网络只需要一个网络号，在表 3.2 中选用 C 类私有地址 192.168 开头，第 3 个十进制数选择的范围可以是 0～255，这里我们选择 1，第 4 个十进制数选择的范围可以是 1～254，这里我们依次为 PC1 和 PC2 分配这个网络中第 1 个地址和第 2 个地址，PC19 和 PC20 分配这个网络中第 19 个地址和第 20 个地址，分配的结果如表 3.2 所示。按照上面计算网络号的方法，PC1 和 PC2 的网络号在同一个网络中，网络号/网络地址=192.168.1.0/24。

表 3.2　PC 机的 IP 地址规划

设备名	IP 地址	子网掩码	默认网关
PC1	192.168.1.1	255.255.255.0	无
PC2	192.168.1.2	255.255.255.0	无
…	…	…	…
PC19	192.168.1.19	255.255.255.0	无
PC20	192.168.1.20	255.255.255.0	无

提示：PC1～PC20 的地址规划里暂时不考虑网关，只实现局域网内部之间的通信。

3.1.5　PC 机的 IP 地址配置

（1）PC1 的 IP 地址配置，双击"PC1"，选择"Desktop"标签，如图 3.2 所示。

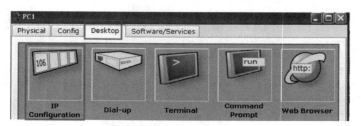

图 3.2　PC1 的 IP Configuration

（2）双击"IP Configuration"图标，进入如图 3.3 所示界面，IP 地址配置如图 3.3 所示。

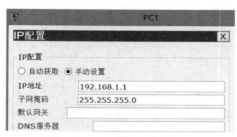

图 3.3　PC1 的 IP 地址配置

PC2、PC19 和 PC20 的 IP 地址配置步骤与 PC1 相同。

3.1.6　PC 间的连通性测试

（1）双击"PC1"，在图 3.2 中双击"Command Prompt"图标，进入 CMD 命令窗口，输入"ping 192.168.1.2"，如图 3.4 所示。

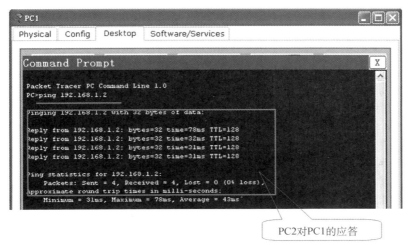

图 3.4　测试 PC1 Ping PC2

从图 3.4 中可以看到 PC1 Ping PC2 的测试结果。

（2）IP 地址配置好后，可以通过"ipconfig"命令检测配置的 IP 地址是否生效，方法如图 3.5 所示。

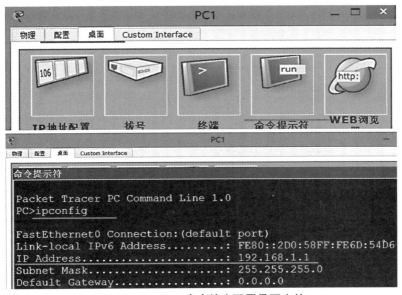

图 3.5　ipconfig 命令检查配置是否生效

3.2　任务2　组建多交换机级联小型交换式网络

在单一交换机构建交换式以太网中，一个交换机能够提供的端口数量是有限的，若需要接入的信息点数超过了一台交换机提供的端口数，这时就需要将多个交换机实现级联。

3.2.1　任务情景

小王所在的研究生实验室318今年扩招了10名硕士和博士研究生，现在实验室要把新进来的10台计算机加入到原有的局域网中，而实验室原有的交换机只有24个端口，无法将计算机全部连接起来，只好又增加了1台交换机，加入到现有网络中，组成一个小型局域网。

3.2.2　交换机之间的互联知识

当单一交换机所能够提供的端口数量不足以满足接入网络计算机数量的需求时，必须要有两个及以上的交换机提供相应数量的端口，这就涉及交换机之间的连接。实现交换机之间的连接技术包括交换机的级联、堆叠和集群。级联技术可以实现多台交换机之间的互连；堆叠技术可以将多台交换机组成一个单元，从而增大端口密度和提高端口的性能；集群技术可以将相互连接的多台交换机作为一个逻辑设备进行管理，从而大大降低网络管理成本，简化管理操作。

1．级联

图3.6　交换机级联

级联可以定义为两台或两台以上的交换机通过一定的方式相互连接，根据需要，多台交换机可以以多种方式进行级联。在较大的局域网例如园区网（校园网）中，多台交换机按照性能和用途一般形成总线型、树形或星形的级联结构。如图3.6所示为三台交换机进行级联形成的树形结构。

城域网是交换机级联的极好例子，目前各地电信部门已经建成了许多地级市的宽带IP城域网。这些宽带城域网自上向下一般分为3个层次：核心层、汇聚层、接入层。核心层一般采用千兆以太网技术，汇聚层采用1000Mbps/100Mbps以太网技术，接入层采用100Mbps/10Mbps以太网技术，即所谓"40G到大楼，万兆到楼层，千兆到桌面"。

这种结构的宽带城域网实际上就是由各层次的许多台交换机级联而成的。核心交换机

（或路由器）下连若干台汇聚交换机，汇聚交换机下联若干台小区中心交换机，小区中心交换机下连若干台楼宇交换机，楼宇交换机下连若干台楼层（或单元）交换机。

交换机间一般是通过普通用户端口进行级联的，有些交换机则提供了专门的级联端口（Uplink Port）。这两种端口的区别仅仅在于普通端口符合 MDIX 标准，而级联端口（或称上行口）符合 MDI 标准，由此导致了两种方式下接线方式不同：当两台交换机都通过普通端口级联时，端口间电缆采用交叉电缆（Crossover Cable）；当两台交换机都通过 Uplink 端口级联时，采用直通电缆（Straight Through Cable）。

为了方便进行级联，某些交换机上提供一个两用端口，可以通过开关或管理软件将其设置为 MDI 或 MDIX 方式。现在大部分交换机上全部或部分端口具有 MDI/MDIX 自校准功能，可以自动区分网线类型，进行级联时更加方便。

用交换机进行级联时要注意以下几个问题：①原则上任何厂家、任何型号的以太网交换机均可相互进行级联，但也不排除一些特殊情况下两台交换机无法进行级联，②交换机间级联的层数是有一定限度的，③成功实现级联的最根本原则，就是任意两节点之间的距离不能超过媒体段的最大跨度，④多台交换机级联时，应保证它们都支持生成树（Spanning-Tree）协议，既要防止网内出现环路，又要允许冗余链路存在。

进行级联时，应该尽力保证交换机间中继链路具有足够的带宽，为此可采用全双工技术和链路汇聚技术。交换机端口采用全双工技术后，不但相应端口的吞吐量加倍，而且交换机间中继距离大大增加，使得异地分布、距离较远的多台交换机级联成为可能。链路汇聚也叫端口汇聚、端口捆绑、链路扩容组合，由 IEEE802.3ad 标准定义。即两台设备之间通过两个以上的同种类型的端口并行连接，同时传输数据，以便提供更高的带宽、更好的冗余度及实现负载均衡。链路汇聚技术不但可以提供交换机间的高速连接，还可以为交换机和服务器之间的连接提供高速通道。需要注意的是，并非所有类型的交换机都支持这两种技术。

2. 堆叠

堆叠是指将一台以上的交换机组合起来共同工作，以便在有限的空间内提供尽可能多的端口。多台交换机经过堆叠形成一个堆叠单元，如图 3.7 所示。可堆叠的交换机性能指标中有一个"最大可堆叠数"的参数，它是指一个堆叠单元中所能堆叠的最大交换机数，代表一个堆叠单元中所能提供的最大端口密度。

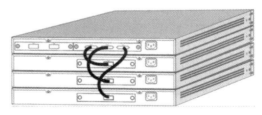

图 3.7　堆叠交换机连接

堆叠与级联这两个概念既有区别又有联系。堆叠可以看作是级联的一种特殊形式。它们的不同之处在于：级联的交换机之间可以相距很远（在媒体许可范围内），而一个堆叠单元内的多台交换机之间的距离非常近，一般不超过几米；级联一般采用普通端口，而堆叠一般采用专用的堆叠模块和堆叠电缆。一般来说，不同厂家、不同型号的交换机可以互相级联，堆叠则不同，它必须在可堆叠的同类型交换机（至少应该是同一厂家的交换机）之间进行；级联仅仅是交换机之间的简单连接，堆叠则是将整个堆叠单元作为一台交换机来使用，这不但意味着端口密度的增加，而且意味着系统带宽的加宽。

目前，市场上的主流交换机可以细分为可堆叠型和非堆叠型两大类。而号称可以堆叠的交换机中，又有虚拟堆叠和真正堆叠之分。所谓的虚拟堆叠，实际就是交换机之间的级联。交换机并不是通过专用堆叠模块和堆叠电缆，而是通过 Fast Ethernet 端口或 Giga Ethernet 端口进行堆叠的，实际上这是一种变相的级联。即便如此，虚拟堆叠的多台交换机在网络中已经可以作为一个逻辑设备进行管理，从而使网络管理变得简单起来。

真正意义上的堆叠应该满足：采用专用堆叠模块和堆叠总线进行堆叠，不占用网络端口；多台交换机堆叠后，具有足够的系统带宽，从而保证堆叠后每个端口仍能达到线速交换。

目前市场上有相当一部分可堆叠的交换机属于虚拟堆叠类型而非真正堆叠类型。很显然，真正意义上的堆叠比虚拟堆叠在性能上要高出许多，但采用虚拟堆叠至少有两个好处：①虚拟堆叠往往采用标准 FastEthernet 或 GigaEthernet 作为堆叠总线，易于实现，成本较低；②堆叠端口可以作为普通端口使用，有利于保护用户投资。采用标准 FastEthernet 或 GigaEthernet 端口实现虚拟堆叠，可以大大延伸堆叠的范围，使得堆叠不再局限于一个机柜之内。

堆叠可以大大提高交换机的端口密度和性能。堆叠单元具有足以匹敌大型机架式交换机的端口密度和性能，而价格却比机架式交换机便宜得多，实现起来也灵活得多。这就是堆叠的优势所在。

机架式交换机可以说是堆叠发展到更高阶段的产物。机架式交换机一般属于部门以上级别的交换机，它有多个插槽，端口密度大，支持多种网络类型，扩展性较好，处理能力强，但价格昂贵。

3. 集群

所谓集群，就是将多台互相连接（级联或堆叠）的交换机作为一台逻辑设备进行管理。在集群中，一般只有一台起管理作用的交换机，称为命令交换机，它可以管理若干台其他交换机。在网络中，这些交换机只需要占用一个 IP 地址（仅命令交换机需要），节约了宝贵的 IP 地址。在命令交换机统一管理下，集群中多台交换机协同工作，大大降低管理强度。

集群技术给网络管理工作带来的好处是毋庸置疑的。但要使用这项技术，应当注意到，不同厂家对集群有不同的实现方案，一般厂家都是采用专有协议实现集群的。这就决定了集群技术有其局限性。不同厂家的交换机可以级联，但不能集群。即使同一厂家的交换机，也只有指定的型号才能实现集群，如 CISCO3500XL 系列就只能与 1900、2800、2900XL 系列实现集群。

交换机的级联、堆叠、集群这 3 种技术既有区别又有联系。级联和堆叠是实现集群的前提，集群是级联和堆叠的目的；级联和堆叠是基于硬件实现的；集群是基于软件实现的；级联和堆叠有时很相似（尤其是级联和虚拟堆叠），有时则差别很大（级联和真正的堆叠）。随着局域网和城域网的发展，上述三种技术必将得到越来越广泛的应用。

3.2.3　网络设备选型

新增加的交换机若选用快速以太网交换机，传输速率为 10/100/1000Mbps，端口数量为

24 个，新增加的交换机端口具有 MDI/MDIX 自校准功能，通过直通双绞线将两台交换机实现级联，如图 3.8 所示。

假设当前端口连的是千兆以太网，需要背板带宽=原来交换机 S1 的背板带宽+新增加交换机 S2 的背板带宽，假设 S2 的 0/1 端口与 S1 相连，其余的端口需要接入编号为 24~30 的计算机，为了迎接以后更多的学生进入实验室，我们假设 S2 的 23 个端口都需要接入学生的 PC。那么需要背板带宽=S1 的背板带宽+S2余下 23 个端口的背板带宽。计算过程如下：

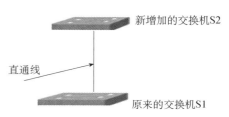

图 3.8　新增加的交换机接入网络中

（1）1000 Mbps×24×2=48Gbps

（2）1000 Mbps×23×2=46Gbps

（3）48Gbps +46Gbps=94Gbps

需要的包转发率：千兆核心交换机包转发率=24×1.488Mpps×2=71.424Mpps。

如要保证所有端口线速工作，新增加交换机选用的背板带宽>94Gbps，最大吞吐量应达到 24×1.488Mpps×2=71.424Mpps。

3.2.4　网络拓扑的搭建

以以太网交换机为中心构建交换式以太网，采用的拓扑结构为星形，在 Cisco Packet Tracer 中搭建拓扑，选用快速以太网交换机 2950-24，设备间的物理连接如图 3.9 所示，在 Cisco Packet Tracer 中交换机 S1 和交换机 S2 之间的连接必须使用交叉线。PC 和交换机的连接如表 3.3 所示。PC 和交换机 S2 的连接及 S1 与 S2 的级联如表 3.4 所示。

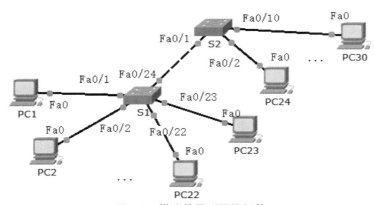

图 3.9　搭建的星形网络拓扑

表 3.3　PC 和交换机 S1 的连接

设备名	使用的接口类型	双绞线的类型	对接 S1 的接口
PC1	FastEthernet0	直通双绞线	FastEthernet0/1
PC2	FastEthernet0	直通双绞线	FastEthernet0/2

设备名	使用的接口类型	双绞线的类型	对接 S1 的接口
…	…	…	…
PC22	FastEthernet0	直通双绞线	FastEthernet0/22
PC23	FastEthernet0	直通双绞线	FastEthernet0/23

表 3.4　PC 和交换机 S2 的连接及 S1 与 S2 的级联

设备名	使用的接口类型	双绞线的类型	对接 S2 的接口
S1	FastEthernet0/24	交叉双绞线	FastEthernet0/1
PC24	FastEthernet0	直通双绞线	FastEthernet0/2
PC25	FastEthernet0	直通双绞线	FastEthernet0/3
…	…	…	…
PC29	FastEthernet0	直通双绞线	FastEthernet0/9
PC30	FastEthernet0	直通双绞线	FastEthernet0/10

3.2.5　PC 的 IP 地址规划

在图 3.9 中，需要分配地址的设备有 PC1～PC30，规划逻辑地址如表 3.5 所示。从图 3.9 中可以判断出，该网络只需要一个网络号，在表 3.5 中选用 C 类私有地址 192.168 开头，第 3 个十进制数选择的范围可以是 0～255，这里我们选择 1，第 4 个十进制数选择的范围可以是 1～254，这里我们依次为 PC1 和 PC2 分配这个网络中第 1 个地址和第 2 个地址，PC29 和 PC30 分配这个网络中第 29 个地址和第 30 个地址，分配的结果如表 3.5 所示。按照上面计算网络号的方法，PC1 和 PC2 的网络号在同一个网络中，网络号/网络地址=192.168.1.0/24。

表 3.5　PC 机的 IP 地址规划

设备名	IP 地址	子网掩码	默认网关
PC1	192.168.1.1	255.255.255.0	无
PC2	192.168.1.2	255.255.255.0	无
…	…	…	…
PC22	192.168.1.22	255.255.255.0	无
PC23	192.168.1.23	255.255.255.0	无
PC24	192.168.1.24	255.255.255.0	无
PC29	192.168.1.29	255.255.255.0	无
PC30	192.168.1.30	255.255.255.0	无

提示：PC1～PC30 的地址规划里暂时不考虑网关，只实现局域网内部之间的通信。

3.2.6 PC 机的 IP 地址配置

按任务 1 中所介绍的方法进行设置，这里不再赘述。

3.2.7 PC 机间的连通性测试

（1）在 PC1 计算机上通过 "ping" 命令检查和 PC2 和 P30 之间的连通性。

如果 PC1 和 PC24 或 PC30 之一能够连通，则说明两台交换机之间的连接无问题；如果和 PC24 或 PC30 都不通，则说明两台交换机之间的连接可能存在问题。

（2）在 PC24 计算机上通过 "ping" 命令检查和 PC30、PC1、PC23 之间的连通性。

（3）在 PC1 计算机上通过 "ping" 命令检查 PC2 和 PC23 等计算机之间的连通性，若出现无法连通的情况，可以通过 "ipconfig" 命令来检查当前 PC 的 IP 地址配置是否正确。

3.3 任务 3 交换机基本配置和管理

交换机的种类按是否可网管分为可网管交换机和不可网管交换机。这两种交换机的区别在哪里呢？不可网管交换机是不能被治理的，这里的治理是指通过治理端口执行监控交换机端口、划分 VLAN、设置 Trunk 端口等治理功能。而可网管交换机则可以被治理，它具有端口监控、划分 VLAN 等许多普通交换机不具备的特性。一台交换机是不是可网管交换机可以从外观上分辨出来。可网管交换机的正面或背面一般有一个串口或并口，通过串口电缆或并口电缆可以把交换机和计算机连接起来，这样便于设置。

3.3.1 任务情景

小明受聘于一家公司网络中心做网络管理员，随着网络应用的逐步深入，公司陆续添置计算机和可管理的网络设备，现需要对新进的交换机进行配置和管理。

3.3.2 可网管交换机的基础知识

1. 管理方式

可网管交换机可以通过以下几种途径进行管理：通过 RS-232 串行口（或并行口）管理、通过网络浏览器管理和通过网络管理软件管理。

1）通过 Console 口访问交换机

新交换机在进行第一次登录时必须通过交换机的 Console 口访问交换机。计算机的串口和交换机的 Console 口通过 Console 线进行连接，如图 3.10 所示。

交换机的
Console端口

图 3.10　计算机和交换机通过 Console 线进行连接

在计算机上打开"超级终端"界面，在设定好连接参数后，就可以通过串口电缆与交换机交互了。这种方式并不占用交换机的带宽，因此称为"带外管理"（Out of Band）。

在这种管理方式下，交换机提供了一个菜单驱动的控制台界面或命令行界面。可以使用Tab 键或箭头键在菜单和子菜单间移动，按回车键执行相应的命令，或者使用专用的交换机管理命令集管理交换机。不同品牌交换机的命令集是不同的，甚至同一品牌的交换机，其命令也不同。使用菜单命令在操作上更加方便一些。

2）通过 Web 管理

可网管交换机可以通过 Web（网络浏览器）管理，但是必须给交换机指定一个 IP 地址。这个 IP 地址除了供管理交换机使用，并没有其他用途。在默认状态下，交换机没有 IP 地址，必须通过串口或其他方式指定一个 IP 地址之后，才能启用这种管理方式。

使用网络浏览器管理交换机时，交换机相当于一台 Web 服务器，只是网页并不储存在硬盘里面，而是在交换机的 NVRAM 里面，通过程序可以把 NVRAM 里面的 Web 程序升级。当管理员在浏览器中输入交换机的 IP 地址时，交换机就像一台服务器一样把网页传递给 PC，此时给人的感觉就像在访问一个网站一样。这种方式占用交换机的带宽，被称为"带内管理"（In Band）。

如果你想管理交换机，只要单击网页中相应的功能项，在文本框或下拉列表中改变交换机的参数就可以了。Web 管理这种方式可以在局域网上进行，所以可以实现远程管理。

3）通过网管软件管理

可网管交换机均遵循 SNMP 协议（简单网络管理协议），凡是遵循 SNMP 协议的设备，均可以通过网管软件来管理。你只需要在一台网管工作站上安装一套 SNMP 网络管理软件，通过局域网就可以很方便地管理网络上的交换机、路由器、服务器等。通过 SNMP 网络管理软件的界面，也是一种带内管理方式。

4）通过 Telnet 访问交换机

如果管理员不在交换机附近，可以通过 Telnet 远程配置交换机，当然这需要预先在交换机上配置 IP 地址和密码，并保证管理员的计算机和交换机之间是 IP 可达的。

可网管交换机的管理可以通过以上 4 种方式来管理。究竟采用哪一种方式最好呢？在交换机初始设置的时候，必须通过带外管理；在设定好 IP 地址之后，就可以使用带内管理方式了。带内管理因为管理数据是通过公共使用的局域网传递的，可以实现远程管理，然而安全性不强。带外管理是通过串口通信的，数据只在交换机和管理用机之间传递，因此安全性很强；然而由于串口电缆长度的限制，不能实现远程管理。所以采用哪种方式得看你对安全性和可管理性的要求了。

2. 网络设备的 IOS

IOS 是路由器和交换机操作系统的简称，全名是 Internetwork Operation System，也就是说 IOS 就相当于 PC 的操作系统。下面在 Cisco Packet Tracer6.0 环境下介绍交换机的配置模式。

交换机建立用户模式、特权模式、配置模式三级管理机制，如图 3.11 所示，给出了这些模式的前后关系。

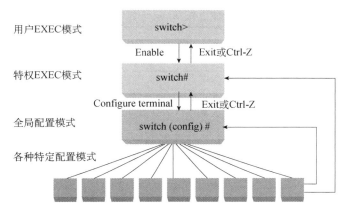

图 3.11　交换机的配置模式

在用户模式下，查看有限的交换机信息，不允许破坏现有交换机的配置；在特权模式下，详细地查看、测试、调试、重新启动交换机等操作。在配置模式下，可以对交换机进行具体内容的配置，如启动或关闭交换机的某一个端口，设置交换机的可管理的 IP 地址等。表 3.6 列出了常见的配置模式，不同的配置模式有不同的提示符，假设当前交换机的名字为 S1，不同配置模式的提示符如表 3.6 所示。

表 3.6　配置模式和提示符

提示符	配置模式	描述
S1>	用户 EXEC 模式	查看有限的交换机信息
S1>#	特权 EXEC 模式	详细地查看、测试、调试和配置命令
S1（config）#	全局配置模式	修改高级配置和全局配置
S1（config-if）#	接口配置模式	执行用于接口的命令
S1（config-line）#	线路配置模式	执行线路配置命令

3.3.3　交换机的基本配置

1. 命名网络设备

在 Cisco Packet Tracer6.0 环境下，启动交换机 2950-24，进入交换机的命令行配置窗口，如图 3.12 所示。

图 3.12　进入交换机的命令行配置窗口

在图 3.12 中，处于用户模式，此时交换机的名字默认为 Switch。作为设备配置的一部分，应该为每台设备配置一个独有的主机名。要采用一致有效的方式命名设备，需要在整个公司（或至少在整个局域网内）建立统一的命名约定。通常在信息点进行地址规划建立编址方案的同时建立命名约定，以在整个组织内保持良好的可续性。针对交换机名称的有关命名约定包括：以字母开头；不包含空格；以字母或数字结尾；仅由字母、数字和短划线组成；长度不超过 63 个字符。

例如，在特权执行模式下执行"configure terminal"命令进入全局配置模式。

```
Switch>enable        //进入特权模式
Switch#configure t     //进入全局配置模式
Enter configuration commands, one per line.  End with CNTL/Z.
Switch(config)#hostname center  // hostname命令将交换机命令为center，回车立即生效
center(config)#exit      //从全局模式返回特权模式
center#
```

在特权模式下，输入"？"获取帮助提示，如图 3.13 所示。

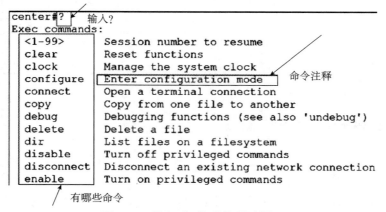

图 3.13　输入"？"获取帮助提示

2．设置交换机端口的开关

在某些特定的网络环境下，需要临时关闭某个交换机端口，而这时我们就需要用到 shutdown 这个命令。首先在 Cisco Packet Tracer6.0 环境下用交换机和 6 台终端组成一个局域网拓扑如图 3.14 所示。按任务 1 的方法为 PC 终端分配地址、配置地址信息，这 6 台 PC 间通过 "ping" 命令测试是连通的。

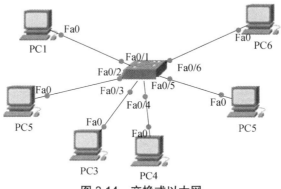

图 3.14　交换式以太网

此时，由于交换机在默认情况下端口是开启的，所以相互之间是可以 ping 通的。但是当使用 "shutdown" 命令之后，关闭的交换机端口就不能再进行连通了，现在假设将 PC1 与交换机相连的端口执行 "shutdown" 命令，其操作和结果如何？

进入交换机的 CLI 查看交换机的编号。对于网络设备交换机而言，不同厂商对接口的编号的命名规则是不一样的。那么如何在 CLI 命令行窗口中查看到自己这台交换机端口的命名规则？方法如下：在交换机的特权模式下，输入 "show running-config" 可以查看到当前交换机端口的命名规则，如图 3.15 所示。

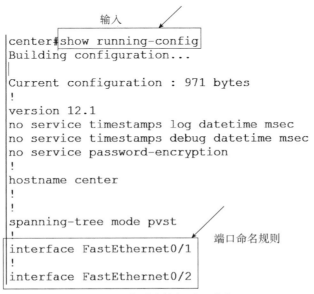

图 3.15　查看交换机端口命名

```
center#config t
Enter configuration commands, one per line. End with CNTL/Z.
center(config)#interface fastEthernet 0/1  //进入接口fa0/1
center(config-if)#shutdown      //关闭端口
center(config-if)#
%LINK-5-CHANGED: Interface FastEthernet0/1, changed state to administratively
down

%LINEPROTO-5-UPDOWN: Line protocol on Interface FastEthernet0/1, changed
state to down
center(config-if)#exit
center(config)#exit
center#
```

我们可以使用"ping"命令对网络进行再次检测，测试的效果如图 3.16 所示，此时 PC1
与交换机相连的端口 FastEthernet 0/1 状态为 down，信号灯为红色。

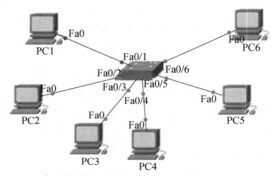

图 3.16　PC1 与交换机相连的端口 Fastethernet 0/1 状态为 down

若想恢复该端口，可以对端口执行"no shutdown"命令，其操作和结果如下：

```
center#config t
Enter configuration commands, one per line. End with CNTL/Z.
center(config)#interface fastEthernet 0/1
center(config-if)#no shutdown              //打开端口
center(config-if)#
%LINK-5-CHANGED: Interface FastEthernet0/1, changed state to up
%LINEPROTO-5-UPDOWN: Line protocol on Interface FastEthernet0/1, changed
state to up
```

> **注**：通过在原命令的前面加入"no"，可以取消对应的操作，如"shutdown"关闭端口，"no shutdown"打开端口；"no hostname"取消原来的命名，"hostname"给设备命名。

```
center#config t
Enter configuration commands, one per line. End with CNTL/Z.
center(config)#no hostname              //取消原来的命名
Switch(config)#                        //交换机变为原来的名字
```

3.4　任务 4　交换机的安全保护

目前，交换机在企业网络中被越来越广泛地应用，交换机是网络管理人员最常打交道的设备。使用机柜和上锁的机架限制人员实际接触网络设备是不错的做法，但口令仍是防范未经授权的人员访问网络设备的主要手段。因此必须从本地为每台设备配置口令以限制访间。

3.4.1　任务情景

小明受聘于一家公司网络中心做网络管理员，现需要设置口令对交换机进行安全防护。

3.4.2　三层模式保护交换机安全知识

网络设备 IOS 使用分层模式来提高设备安全性。IOS 可以通过不同的口令来提供不同设备访问权限，设置交换机的口令有以下几种方式。

（1）控制台口令：用于限制人员通过控制台连接访问设备。

（2）特权口令：用于限制人员访问特权执行模式。

（3）特权加密口令：经加密，用于限制人员访问特权执行模式。

（4）VTY 口令：用于限制人员通过 Telnet 访问设备。

通常情况下应该为这些权限级别分别采用不同的身份验证口令。尽管使用多个不同的口令登录不太方便，但这是防范未经授权的人员访问网络设备的必要预防措施。此外，要使用不容易猜到的强口令。使用弱口令或容易猜到的口令一直是安全隐患。

选择口令时应考虑下列关键因素。

（1）口令长度应大于 8 个字符。

（2）在口令中组合使用小写字母、大写字母和数字序列。

（3）避免为所有设备使用同一个口令。

（4）避免使用常用词语，如 password 或 administrator，因为这些词语容易被猜到。设备提示用户输入口令时，不会将用户输入的口令显示出来。换句话说，输入口令时，口令字符不会出现。这么做是出于安全考虑，很多口令都是因遭偷窥而泄露的。

1.　控制台口令

Cisco 设备的控制台端口具有特别权限。作为第一层次的安全措施，必须为所有网络设备的控制台端口配置强口令。这可降低未经授权的人员将电缆插入实际设备来访问设备的风险。

2. 特权口令和特权加密口令

为提供更好的安全性，可使用"enable password"或者"enable secret"命令。这两个命令都可用于在用户访问特权执行模式前进行验证。"enable secret"命令可提供更强的安全性，因为使用此命令设置的口令会被加密。"password"命令仅在尚未使用"enable secret"命令设置口令时才能使用。

```
S1(config)#enable secret class      //<-------设置特权加密口令为class
S1(config)#enable password class    //<-------设置特权口令为class
```

3. VTY 口令

VTY 线路使用户可通过 Telnet 访问交换机。许多 Cisco 设备默认支持 5 条 VTY 线路，这些线路编号为 0~4。所有可用的 VTY 线路均需要设置口令。可为所有连接设置同一个口令。通常为其中的一条线路设置不同的口令，这样可以为管理员提供一条保留通道，当其他连接均被使用时，管理员可以通过此保留通道访问设备以进行管理工作。下列命令用于为 VTY 线路设置口令。

```
switch( config)# line vty 0 4
switch(config-line)# password password  //设置VTY 口令是password
switch( config-line)#login
```

默认情况下，IOS 自动为 VTY 线路执行了"login"命令。这可防止在用户通过 Telnet 访问设备时不事先要求其进行身份验证。如果用户错误地使用了"no login"命令，则会取消身份验证要求，这样未经授权的人员就可通过 Telnet 连接到该线路。

4. 交换机的口令基础

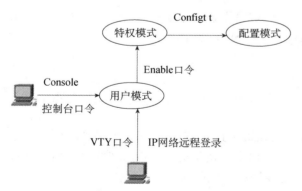

图 3.17　控制台、VTY 及特权口令

前面我们介绍了控制台、VTY、特权口令，其中控制台口令让用户从控制台进入交换机用户模式所需的口令，Telnet 或 VTY 口令让用户远程登录交换机的口令，Enable 口令是从用户模式进入特权模式的口令。如图 3.17 所示显示了登录过程及不同口令的名称。

IOS 提供了两个命令来配置 Enable 口令，即 enable password 和 enable secret 这两个配置命令，都会在用户输入 Enable 命令之后，让交换机提示用户输入口令。但 enable password 只提供了很弱的口令加密的方法（Service Password Encryption），而 enable secret 则会用更安全的加密方法。

（1）如果只设置了其中一个口令（enable password 或 enable secret），交换机 IOS 期待用户输入的就是在哪个命令中设置的口令。

（2）如果两个命令都设置了，交换机 IOS 期待用户输入的是在 enable secret 命令中设置的口令，也就是说路由器将忽略 enable password 中设置的命令。

（3）如果这两个命令 enable password 和 enable secret 都没有设置，情况会有所不同。如果用户在控制台端口，交换机自动允许进入特权模式；如果不在控制台端口而想通过远程登录交换机，交换机拒绝用户进入特权模式。Cisco 交换机所有的口令都是区分大小写的。

3.4.3　设置交换机登录口令

对交换机配置各种口令，由于交换机没有显示屏幕、键盘和鼠标，只能借助其他方式来完成对交换机的配置。对于新进交换机，必须通过 Console 口对交换机进行配置。

1. 通过 PC 的 terminal 终端进入交换机

（1）在 Cisco Packet Tracer 中，搭建拓扑如图 3.18 所示。

图 3.18　PC0 通过 RS-232 与交换机的 Console 口相连

（2）PC 和交换机的连接，如表 3.7 所示。

表 3.7　PC 和交换机的连接

设备名	选用线缆类型	自己端口	对接端口
PC0	Console	RS-232	交换机的 Console 口
PC0	直通线	FastEthernet0	交换机的 FastEthernet0/1

（3）双击"PC0"，进入如图 3.19 所示的界面。

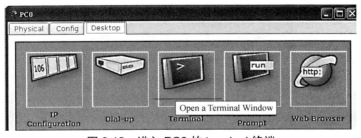

图 3.19　进入 PC0 的 terminal 终端

（4）在图 3.19 中双击"Terminal"图标，进入如图 3.20 所示的界面，设置每秒发送的比特位为 9600 和数据位为 8，停止位为 1。

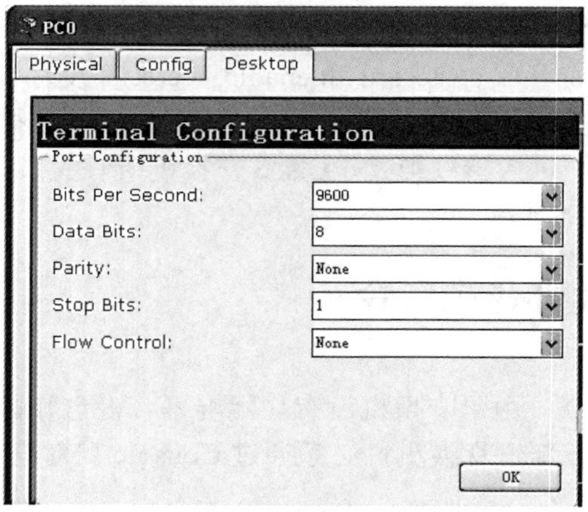

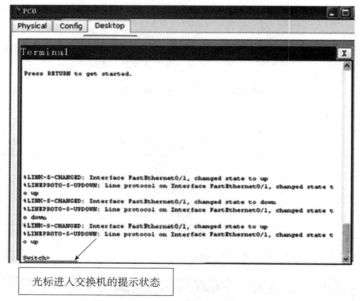

图 3.20　PC0 的 terminal 设置

（5）单击"OK"按钮，进入如图 3.21 所示界面，并按回车键。

光标进入交换机的提示状态

图 3.21　进入交换机的用户模式

此时，在 PCO 上看到了 Switch>提示符，模仿了从真实的 PC 通过 Console 口进入交换机的情形。

2. 为交换机设置控制台口令

（1）将交换机命名为 S1。

```
Switch>en
Switch#config t
Enter configuration commands, one per line.  End with CNTL/Z.
Switch(config)#hostname S1        //这个命令的作用就是给交换机命名为 S1
S1(config)#                       //该名已经起作用，变为 S1
```

（2）配置通过 Console 口登录交换机的口令。

```
S1(config)#line console 0  //命令 line console0 用于从全局配置模式进入控制台线路，
0用于代表交换机的第一个控制台接口
S1(config-line)#password cisco    //设置 Console 口登录交换机为口令是 cisco
S1(config-line)#login           //在控制台登录时生效
S1(config-line)#exit
S1(config)#exit
S1#
%SYS-5-CONFIG_I: Configured from console by console
S1#exit
```

（3）检验设置 Console 口登录交换机的口令。

```
Press RETURN to get started!

User Access Verification

Password:           // <-------此处输入口令，不可见

S1>               //<-------输入口令后，就进入了用户模式
```

3.　为交换机设置特权加密口令

（1）设置特权口令。

```
S1>en
S1#config t
S1(config)#enable secret class   //<-------设置特权口令为 class
S1(config)#
S1(config)#end
S1#
%SYS-5-CONFIG_I: Configured from console by console
S1#exit
```

（2）检验配置的特权口令。

```
Press RETURN to get started.

User Access Verification

Password:         //<----此处输入 Console 口登录交换机口令 cisco，不可见

S1>en
Password:          //<-------此处输入特权口令为 class 口令，不可见
S1#
```

> **注：**如果特权口令或特权加密口令均未设置，则 IOS 将不允许用户通过 Telnet 会话访问特权执行模式。

4. 为交换机设置 VTY 口令

（1）设置远程登录口令。

```
S1(config)#line vty 0 4              //支持0~4的5条VTY线路
S1(config-line)#password xdxdjsj401  //设置VTY口令是xdxdjsj401
S1(config-line)#login
S1(config-line)#exit
S1(config)#end
```

（2）检验远程登录口令。

通过 Telnet 远程登录的方式访问交换机，此时要求交换机有一个管理 IP 地址。交换机管理地址就是管理交换机的地址。IP 地址是所有连接到网络中的主机设备都需要的，没有 IP 地址就不能通信。而在远程上管理一个交换机也是一种通信，理所当然地需要一个可以通信的 IP 地址！当然交换机作为一个二层设备，IP 地址只用来方便运维人员的远程管理。交换机的管理地址设置在虚拟接口上，如在 VLAN1 这个虚拟接口上，或创建其他的虚拟接口。默认情况下，交换机已经自动创建了 VLAN1 这个虚拟接口，状态为 down，如图 3.22 所示。

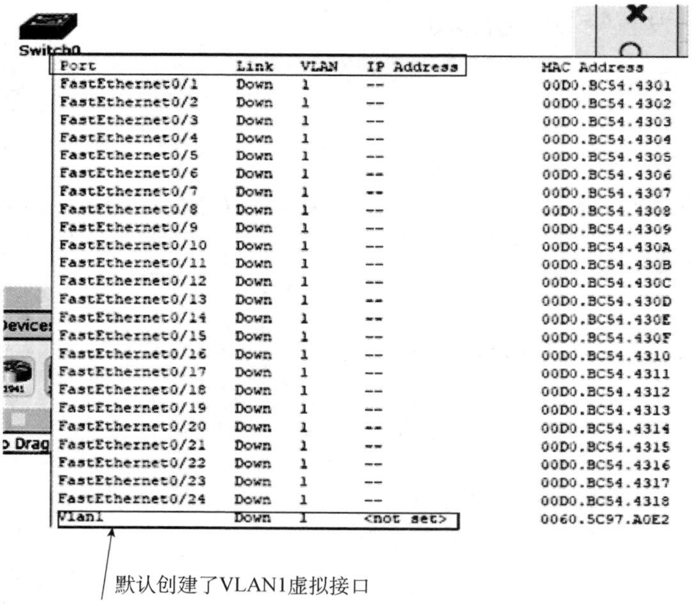

图 3.22　交换机默认创建了 VLAN1 虚拟接口

① IP 地址规划，图 3.18 中的 PC0 IP 地址分配如表 3.8 所示。

表 3.8　IP 地址规划

设备名	IP 地址	子网掩码
PC0	192.168.1.2	255.255.255.0

② 交换机管理地址分配，这里将与 PC0 同在一个网络中没有使用过的 IP 地址 192.168.1.100/24 分配给 VLAN1 这个虚拟接口上，如表 3.9 所示。

表 3.9　交换机的地址分配

端口	IP 地址	子网掩码	端口状态
VLAN 1（虚拟接口）	192.168.1.100	255.255.255.0	开启
FastEthernet0/1	—	—	开启

③ PC0 的配置如图 3.23 所示。

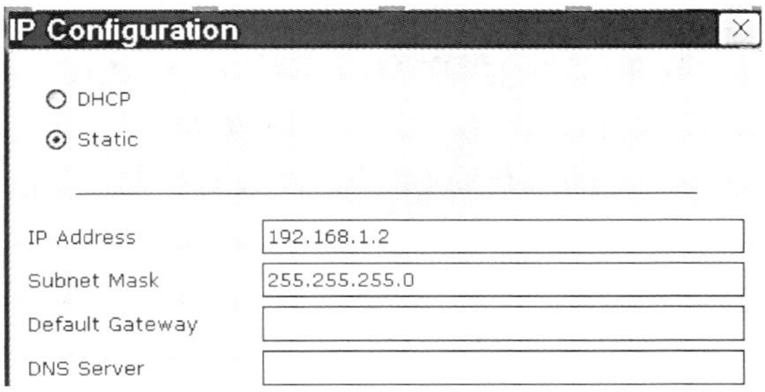

IP Configuration

- ○ DHCP
- ⊙ Static

IP Address	192.168.1.2
Subnet Mask	255.255.255.0
Default Gateway	
DNS Server	

图 3.23　PC0 IP 地址配置

④ 在交换机的虚拟接口上配置管理地址。

```
S1#config t
Enter configuration commands, one per line.  End with CNTL/Z.
S1(config)#int vlan 1    // <-------进入虚拟接口
S1(config-if)#ip address 192.168.1.100 255.255.255.0 //<-------设置虚拟接口
IP 地址
S1(config-if)#no shutdown     //<-------开启虚拟接口
%LINK-5-CHANGED: Interface Vlan1, changed state to up
%LINEPROTO-5-UPDOWN: Line protocol on Interface Vlan1, changed state to up
```

⑤ 在 PC0 中测试远程登录交换机如图 3.24 所示。

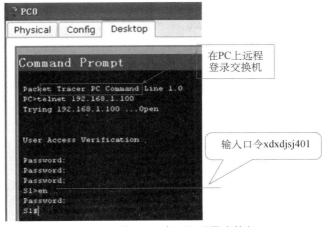

图 3.24　在 PC0 中远程登录交换机

3.5　任务5　交换机端口安全

3.5.1　任务情景

端口安全功能适用于用户希望控制端口下接入用户的 IP 和 MAC 必须是管理员指定的合法用户才能使用网络，或者希望使用者能够在固定端口下上网而不能随意移动，变换 IP/MAC 或者端口号，或控制端口下的用户 MAC 数，防止 MAC 地址耗尽攻击（病毒发送持续变化构造出来的 MAC 地址，导致交换机短时间内学习了大量无用的 MAC 地址，8K/16K 地址表满掉后无法学习合法用户的 MAC，导致通信异常）的场景。

3.5.2　设置端口安全的基本原理

从基本原理上讲，端口安全（Port Security）特性会通过 MAC 地址表记录连接到交换机端口 PC 的 MAC 地址（即网卡号），并只允许某个 MAC 地址通过本端口通信。其他 MAC 地址发送的数据包通过此端口时，端口安全特性会阻止它。使用端口安全特性可以防止未经允许的设备访问网络，并增强安全性。另外，端口安全特性也可用于防止 MAC 地址泛洪造成 MAC 地址表填满。当端口接收到未经允许的 MAC 地址流量时，交换机会执行违规动作，主要包括 3 个动作。

（1）保护（Protect）：丢弃未允许的 MAC 地址流量，但不会创建日志消息。

（2）限制（Restrict）：丢弃未允许的 MAC 地址流量，创建日志消息并发送 SNMP Trap 消息。

（3）关闭（Shutdown）：默认选项，将端口置于 err-disabled 状态，创建日志消息并发送 SNMP Trap 消息，需要手动恢复或者使用 errdisable recovery 特性重新开启该端口。

3.5.3　方案设计及实现步骤

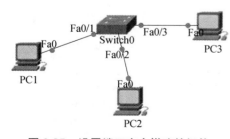

图 3.25　设置端口安全搭建的拓扑

若让交换机的某一端口如 Fa0/1 只认识指定的 PC1，而其他 PC 如 PC2 接入到该端口则无效。

1. 拓扑结构

设计的拓扑结构如图 3.25 所示。

2. 地址规划

各 PC 的 IP 地址规划及交换机连接的接口如表

3.10 所示。

表 3.10　各 PC 的 IP 地址规划及交换机连接的接口

设备名	IP 地址	子网掩码	默认网关	对接交换机端口
PC1	192.168.0.10	255.255.255.0	无	Fa0/1
PC2	192.168.0.20	255.255.255.0	无	Fa0/2
PC3	192.168.0.30	255.255.255.0	无	Fa0/3

3. 配置端口容纳数量和违规动作

指定交换机的 Fa0/1 只能接 PC1，操作的动作如下：双击"交换机"进入后开始设置。

```
Switch>en
Switch#config t
Enter configuration commands, one per line. End with CNTL/Z.
Switch(config)#int f0/1    // <-------进入 Fa0/1 所在接口
Switch(config-if)#switchport mode access  // <-------设置接口为 access 访问模式
Switch(config-if)#switchport port-security   // <-------开启交换机端口安全功能
Switch(config-if)#switchport port-security maximum 1  // <-------配置端口的最
大连接数为 1
Switch(config-if)#switchport port-security violation shutdown
 // <-------配置安全违例的处理方式为 shutdown
Switch(config-if)#end
Switch#
```

4. 查看交换机上所有端口的安全配置（图 3.26）

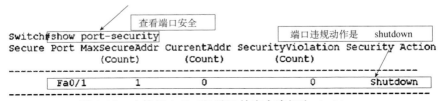

图 3.26　交换机上 Fa0/1 端口的安全违规为 shutdown

5. 查看交换机上指定端口 Fa0/1 的安全状态（图 3.27）

图 3.27　查看交换机上指定端口 Fa0/1 的状态

6. 配置交换机端口 Fa0/1 的地址绑定

```
Switch#config t
Enter configuration commands, one per line.  End with CNTL/Z.
Switch(config)#int f0/1
Switch(config-if)#switchport port-security
Switch(config-if)#switchport port-security mac-address 00D0.5897.4BE9
// <-------PC1 的 MAC 地址
Switch(config-if)#end
Switch#
```

7. 查看端口 Fa0/1 绑定 PC1 的 MAC 地址（图 3.28）

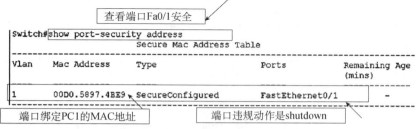

图 3.28　端口 Fa0/1 绑定 PC1 的 MAC 地址

8. 验证交换机端口安全功能的效果

（1）在 PC1 上 ping 通 PC3，结果如图 3.29 所示；PC2 上 ping 通 PC3，结果如图 3.30 所示。

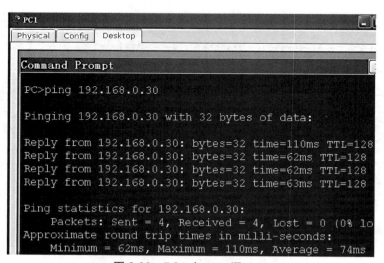

图 3.29　PC1 上 ping 通 PC3

```
PC2
 Physical    Config   Desktop

 Command Prompt                                              X
       Packets: Sent = 4, Received = 0, Lost = 4 (100%

 PC>ping 192.168.0.30

 Pinging 192.168.0.30 with 32 bytes of data:

 Reply from 192.168.0.30: bytes=32 time=109ms TTL=128
 Reply from 192.168.0.30: bytes=32 time=62ms TTL=128
 Reply from 192.168.0.30: bytes=32 time=62ms TTL=128
 Reply from 192.168.0.30: bytes=32 time=63ms TTL=128

 Ping statistics for 192.168.0.30:
       Packets: Sent = 4, Received = 4, Lost = 0 (0% lo
 Approximate round trip times in milli-seconds:
       Minimum = 62ms, Maximum = 109ms, Average = 74ms
```

图 3.30　PC2 上 ping 通 PC3

（2）现在将 PC1 接到交换机的 F0/2，将 PC2 接到交换机的 F0/1 后，过一会儿效果如图 3.31 所示。

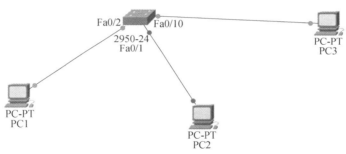

图 3.31　端口 F0/1 端口不认识 PC2

在图 3.31 中，Fa0/1 只认识 PC1，不认识 PC2，而 Fa0/2 没做任何端口安全设置，所以这个端口接谁都可以，现在接的是 PC1，所以 PC1 能接入这个网络，而 PC2 接错了端口。

在 PC1 上 ping 通 PC3 的效果如图 3.32 所示。

```
PC>ping 192.168.0.30

Pinging 192.168.0.30 with 32 bytes of data:

Reply from 192.168.0.30: bytes=32 time=47ms TTL=128
Reply from 192.168.0.30: bytes=32 time=63ms TTL=128
Reply from 192.168.0.30: bytes=32 time=63ms TTL=128
Reply from 192.168.0.30: bytes=32 time=62ms TTL=128

Ping statistics for 192.168.0.30:
     Packets: Sent = 4, Received = 4, Lost = 0 (0% loss),
Approximate round trip times in milli-seconds:
     Minimum = 47ms, Maximum = 63ms, Average = 58ms
```

图 3.32　PC1 上 ping 通 PC3

在 PC2 上 ping 不通 PC3 的效果如图 3.33 所示。

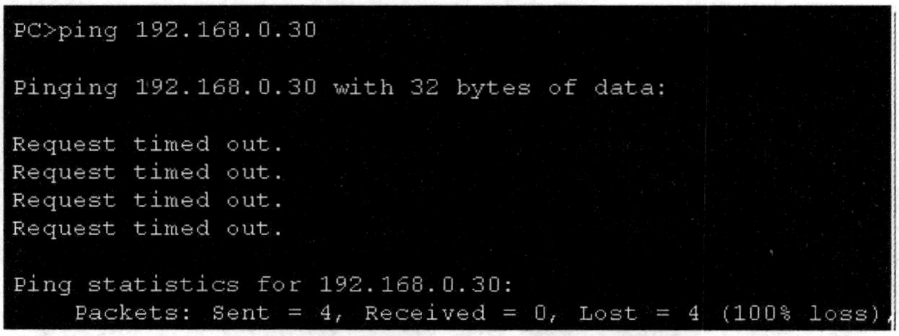

```
PC>ping 192.168.0.30

Pinging 192.168.0.30 with 32 bytes of data:

Request timed out.
Request timed out.
Request timed out.
Request timed out.

Ping statistics for 192.168.0.30:
    Packets: Sent = 4, Received = 0, Lost = 4 (100% loss)
```

图 3.33   PC2 上 ping 不通 PC3

3.6   任务 6   部门间网络安全的隔离

3.6.1   任务情景

小明受聘于一家网络公司做网络工程师，现公司有一客户提出要求，该客户公司建立了小型局域网，包含财务部、销售部和办公室三个部门，公司领导要求各部门内部主机有业务可以相互访问，但部门之间为了安全完全禁止互访。

3.6.2   虚拟局域网的相关知识

交换机或多交换机构建交换式网络，连接到第 2 层交换机的主机和服务器处于同一个网段中，交换机先查看 MAC 地址表，再根据数据帧的目的 MAC 地址进行数据帧的定向转发，当数据帧的目的地址不在 MAC 地址表时，交换机除了连接数据源的端口向其他所有端口进行广播。这种操作具体带来两个严重的问题。

（1）交换机会向所有端口发送广播，占用过多带宽。随着连接到交换机的设备不断增多，生成的广播流量也随之上升，浪费的带宽也更多。

（2）连接到交换机的每台设备都能够与该交换机上的所有其他设备相互转发和接收帧。设计网络时，最好的办法是将广播流量限制在仅需要该广播的网络区域中。出于业务考虑，有些主机需要配置为能相互访问，有些则不能这样配置。例如，财务部的服务器就只能由财务部的成员访问。在交换网络中，人们通过创建虚拟局域网（VLAN）来按照需要将广播限制在特定区域并将主机分组。

1.   什么是 VLAN 虚拟局域网

VLAN（Virtual Local Area Network），中文名为虚拟局域网，是一组逻辑上的设备和用户，这些设备和用户并不受物理位置的限制，可以根据功能、部门及应用等因素将它们组织起来，相互之间的通信就好像它们在同一个网段中一样，由此得名虚拟局域网。它是一种逻辑广播域，可以跨越多个物理 LAN 网段。

VLAN 是以以太网交换机为基础，通过交换机软件实现根据功能、部门、应用等因素将设备或用户组成虚拟工作组或逻辑网段的技术，其最大的特点是在组成逻辑网时无须考虑用户或设备在网络中的物理位置。虚拟局域网可以在一个交换机或者跨交换机实现。

VLAN 一般基于工作功能、部门或项目团队来逻辑地分割交换网络，而不管使用者在网络中的物理位置。同组内全部的工作站和服务器共享同一 VLAN，不管物理连接和位置在哪里。

IEEE 于 1999 年颁布了用于标准化 VLAN 实现方案的 802.1Q 协议标准草案。VLAN 技术的出现，使得管理员根据实际应用需求，把同一物理局域网内的不同用户逻辑地划分成不同的广播域，每一个 VLAN 都包含一组有着相同需求的计算机工作站，与物理上形成的 LAN 有着相同的属性。由于它是从逻辑上划分的，而不是从物理上划分，所以同一个 VLAN 内的各个工作站没有限制在同一个物理范围中，即这些工作站可以在不同物理 LAN 网段。每一个虚拟局域网的帧都有一个明确的标识符，指明发送这个帧的工作站是属于哪一个 VLAN 的。利用以太网交换机可以很方便地实现虚拟局域网。虚拟局域网其实只是局域网给用户提供的一种服务，而并不是一种新型局域网。由 VLAN 的特点可知，一个 VLAN 内部的广播和单播流量都不会转发到其他 VLAN 中，从而有助于控制流量、减少设备投资、简化网络管理、提高网络的安全性。

如图 3.34 所示给出一个关于 VLAN 划分的示例。图 3.34 中使用了 4 个交换机的网络拓扑结构。有 9 个工作站分配在 3 个楼层中，构成了 3 个局域网，即 LAN10（A1，B1，C1），LAN20（A2，B2，C2），LAN30（A3，B3，C3）。但这 9 个用户划分为 3 个工作组，也就是说划分为 3 个虚拟局域网 VLAN，即 VLAN10（A1，A2，A3），VLAN20（B1，B2，B3），VLAN30（C1，C2，C3）。

在虚拟局域网上的每一个站都可以听到同一虚拟局域网上的其他成员所发出的广播。如工作站 B1、B2、B3 同属于虚拟局域网 VLAN20。当 B1 向工作组内成员发送数据时，B2 和 B3 将会收到广播的信息（尽管它们没有连在同一交换机上），但 A1 和 C1 都不会收到 B1 发的广播信息（尽管它们连在同一个交换机上）。

通过将企业网络划分为 VLAN 网段，可以强化网络管理和网络安全，控制不必要的数据广播。在交换网络中，广播域可以是一组任意选定的第二层网络地址（MAC 地址）组成的虚拟网段。这样完全根据管理功能来划分。这种基于工作流的分组模式，大大提高了网络规划和重组的管理功能。在同一个 VLAN 中的工作站，不论它们实际与哪个交换机连接，它们之间的通信就好像在独立的交换机上一样。同一个 VLAN 中的广播只有 VLAN 中的成员才能听到，而不会传输到其他的 VLAN 中去，这样可以很好地避免不必要的广播风暴。同时，若没有路由的话，不同 VLAN 之间不能相互通信，这样增加了企业网络中不同部门之间的安全性。网络管理员可以通过配置 VLAN 之间的路由来全面管理企业内部不同管理单元之间的信息互访。在移动办公环境下，交换机根据工作站的 MAC 地址来划分 VLAN。所以，用户可以自由地在企业网络中移动，不论在何处接入交换网络，都可以与 VLAN 内其他用户自由通信。

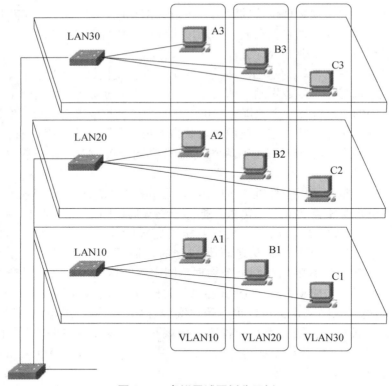

图 3.34　虚拟局域网划分示例

VLAN 网络可以由混合的网络类型设备组成的，比如：10M 以太网、100M 以太网、1000M 令牌网等，也可以是工作站、服务器、网络上行主干等。

VLAN 除了有能将网络划分为多个广播域，有效地避免广播风暴，以及使网络的拓扑结构变得非常灵活的优点外，还可以用于控制网络中不同部门、不同站点之间的互相访问。

物理位置不同的多个主机如果属于同一个 VLAN，则这些主机之间可以相互通信。物理位置相同的多个主机如果属于不同的 VLAN，则这些主机之间不能直接通信。VLAN 通常在交换机上实现，在以太网帧中增加 VLAN 标签来给以太网帧分类，具有相同 VLAN 标签的以太网帧在同一个广播域中传送。

VLAN 是为解决以太网的广播问题和安全性而提出的一种协议，它在以太网帧的基础上增加了 VLAN 头，用 VLAN ID 把用户划分为更小的工作组，限制不同工作组间的用户互访，每个工作组就是一个虚拟局域网。虚拟局域网的好处是可以限制广播范围，并能够形成虚拟工作组，动态管理网络。

2. VLAN 的优势

1）预防广播风暴

限制网络上的广播，将网络划分为多个 VLAN 可减少参与广播风暴的设备数量。VLAN分段可以防止广播风暴波及整个网络。VLAN 可以提供建立防火墙的机制，防止交换网络的过量广播。使用 VLAN，可以将某个交换端口或用户赋予某一个特定的 VLAN 组，该VLAN 组可以在一个交换网中或跨接多个交换机，在一个 VLAN 中的广播不会送到 VLAN

之外。同样，相邻的端口不会收到其他 VLAN 产生的广播。这样可以减少广播流量，释放带宽给用户应用，减少广播的产生。

2）增强局域网的安全性

含有敏感数据的用户组可与网络的其余部分隔离，从而降低泄露机密信息的可能性。不同 VLAN 内的报文在传输时是相互隔离的，即一个 VLAN 内的用户不能和其他 VLAN 内的用户直接通信。如果不同 VLAN 要进行通信，则需要通过路由器或三层交换机等三层设备。

3）降低成本

成本高昂的网络升级需求减少，现有带宽和上行链路的利用率更高，因而可节约成本。

4）性能提高

将第二层平面网络划分为多个逻辑工作组（广播域）可以减少网络上不必要的流量并提高性能。

5）提高人员工作效率

VLAN 为网络管理带来了方便，因为有相似网络需求的用户将共享同一个 VLAN。

6）简化项目管理或应用管理

VLAN 将用户和网络设备聚合到一起，以支持商业需求或地域上的需求。通过职能划分，项目管理或特殊应用的处理都变得十分方便，例如，可以轻松管理教师的电子教学开发平台。此外，也很容易确定升级网络服务的影响范围。

7）增加了网络连接的灵活性

借助 VLAN 技术，能将不同地点、不同网络、不同用户组合在一起，形成一个虚拟的网络环境，就像使用本地 VLAN 一样方便、灵活、有效。VLAN 可以降低移动或变更工作站地理位置的管理费用，特别是一些业务情况有经常性变动的公司使用了 VLAN 后，这部分管理费用大大降低。

3. 组建条件

VLAN 是建立在物理网络基础上的一种逻辑子网，因此建立 VLAN 需要相应的支持 VLAN 技术的网络设备。当网络中的不同 VLAN 间进行相互通信时，需要路由的支持，这时就需要增加路由设备实现路由功能，既可采用路由器，也可采用三层交换机来完成。

4. 划分依据

1）按端口划分 VLAN

许多 VLAN 厂商都利用交换机的端口来划分 VLAN 成员。被设定的端口都在同一个广播域中。例如，一个交换机的 1、2、3、4、5 端口被定义为虚拟网 VLAN10，命名为设计部，同一交换机的 6、7、8 端口组成 VLAN20，命名为虚拟网 BBB。允许跨越多个交换机的多个不同端口划分 VLAN，不同交换机上的若干个端口可以组成同一个虚拟网。以交换机端口来划分网络成员，其配置过程简单明了。因此，目前来看，这种根据端口来划分 VLAN 的方式仍然是最常用的方式。

2）按 MAC 地址划分 VLAN

这种划分 VLAN 的方法是根据每个主机的 MAC 地址来划分的，即对每个 MAC 地址的主机都配置它属于哪个组。这种划分 VLAN 方法的最大优点就是当用户物理位置移动时，即从一个交换机换到其他的交换机时，VLAN 不用重新配置，所以，可以认为这种根据 MAC 地址的划分方法是基于用户的 VLAN，这种方法的缺点是初始化时，所有的用户都必须进行配置，如果有几百个甚至上千个用户的话，配置起来是非常累的。而且这种划分的方法也导致了交换机执行效率降低，因为每一个交换机的端口都可能存在很多个 VLAN 组的成员，这样就无法限制广播包了。另外，对于使用笔记本电脑的用户来说，他们的网卡可能经常更换，这样，VLAN 就必须不停地配置。

3）按网络层划分

这种划分 VLAN 的方法是根据每个主机的网络层地址或协议类型（如果支持多协议）划分的，虽然这种划分方法依据的是网络地址，比如 IP 地址，但它不是路由，与网络层的路由毫无关系。

这种方法的优点是用户的物理位置改变了，不需要重新配置所属的 VLAN，而且可以根据协议类型来划分 VLAN，这对网络管理者来说很重要。还有，这种方法不需要附加的帧标签来识别 VLAN，这样可以减少网络的通信量。

这种方法的缺点是效率低，因为检查每一个数据包的网络层地址是需要消耗处理时间的（相对于前面两种方法），一般的交换机芯片都可以自动检查网络上数据包的以太网帧头，但要让芯片能检查 IP 帧头，需要更高的技术，同时也更费时。当然这与各个厂商的实现方法有关。

4）按 IP 组播划分

IP 组播实际上也是一种 VLAN 的定义，即认为一个组播组就是一个 VLAN，这种划分方法将 VLAN 扩大到了广域网，因此这种方法具有更大的灵活性，而且也很容易通过路由器进行扩展，当然这种方法不适合局域网，主要是效率不高。

5）基于规则的 VLAN

基于规则的 VLAN 也称为基于策略的 VLAN。这是最灵活的 VLAN 划分方法，具有自动配置的能力，能够把相关的用户连成一体，在逻辑划分上称为"关系网络"。网络管理员只需在网管软件中确定划分 VLAN 的规则（或属性），那么当一个站点加入网络中时，将会被"感知"，并被自动地包含进正确的 VLAN 中。同时，对站点的移动和改变也可自动识别和跟踪。

采用这种方法，整个网络可以非常方便地通过路由器扩展网络规模。有的产品还支持一个端口上的主机分别属于不同的 VLAN，自动配置 VLAN 时，交换机中软件自动检查进入交换机端口的广播信息的 IP 源地址，然后软件自动将这个端口分配给一个由 IP 子网映射成的 VLAN。

6）按用户定义、非用户授权划分

基于用户定义、非用户授权来划分 VLAN，是指为了适应特别的 VLAN 网络，根据具体的网络用户的特别要求来定义和设计 VLAN，而且可以让非 VLAN 群体用户访问 VLAN，但是需要提供用户密码，在得到 VLAN 管理的认证后才可以加入一个 VLAN。

以上划分 VLAN 的方式中，基于端口的 VLAN 端口方式建立在物理层上；MAC 方式建立在数据链路层上；网络层和 IP 广播方式建立在第三层上。

3.6.3　基于端口的单交换机 VLAN 划分

1. 方案设计

根据客户的要求，经过公司技术人员的协商，认为在以太网交换机上通过 VLAN 技术就可以达到各部门网络之间互相禁止访问的功能。先将交换机划分为 3 个 VLAN，使财务部、销售部和办公室各个部门的主机在相同的 VLAN 中，不同的部门在不同的 VLAN 。这样在同一 VLAN 内的主机能够相互访问，不同 VLAN 之间的主机不能相互访问。

3 个部门 VLAN 划分如下：

（1）财务部在 VLAN2 中，VLAN2 包括交换机的 F0/1～F0/7 端口。

（2）销售部在 VLAN3 中，VLAN3 包括交换机的 F0/8～F0/18 端口。

（3）办公室在 VLAN4 中，VLAN3 包括交换机的 F0/19～F0/24 端。

为了完成本任务，搭建如图 3.35 所示的网络拓扑。

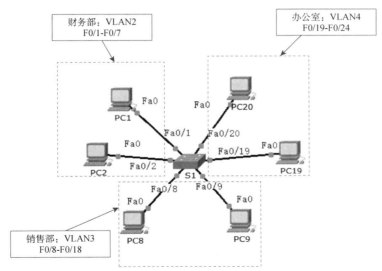

图 3.35　单交换机 VLAN 划分

2. 实施步骤

步骤 1：在 Cisco Packet Tracer 中搭建如图 3.36 所示的网络拓扑结构。PC 和交换机的连接如表 3.11 所示。

步骤 2：PC 的 IP 地址规划。如图 3.36 所示，需要分配地址的设备有 PC1～PC20，规划逻辑地址如表 3.12 所示。从图 3.36 中可以判断出，该网络只需要一个网络号，在表 3.12 中选用 C 类私有地址 192.168 开头，第 3 个十进制数选择的范围可以是 0～255，这里我们选择 1，第

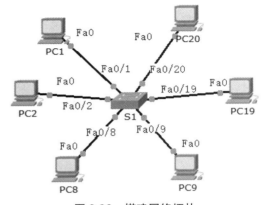

图 3.36　搭建网络拓扑

4 个十进制数选择的范围可以是 1～254，这里我们依次为 PC1 和 PC2 分配这个网络中第 1 个地址和第 2 个地址，PC8 和 PC9 分配这个网络中第 8 个地址和第 9 个地址，PC19 和 PC20 分配这个网络中第 19 个地址和第 20 个地址，分配的结果如表 3.12 所示。按照上面计算网络号的方法，PC1～PC24 的网络号在同一个网络中，网络号/网络地址=192.168.1.0/24。

表 3.11　PC 和交换机的连接

设备名	使用的接口类型	双绞线的类型	对接交换机的接口
PC1	FastEthernet0	直通双绞线	FastEthernet0/1
PC2	FastEthernet0	直通双绞线	FastEthernet0/2
…	…	…	…
PC8	FastEthernet0	直通双绞线	FastEthernet0/8
PC9	FastEthernet0	直通双绞线	FastEthernet0/9
…	…	…	…
PC19	FastEthernet0	直通双绞线	FastEthernet0/19
PC20	FastEthernet0	直通双绞线	FastEthernet0/20

表 3.12　PC 机的 IP 地址规划

设备名	IP 地址	子网掩码	默认网关
PC1	192.168.1.1	255.255.255.0	无
PC2	192.168.1.2	255.255.255.0	无
…	…	…	…
PC8	192.168.1.8	255.255.255.0	无
PC9	192.168.1.9	255.255.255.0	无
…	…	…	…
PC19	192.168.1.19	255.255.255.0	无
PC20	192.168.1.20	255.255.255.0	无

> **提示**：PC1～PC24 的地址规划里暂时不考虑网关，只实现局域网内部之间的通信。

　　步骤 3：按任务 1 中 PC IP 地址配置方法配置如图 3.36 中所示 6 台 PC 的地址。

　　步骤 4：分别测试 PC1、PC2、PC8、PC9、PC19、PC20 这 6 台计算机之间的连通性，如表 3.13 所示。

表 3.13　6 台计算机间的连通性

设备名	PC1	PC2	PC8	PC9	PC19	PC20
PC1	/					
PC2		/				
PC8			/			
PC9				/		
PC19					/	
PC20						/

步骤 5：在交换机上配置 VLAN。

（1）登录到交换机并创建 VLAN。

```
Switch>en
Switch#config t
Enter configuration commands, one per line. End with CNTL/Z.
Switch(config)#hostname S1
S1(config)#vlan 2          //创建 VLAN 2
S1(config-vlan)#vlan 3      //创建 VLAN 3
S1(config-vlan)#vlan 4      //创建 VLAN 4
S1(config-vlan)#end
S1#
```

（2）验证配置结果。

```
S1#show vlan    //默认情况下，所有端口都属于 VLAN1

VLAN Name                             Status     Ports
---- -------------------------------- --------- -------------------------------
1    default                          active     Fa0/1, Fa0/2, Fa0/3, Fa0/4
                                                 Fa0/5, Fa0/6, Fa0/7, Fa0/8
                                                 Fa0/9, Fa0/10, Fa0/11, Fa0/12
                                                 Fa0/13, Fa0/14, Fa0/15, Fa0/16
                                                 Fa0/17, Fa0/18, Fa0/19, Fa0/20
                                                 Fa0/21, Fa0/22, Fa0/23, Fa0/24
2    VLAN0002                         active     //创建 VLAN 2，但没有将端口加入
3    VLAN0003                         active     //创建 VLAN3，但没有将端口加入
4    VLAN0004                         active     //创建 VLAN 4，但没有将端口加入
1002 fddi-default                     act/unsup
1003 token-ring-default               act/unsup
1004 fddinet-default                  act/unsup
1005 trnet-default                    act/unsup
```

（3）配置交换机，将端口分配到 VLAN。

```
S1>en
S1#config t
Enter configuration commands, one per line. End with CNTL/Z.
S1(config)#int ?                //寻求帮助
  Ethernet           IEEE 802.3
  FastEthernet       FastEthernet IEEE 802.3
  GigabitEthernet    GigabitEthernet IEEE 802.3z
  Port-channel       Ethernet Channel of interfaces
  Vlan               Catalyst Vlans
  range              interface range command    //可支持连续接口操作
S1(config)#int range f0/1-7                      //接口 f0/1-f0/7
```

```
S1(config-if-range)#switchport access vlan 2      //将接口f0/1-f0/7加入VLAN 2
S1(config-if-range)#int range f0/8-18      //接口f0/8-f0/18
S1(config-if-range)#switchport access vlan 3   //将接口f0/8-f0/18加入VLAN 3

S1(config-if-range)#int range f0/19-24      //接口f0/19-f0/24
S1(config-if-range)#switchport access vlan 4    //将接口f0/19-f0/24加入VLAN 4
S1(config-if-range)#end
S1#
```

（4）再次验证配置结果。

```
S1#show vlan

VLAN Name                             Status    Ports
---- -------------------------------- --------- -------------------------------
1    default                          active
                                                //将接口f0/1-f0/7加入VLAN 2
2    VLAN0002                         active    Fa0/1, Fa0/2, Fa0/3, Fa0/4
                                                Fa0/5, Fa0/6, Fa0/7
                                                //将接口f0/8-f0/18加入VLAN 3
3    VLAN0003                         active    Fa0/8, Fa0/9, Fa0/10, Fa0/11
                                                Fa0/12, Fa0/13, Fa0/14, Fa0/15
                                                Fa0/16, Fa0/17, Fa0/18
                                                //将接口f0/19-f0/24加入VLAN 4
4    VLAN0004                         active    Fa0/19, Fa0/20, Fa0/21, Fa0/22
                                                Fa0/23, Fa0/24
```

步骤6：项目测试。

（1）分别测试PC1、PC2、PC8、PC9、PC19、PC20这6台计算机之间的连通性，并填写表3.13。

（2）在交换机的特权模式下，输入"show running-config"，查看配置生效的内容。

```
S1#show running-config      //查看你配置生效的内容
Building configuration...

Current configuration : 1591 bytes
!
version 12.1
no service timestamps log datetime msec
no service timestamps debug datetime msec
no service password-encryption
!
hostname S1
!
!
```

```
spanning-tree mode pvst
!
interface FastEthernet0/1
 switchport access vlan 2
!
interface FastEthernet0/2
 switchport access vlan 2
!
interface FastEthernet0/3
 switchport access vlan 2
!
interface FastEthernet0/4
 switchport access vlan 2
!
interface FastEthernet0/5
 switchport access vlan 2
!
interface FastEthernet0/6
 switchport access vlan 2
!
interface FastEthernet0/7
 switchport access vlan 2
!
interface FastEthernet0/8
 switchport access vlan 3
!
interface FastEthernet0/9
 switchport access vlan 3
!
interface FastEthernet0/10
 switchport access vlan 3
!
interface FastEthernet0/11
 switchport access vlan 3
!
interface FastEthernet0/12
 switchport access vlan 3
!
interface FastEthernet0/13
 switchport access vlan 3
!
interface FastEthernet0/14
```

```
 switchport access vlan 3
!
interface FastEthernet0/15
 switchport access vlan 3
!
interface FastEthernet0/16
 switchport access vlan 3
!
interface FastEthernet0/17
 switchport access vlan 3
!
interface FastEthernet0/18
 switchport access vlan 3
!
interface FastEthernet0/19
 switchport access vlan 4
!
interface FastEthernet0/20
 switchport access vlan 4
!
interface FastEthernet0/21
 switchport access vlan 4
!
interface FastEthernet0/22
 switchport access vlan 4
!
interface FastEthernet0/23
 switchport access vlan 4
!
interface FastEthernet0/24
 switchport access vlan 4
!
interface Vlan1
 no ip address
 shutdown
!
!
line con 0
!
line vty 0 4
 login
line vty 5 15
 login
```

```
!
!
end
```

3.6.4　基于端口的跨交换机 VLAN 划分

1.　任务情景

小明受聘于一家网络公司做网络工程师，现公司有一客户提出要求，该公司建立了小型局域网，包含财务部、销售部和办公室三个部门，分别位于办公楼的一楼和二楼。在每个楼层都设置一台交换机，交换机与财务部、销售部和办公室三个部门都相连。公司领导要求各部门内部主机有一些业务可以相互访问，但部门之间为了安全完全禁止互访。

2.　什么是 VLAN 的端口聚合

VLAN 的端口聚合也叫 TRUNK，不过大多数都叫 TRUNKING，如 Cisco 公司。所谓的 TRUNKING 是用来在不同的交换机之间进行连接，以保证在跨越多个交换机上建立的同一个 VLAN 的成员能够相互通信。其中，交换机之间互联用的端口就称为 TRUNK 端口。TRUNKING 是基于 OSI 第二层数据链路层的 TRUNKING 技术。

假设不使用 TRUNK 端口仍然采用交换机之间的级联会怎么样？我们一起来看看。这里假设在 2 个交换机 S1、S2 上都划分了 2 个 VLAN，分别是 VLAN10 和 VLAN20，如图 3.37 所示。在图 3.37 中，VLAN10 和 VLAN20 的成员与一楼交换机 S1 和二楼交换机 S2 都有连接分布。若 VLAN10 中成员要跨交换机实现通信，在图 3.37 中 S2 拿出端口 Fa0/23，S1 拿出端口 Fa0/23 实现跨交换 VLAN10 成员之间通信。对于跨交换 VLAN20 成员之间如何通信？答案是 S2 拿出端口 Fa0/24，S1 拿出端口 Fa0/24 实现跨交换 VLAN20 成员之间通信。

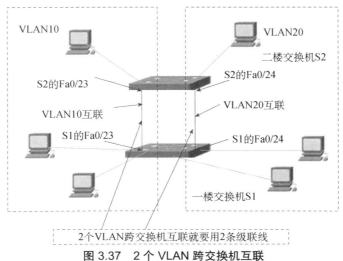

图 3.37　2 个 VLAN 跨交换机互联

如果在交换机 S1 和 S2 上划分了 10 个 VLAN，按照交换机间的级联，两台交换机就需要分别拿出 10 个端口，连 10 条线做级联，端口大大被损耗掉，减少用户可以接入的端口数量，降低对设备的使用效率。当交换机支持 TRUNKING 的时候，事情就简单了，只需要 2 个交换机之间有一条级联线，并将对应的端口设置为 Trunk，这条线路就可以承载交换机上所有 VLAN 的信息。这样的话，就算交换机上设了上百个 VLAN 也只用 1 个端口就能解决，如图 3.38 所示。采用了 Trunk 技术可以大大节省交换机的级联端口占用。

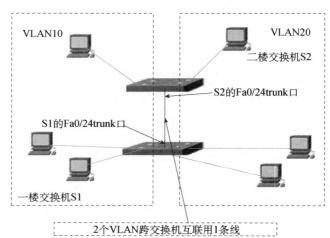

图 3.38 2 个 VLAN 跨交换机通过 trunk 互联

3. 解决方案

根据客户的要求，经过公司技术人员的协商，认为利用交换机上 VLAN 技术能达到各部门网络之间互相禁止访问。先将两个交换机分别划分 3 个 VLAN，使财务部、销售部和办公室各个部门的主机在相同的 VLAN 中，部门之间在不同的 VLAN 内。用一条交叉线将两台交换机的 Fa0/24 端口连接起来，且两台交换机相连接口设置为 Trunk 类型，这样同一 VLAN 内的主机能够相互访问，不同 VLAN 之间的主机不能相互访问，达到公司要求。

3 个部门 VLAN 划分如下：

（1）财务部在 VLAN10 中，VLAN10 包括交换机 Layer1 的 Fa0/1～Fa0/6 端口和交换机 Layer2 的 Fa0/1～Fa0/6 端口。

（2）销售部在 VLAN20 中，VLAN20 包括交换机 Layer1 的 Fa0/7～Fa0/18 端口和交换机 Layer2 的 Fa0/7～Fa0/18 端口。

（3）办公室在 VLAN30 中，VLAN30 包括交换机 Layer1 的 Fa0/19～Fa0/23 端口和交换机 Layer2 的 Fa0/19～Fa0/23 端口。

为了完成本任务，搭建如图 3.39 所示的网络拓扑。

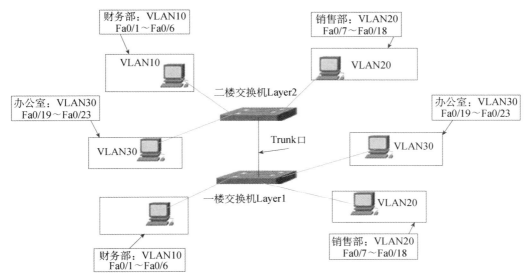

图 3.39　跨交换机实现多 VLAN 间通信

4. 实施步骤

步骤 1：为了简化操作，选取财务部、销售部和办公室各个部门的 2 名主机分别与一楼交换机和二楼交换机相连，在 Cisco Packet Tracer 中搭建拓扑如图 3.40 所示的结构。PC 和交换机的连接如表 3.14 和表 3.15 所示。

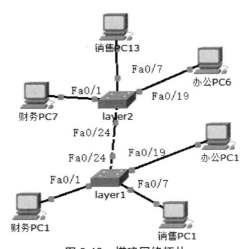

图 3.40　搭建网络拓扑

表 3.14　PC 和交换机 Layer1 的连接

设备名	使用的接口类型	双绞线的类型	对接交换机 Layer1 的接口
财务部 PC1	FastEthernet0	直通双绞线	FastEthernet0/1
销售部 PC1	FastEthernet0	直通双绞线	FastEthernet0/7
办公室 PC1	FastEthernet0	直通双绞线	FastEthernet0/19

表 3.15　PC 和交换机 Layer2 的连接

设备名	使用的接口类型	双绞线的类型	对接交换机 layer2 的接口
财务部 PC7	FastEthernet0	直通双绞线	FastEthernet0/1
销售部 PC13	FastEthernet0	直通双绞线	FastEthernet0/7
办公室 PC6	FastEthernet0	直通双绞线	FastEthernet0/19

步骤 2：PC 的 IP 地址规划。

在图 3.40 中，需要分配地址的设备有 6 台，规划逻辑地址如表 3.16 所示。从图 3.40 中可以判断出，该网络只需要一个网络号，在表 3.16 中选用 C 类私有地址 192.168 开头，第 3 个十进制数选择的范围可以是 0～255，这里我们选择 10，第 4 个十进制数选择的范围可以是 1～254，分配的结果如表 3.16 所示。按照上面计算网络号的方法，6 台 PC 的网络号在同一个网络中，网络号/网络地址=192.168.10.0/24。

表 3.16　PC 机的 IP 地址规划

设备名	IP 地址	子网掩码	默认网关
财务部 PC1	192.168.10.1	255.255.255.0	无
销售部 PC1	192.168.10.2	255.255.255.0	无
办公室 PC1	192.168.10.3	255.255.255.0	…
财务部 PC7	192.168.10.4	255.255.255.0	无
销售部 PC13	192.168.10.5	255.255.255.0	无
办公室 PC6	192.168.10.6	255.255.255.0	无

> **提示**：6 台 PC 的地址规划里暂时不考虑网关，只实现局域网内部之间的通信。

步骤 3：按任务 1 中 PC IP 地址配置方法配置图 3.40 中 6 台 PC 的地址。

步骤 4：分别测试这 6 台计算机之间的连通性，并填写表 3.17。

表 3.17　6 台计算机间的连通性

设备名	财务部 PC1	销售部 PC1	办公室 PC1	财务部 PC7	销售部 PC13	办公室 PC6
财务部 PC1	/					
销售部 PC1		/				
办公室 PC1			/			
财务部 PC7				/		
销售部 PC13					/	
办公室 PC6						/

步骤 5：

（1）按 3.6.3 小节中的方法在交换机 Layer1 和 Layer2 上创建 VLAN10、VLAN20、VLAN30

（2）按表 3.14 和表 3.15 所连接的端口，将端口分配到各自的 VLAN。

（3）将 2 台交换机相连的端口 FastEthernet0/24 设置为 Trunk。

① 交换机 Layer2 上的设置：

```
layer2(config)#interface FastEthernet0/24    //进入端口Fa0/24
layer2(config-if)#switchport mode trunk      //设置为trunk
%LINEPROTO-5-UPDOWN: Line protocol on Interface FastEthernet0/24, changed
state to down
%LINEPROTO-5-UPDOWN: Line protocol on Interface FastEthernet0/24, changed
state to up
layer2(config-if)#switchport trunk allowed vlan all   //允许所有VLAN通过
```

② 交换机 Layer1 上的设置：

```
layer1(config)#interface FastEthernet0/24         //进入端口Fa0/24
layer1(config-if)#switchport mode trunk           //设置为trunk
%LINEPROTO-5-UPDOWN: Line protocol on Interface FastEthernet0/24, changed
state to down
%LINEPROTO-5-UPDOWN: Line protocol on Interface FastEthernet0/24, changed
state to up
Layer1(config-if)#switchport trunk allowed vlan all   //允许所有VLAN通过
```

步骤 6：项目测试

（1）在交换机 Layer2 中通过"show int trunk"查看设置 Trunk 端口的信息，如图 3.41 所示。

```
layer2#show int trunk
Port        Mode         Encapsulation   Status      Native vlan
Fa0/24      on           802.1q          trunking    1

Port        Vlans allowed on trunk
Fa0/24      1-1005

Port        Vlans allowed and active in management domain
Fa0/24      1,10,20,30

Port        Vlans in spanning tree forwarding state and not pruned
Fa0/24      1,10,20,30
```

图 3.41　查看设置 Trunk 的端口

（2）分别测试财务部 PC1、销售部 PC1、办公室 PC1、财务部 PC7、销售部 PC13、办公室 PC6 这 6 台计算机之间的连通性，并填写表 3.17。例如在财务部 PC1 ping 财务部 PC7，测试的效果如图 3.42 所示。

（3）在交换机的特权模式下，输入"show running-config"，查看配置生效的内容。如在 Layer2 上查看配置生效的内容。

```
layer2#show running-config
Building configuration...
Current configuration : 1075 bytes
!
version 12.1
no service timestamps log datetime msec
no service timestamps debug datetime msec
no service password-encryption
```

```
!
hostname layer2
!
!
spanning-tree mode pvst
!
interface FastEthernet0/1
 switchport access vlan 10
!
interface FastEthernet0/7
 switchport access vlan 20
!
interface FastEthernet0/19
 switchport access vlan 30
!
interface FastEthernet0/24
 switchport mode trunk
!
```

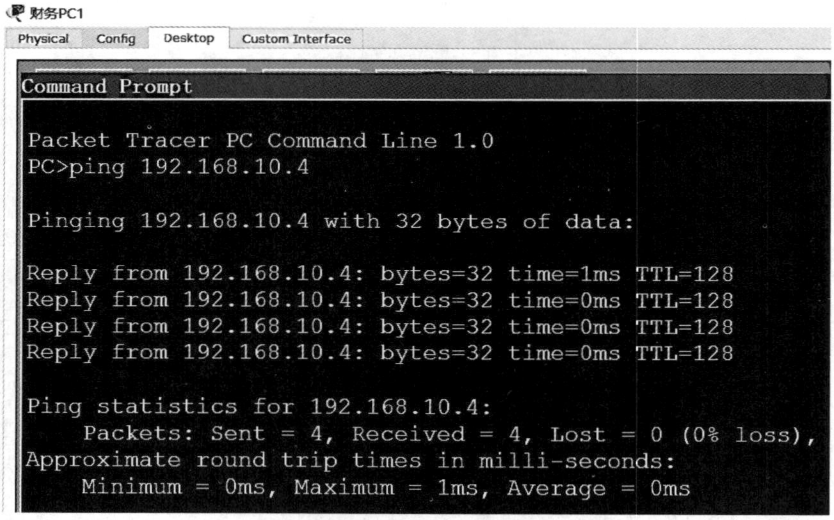

图 3.42　财务 PC1 ping 财务 PC7

同理，在 Layer1 上，也可以利用"show running-config"命令来查看配置生效的内容。

3.7　交换机式以太网构建的广播域

1. 什么是广播域

广播是一种信息的传播方式，指网络中的某一设备同时向网络中所有的其他设备发送数据，这个数据所能广播到的范围即为广播域（Broadcast Domain）。按照这个定义，在交换式以太网中，由交换机连接的设备处在同一个广播域中。当交换机收到未知设备广播数据包时，根据交换机的工作机制，会对交换网络中所有设备进行传播该数据帧，以便发现未知设备，广播在网络中起到非常重要的作用。

2. 什么是广播风暴

随着网络中计算机数量的增多，广播包的数量会急剧增加，网络长时间被大量的广播数据包占用，当广播数据包的数量达到一定的程度时，网络传输速率将会明显下降，使正常的点对点通信无法正常进行，最终导致网络性能下降，甚至网络瘫痪，这就是广播风暴。

广播风暴现象是导致常见的数据洪泛（Flood）的原因之一，是一种典型的雪球效应。当广播风暴产生时，以太网传输介质中几乎充满了广播数据包，网络设备端口上统计的报文速率达到很高的数量级，设备处理器高负荷运转。广播风暴不仅影响网络设备，而且还使得所有的主机都要接收网络链路层的广播数据包，因而受到危害。每秒数万级的数据包通常会使网卡工作异常繁忙，操作系统反应迟缓，网络通信严重受阻，严重危害网络的正常运行。

3. 防范广播风暴的策略

虚拟局域网是一种逻辑广播域，它可以防止交换网络的过量广播风暴，一个 VLAN 对应一个广播域，在图 3.39 中，有 3 个广播域，分别为 VLAN10、VLAN20、VLAN30 对应设备区域。一个 VLAN 中的广播风暴不会跨越到另一个 VLAN 中。在交换式以太网上通过划分 VLAN，可以减少广播流量，减少广播风暴的产生，从而释放带宽给其他用户终端设备使用。

一般局域网都是基于端口划分 VLAN 的。在一座楼内尽量设置多个 VLAN，如楼内有大的机房，应让每个机房使用单独的 VLAN，使广播局部化，减少整个局域网的广播流量，降低广播风暴发生的可能性，保证网络的安全性和高可用性。

路由器通过 IP 地址将连接到其端口的设备划分为不同的网络（子网），每个端口下连接的网络即为一个广播域，广播数据不会扩散到该端口以外，因此我们说路由器隔离了广播域。如图 3.43 所示，在图 3.43 中路由器连接了子网 1 和子网 2，子网 1 的广播数据不会广播到子网 2，路由器分割了广播流量。

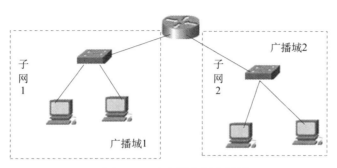

图 3.43　路由器分割广播域

3.8　任务 7　交换机之间的链路聚合

3.8.1　用户需求情景

随着 2 号教学楼学生机房计算机数量的增加，学生在使用网络的过程中，2 号教学楼交换机和核心交换机之间的网络流量设置为 1000Mbps，在网络访问高峰阶段 2 号教学楼和核心交换机之间的网络流量比较大，已经超过了 1000Mbps，成为一个瓶颈，如何提高 2 号教学楼和核心交换机的网络带宽呢？

目前通常采用的办法是升级网络系统，将千兆以太网升级到万兆比特以太网，这样 2 号教学楼和核心交换机之间的网络带宽达到了 10000Mbps，但这样就需要更换核心交换机和 2 号教学楼的交换机，成本较高，经检测发现，高峰阶段 2 号教学楼和核心交换机之间的网络流量一般在 2500Mbps 到 3500Mbps 之间。那有没有其他的解决方案呢？这时有人提出了采用交换机之间链路聚合的方式来提高交换机之间的连接带宽的建议。

3.8.2　以太信道知识

以太网技术经历从 10Mbps 标准以太网到 100Mbps 快速以太网，到现在的 1000Mbps、10000Mbps 以太网，提供的网络带宽越来越大，但是仍然不能满足某些特定场合的需求，特别是集群服务的发展，因此，我们对以太网提出了更高的要求。目前为止，服务器以太网网卡基本都只有 1000Mbps 带宽，而集群服务器面向的是成百上千的访问用户，如果仍然采用 1000Mbps 网络接口提供连接，必然成为用户访问服务器的瓶颈，由此产生了多网络接口卡的连接方式，一台服务器同时通过多个网络接口提供数据传输，提高用户访问速率。这就涉及用户究竟占用哪一网络接口的问题。同时为了更好地利用网络接口，也希望在没有其他网络用户时，唯一用户可以占用尽可能大的网络带宽。这些就是端口聚合技术解决的问题。同样在大型局域网中，为了有效转发和交换所有网络接入层的用户数据流量，核心层设备之间或者是核心层和分布层设备之间，都需要提高链路带宽。这也是端口聚合技术被广泛应用的原因。

在这里把绑定（聚合）多条平行链路的方法称为以太信道技术。以太信道（EtherChannel）通过把多条链路聚集成一条逻辑链路来将干道的速率提升到 160Mbps～160Gbps。以太信道技术有 4 种形式：

（1）标准以太信道（为了兼容以前的技术）。

（2）快速以太信道（Fast Ether Channel，FEC）。

（3）吉比特以太信道（Gigabit Ether Channel，GEC）。

（4）10 吉比特以太信道（10 Gigabit Ether Channel）。

以太信道包括了所有以上这些技术，以太信道能从组合 2～8 条标准的以太链路（最高 160Mbps）到一条逻辑信道，到组合 2～8 条快速以太链路（最高 1.6Gbps）到一条逻辑信道，再到组合 2～8 条 10 吉比特以太链路（最高 160Gbps）到一条逻辑信道。

以太信道将 2～8 条链路捆绑为一组逻辑链路，如图 3.44 所示。并且当捆绑的链路中有一条链路出现故障时，以太信道能继续运行，以及当故障链路恢复后能重新将其加入到捆绑链路中。以太信道常与以太网 Trunk 同时使用，并且支持 IEEE802.1Q 和 ISL 两种以太网 Trunk 技术。

以太信道技术主要应用于以下场合。

（1）交换机与交换机之间的连接：分布层交换机到核心层交换机或核心层交换机之间。

（2）交换机与服务器之间的连接：集群服务器采用多网卡与交换机连接提供集中访问。

（3）交换机与路由器之间的连接：交换机和路由器采用端口聚合可以解决广域网与局域网连接瓶颈。

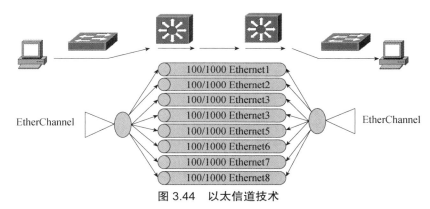

图 3.44　以太信道技术

（4）服务器与路由器之间的连接：集群服务器采用多网卡与路由器连接提供集中访问。特别是在服务器采用端口聚合时，需要专有的驱动程序配合完成。

如图 3.45 所示，分布层和核心层之间、核心层和服务器之间部署了以太信道，提供了可扩展的带宽。其中，在核心层和服务器之间为接入链路，在核心层和分布层之间为 Trunk 链路。

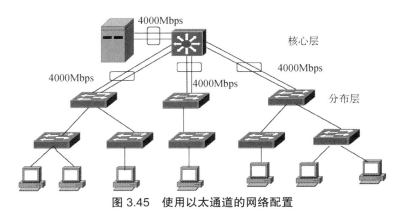

图 3.45　使用以太通道的网络配置

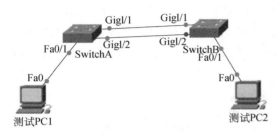

图 3.46　建立千兆以太信道

4条千兆链路捆绑成一条4千兆的逻辑链路

3.8.3　解决方案

　　要满足高峰阶段 2 号教学楼和核心交换机之间 2500Mbps 到 3500Mbps 的网络流量，建立吉比特以太信道，将 4 条吉比特以太链路组合成一条 4000Mbps 的逻辑信道。为了完成本任务，搭建如图 3.46 所示的网络拓扑。

3.8.4　实施步骤

　　步骤 1：为了简化操作，在 Cisco Packet Tracer 中搭建拓扑，如图 3.47 所示。选用 2960 交换机，将 2 个 1 千兆的以太网端口捆绑为一条 2 千兆的逻辑链路，并用 2 台 PC 进行捆绑效果的测试。

图 3.47　建立以太信道

　　PC 和交换机的连接如表 3.18 所示。

表 3.18　PC 和交换机的连接

设备名	使用的接口类型	双绞线的类型	对接交换机的接口
测试 PC1	FastEthernet0	直通双绞线	SwitchA 的 Fa0/1
测试 PC2	FastEthernet0	直通双绞线	SwitchB 的 Fa0/1
SwitchA	GigabitEthernet1/1（Gig1/1）	交叉双绞线	SwitchB 的 GigabitEthernet1/1
SwitchA	GigabitEthernet1/2Gig（1/2）	交叉双绞线	SwitchB 的 GigabitEthernet12

　　步骤 2：PC 的 IP 地址规划。在图 3.47 中，需要分配地址的设备有 2 台，规划逻辑地址如表 3.19 所示。从图 3.47 中可以判断出，该网络只需要一个网络号，在表 3.19 中选用 C 类私有地址 192.168 开头，第 3 个十进制数选择的范围可以是 0～255，这里我们选择 10，第 4 个十进制数选择的范围可以是 1～254，分配的结果如表 3.19 所示。按照上面计算网络号的方法，2 台 PC 的网络号在同一个网络中，网络号/网络地址=192.168.10.0/24。

表 3.19　PC 的 IP 地址规划

设备名	IP 地址	子网掩码	默认网关
测试 PC1	192.168.10.1	255.255.255.0	无
测试 PC2	192.168.10.2	255.255.255.0	无

　　提示：2 台 PC 的地址规划里暂时不考虑网关，只实现局域网内部之间的通信。

　　步骤 3：按任务 1 中 PC IP 地址配置方法配置图 3.47 中 2 台 PC 的地址。

步骤 4：测试这 2 台计算机之间的连通性，其结果是连通的。

从图 3.47 中可以看出，SwitchA 和 SwitchB 相连的 2 条链路构成了一个物理环路，但一个 SwitchB 的 Gig1/2 端口颜色为琥珀色，表示该端口为阻塞状态，不进行数据的收发，这样 SwitchA 和 SwitchB 之间有效的连接端口为 Gig1/1 之间的连接。出现上面的原因是在这两台交换机上默认启动了 STP 协议，如图 3.48 所示。同理用"show spanning-tree"命令在 SwitchB 上也能查看到默认启用 STP 协议。

```
                                          默认启用了生成树协议
switchA#show spanning-tree
VLAN0001
 Spanning tree enabled protocol ieee
 Root ID    Priority    32769
            Address     0001.9600.29E7
            This bridge is the root
            Hello Time   2 sec  Max Age 20 sec  Forward Delay 15 sec

 Bridge ID  Priority    32769   (priority 32768 sys-id-ext 1)
            Address     0001.9600.29E7
            Hello Time   2 sec  Max Age 20 sec  Forward Delay 15 sec
            Aging Time   20

Interface         Role Sts Cost      Prio.Nbr Type
---------------   ---- --- ----      -------- ----
Fa0/1             Desg FWD 19        128.1    P2p
Gi1/2             Desg FWD 4         128.26   P2p
Gi1/1             Desg FWD 4         128.25   P2p
```

图 3.48　SwitchA 默认启用了生成树协议

步骤 5：在 SwitchA 和 SwitchB 上创建以太信道。

```
switchA(config)#int range gigabitEthernet1/1-2        // 进入端口
switchA(config-if-range)#channel-group 1 mode on      // 在交换机 A 上创建以太信道 1
switchB(config)#int range gigabitEthernet1/1-2        // 进入端口
switchB(config-if-range)#channel-group 1 mode on      // 在交换机 B 上创建以太信道 1
```

以太信道创建完成后，可以通过命令"show etherchannel summary"查看交换机上绑定了多少端口，在 SwitchA 和 SwitchB 查看绑定端口的情况如图 3.49 和图 3.50 所示。

```
switchB#show etherchannel summary
Flags:  D - down         P - in port-channel
        I - stand-alone s - suspended
        H - Hot-standby (LACP only)
        R - Layer3       S - Layer2
        U - in use       f - failed to allocate aggregator
        u - unsuitable for bundling
        w - waiting to be aggregated
        d - default port


Number of channel-groups in use: 1            创建了以太信道
Number of aggregators:            1

Group  Port-channel  Protocol    Ports
------+-------------+-----------+------------------------

1      Po1(SU)        -           Gig1/1(P) Gig1/2(P)
```

图 3.49　SwitchB 上将 Gig1/1 和 Gig1/2 捆绑为一条逻辑上以太信道

```
switchA#show etherchannel summary
Flags:  D - down          P - in port-channel
        I - stand-alone  s - suspended
        H - Hot-standby (LACP only)
        R - Layer3        S - Layer2
        U - in use        f - failed to allocate aggregator
        u - unsuitable for bundling
        w - waiting to be aggregated
        d - default port


Number of channel-groups in use: 1
Number of aggregators:           1

Group  Port-channel  Protocol    Ports
------+-------------+-----------+------------------------

1      Po1(SU)          -         Gig1/1(P) Gig1/2(P)
```

图 3.50   SwitchA 上将 Gig1/1 和 Gig1/2 捆绑为一条逻辑上以太信道

在测试 PC2 上 ping 测试 PC1，效果如图 3.51 所示。

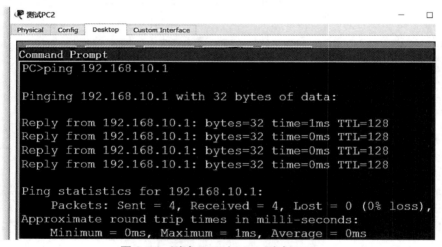

图 3.51   测试 PC2 上 ping 测试 PC1

没有建立以太信道之前，SwitchA 和 SwitchB 之间的链路带宽为 1000 Mbps，对 SwitchA 和 SwitchB 的 Gig1/1 和 Gig1/2 进行捆绑建立以太信道，SwitchA 和 SwitchB 之间的链路带宽为 2000 Mbps。其端口状态如图 3.52 所示。

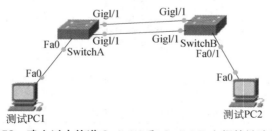

图 3.52   建立以太信道 SwitchA 和 SwitchB 之间的链路状态

3.8.5　以太信道的技术优点

以太信道主要用于交换机之间的连接。当两个交换机之间有多条冗余链路的时候，STP会将其中的几条链路关闭，只保留一条，这样可以避免二层环路的产生。由于 STP 链路切换很慢，失去了路径冗余的优点，使用以太信道，交换机会把一组物理端口联合起来，作为一个逻辑的通道。

该技术的优点有：

（1）带宽增加，带宽相当于一组端口的带宽总和。

（2）增加冗余，只要组内不是所有的端口都停机不工作，两个交换机之间就仍然可以继续通信。

（3）负载均衡，可以在组内的端口上配置，使流量可以在这些端口上自动进行负载均衡。端口聚合可将多物理连接当作一个单一的逻辑连接处理，它允许两个交换机之间通过多个端口并行连接，同时传输数据，以提供更高的带宽、更大的吞吐量和可恢复性的技术。一般来说，两个普通交换机连接的最大带宽取决于媒介的连接速度，而使用以太信道技术可以将 4 个 200M 的端口捆绑成为一个高达 800M 的连接。这一技术的优点是以较低的成本通过捆绑多端口提高带宽，而其增加的开销只是连接用的普通五类网线和多占用的端口，它可以有效提高上行速度，从而突破网络访问中的瓶颈。另外，以太信道还具有自动带宽平衡，即容错功能，即使只有一个连接存在时以太信道仍然会工作，这无形中增加了系统的可靠性。

习题

一、选择题

1．访问一台新的交换机可以（　　　）。

A．通过微机的串口连接交换机的控制台端口

B．通过 Telnet 程序远程访问交换机

C．通过浏览器访问指定 IP 地址的交换机

D．通过运行 SNMP 协议的网管软件访问交换机

2．在交换机的用户模式下可以用 CLI 做什么？（　　　）（多项选择）

A．进入配置模式　　　　　　　　　　B．改变终端设置

C．显示系统信息　　　　　　　　　　D．改变 VLAN 接口设置

E．显示 MAC 地址表的内容

3．在下面关于 VLAN 的描述中，不正确的是（　　　）。

A．VLAN 把交换机划分成多个逻辑上独立的计算机

B．主干链路（Trunk）可以提供多个 VLAN 之间通信的公共通道

C．由于包含了多个交换机，所以 VLAN 扩大了冲突域

D．一个 VLAN 可以跨越交换机

4．以下对 VLAN 的描述中，不正确的是（　　　）。

A．利用 VLAN，可有效地隔离广播域

B．要实现 VLAN 间的相互通信，必须使用外部的路由器为其指定路由

C．可以将交换机的端口静态地或动态地指派给某一个 VLAN

D．VLAN 中的成员可相互通信，只有访问其他 VLAN 中的主机时，才需要网关

5．连接在不同交换机上的、属于同一 VLAN 的数据帧必须通过（　　）传输。

A．服务器

B．路由器

C．Backbone 链路

D．Trunk 链路

二、简答题

1．配置交换机一般有哪几种方法？新的交换机一般使用哪种方式？

2．使用 VLAN 为何能够提高园区网的安全性？

3．在 VLAN 数据库模式下，要创建一个名为实验 4、ID 号为 10 的 VLAN，应使用什么命令？

4．如果静态地将交换机端口划分到 VLAN 中，删除该 VLAN 后将出现什么情况？

第4章　路由器实现不同网络的互联

本章的学习目标

- 认识路由器的 IOS；
- 设置能够通过控制台端口对路由器进行安全密码配置；
- 能够配置路由器的特权密码；
- 能够加密路由器设置的密码；
- 设置能够通过 Telnet 登录方式访问路由器；
- 理解路由器如何获取直连路由；
- 理解路由表的构成；
- 能够通过 ping 命令测试本段网络的连接情况；
- 理解什么样的情况下需要配置默认路由；
- 能够通过 Traceroute 跟踪路由的过程；
- 能够通过路由表查看路由转发的过程；
- 能够使用路由器静态路由实现网络的连通；
- 能够正确使用路由器默认路由；
- 能够配置三层交换机启用路由功能；
- 能够配置三层交换机实现 VLAN 之间的通信。

　　本章通过对路由器的远程访问认识路由器的工作方式；路由器可以获取直接相连的路由信息，ARP 协议在子网内和网间如何工作，IP 路由的过程，路由过程中源 IP 地址、目标 IP 地址、源物理地址、目标物理地址的变化；什么是静态路由和默认路由，在网络末端路由器上配置到 Internet 的默认路由；三层交换机实现不同 VLAN 间的通信，如何选择三层交换设备实现包转发的线速工作；理解路由器和三层交换机在网络互联中的角色，什么时候使用路由器，什么时候使用三层交换机。

4.1　认识路由器

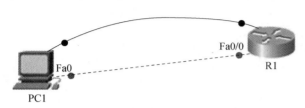

图 4.1　计算机和路由器通过 Console 线进行连接

路由器将各个网络彼此连接起来，负责不同网络之间数据包传送。新路由器在进行第一次登录时必须通过路由器的 Console 口访问路由器。计算机的串口 RS-232 和路由器的 Console 口通过 Console 线进行连接，如图 4.1 所示。

同交换机一样，路由器的 IOS 也建立了用户模式、特权模式、配置模式三级管理机制，各级模式使用的权限与交换机相同。

```
Router>enable        //通过 enable 命令进入特权模式
Router#config t      //进入配置模式
Enter configuration commands, one per line. End with CNTL/Z.
Router(config)#hostname R1 //将路由器命名为 R1，回车立即生效
R1(config)#
```

如图 4.2 所示，我们可以看到，路由器目前有 2 个接口 Fa0/0 和 Fa0/1，PC 与路由器 Fa0/0 接口通过交叉线进行相连，2 个接口的连接状态为 Down，IP 地址没有设置。与交换机不同，若 PC 与交换机的端口 Fa0/1 进行连接，连接链路马上连通，属于即插即用型，而 PC 与路由器连接接口 Fa0/0 是关闭的，若需使用，必须主动开启。

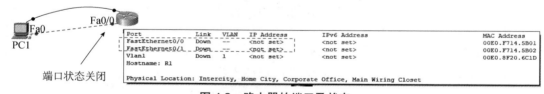

图 4.2　路由器的端口及状态

4.2　Telnet 访问路由器

4.2.1　拓扑搭建和地址规划

设置通过远程登录 Telnet 的方式访问路由器，在 Cisco Packet Tracer 搭建如图 4.1 所示的拓扑。设备之间的连接如表 4.1 所示。

表 4.1　设备之间的连接

设备名	使用线缆	自己端口	对接端口
PC1	Console 线	RS 232	路由器的 Console 口
PC1	交叉线	FastEthernet	路由器的 FastEthernet0/0

在图 4.1 中，需要分配地址的设备有 PC1 和路由器 R1，规划逻辑地址如表 4.2 所示。从图 4.1 中可以判断出，该网络只需要一个网络号，在表 4.2 中选用 C 类私有地址 192.168 开头，第 3 个十进制数选择的范围可以是 0～255，这里我们选择 10，第 4 个十进制数选择的范围可以是 1～254，地址分配的结果如表 4.2 所示。按照上面计算网络号的方法，PC1 和路由器 R1 的网络号在同一个网络中，网络号/网络地址=192.168.10.0/24。在这里 PC1 和路由器 R1 的接口 Fa0/0 构建了一个子网 1，这个子网中 PC 想把数据包通过路由器 R1 转发给其他子网中的目标主机，离开子网 1 的出口就是路由器 R1 的接口 Fa0/0，所以通常将路由器 R1 接口 Fa0/0 的 IP 地址设置为子网 1 中各 PC 的默认网关。

表 4.2　IP 地址规划

设备名	IP 地址	子网掩码	默认网关
PC1	192.168.10.1	255.255.255.0	192.168.10.254
路由器的 FastEthernet0/0	192.168.10.254 这两个地址必须一样	255.255.255.0	无

默认网关在 TCP/IP 网络中扮演重要的角色，它通常是一个路由器的接口，在 TCP/IP 网络上可以转发数据包到其他网络，可以为网络上的 TCP/IP 主机提供同远程网络上其他主机通信时所使用的默认路由。

默认网关（Default Gateway）是子网与外网连接的设备，通常是一个路由器。当一台计算机发送信息时，根据发送信息的目标地址，通过子网掩码来判定目标主机是否在本地子网中，如果目标主机在本地子网中，则直接发送即可。如果目标主机不在本地子网中则将该信息送到缺省（默认）网关/路由器，由路由器将其转发到其他网络中，进一步寻找目标主机。

4.2.2　IP 地址配置

（1）PC1 的 IP 地址配置，双击"PC1"，选择"Desktop"标签，如图 4.3 所示。

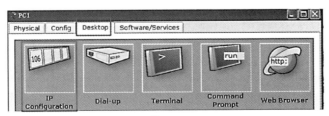

图 4.3　PC1 的 IP Configuration

（2）双击"IP Configuration"图标，进入如图 4.4 所示的界面，IP 地址配置如图 4.4 所示。

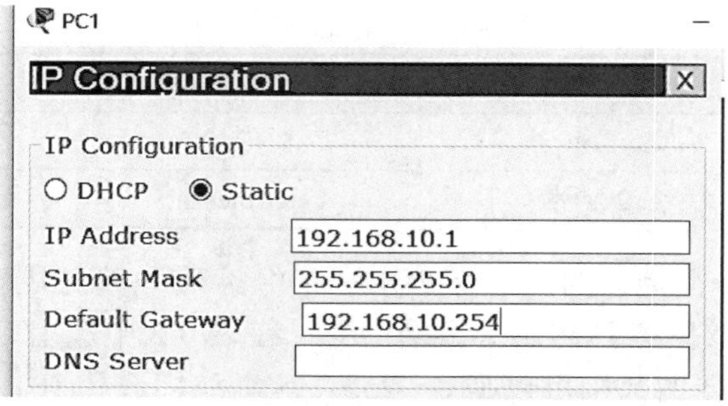

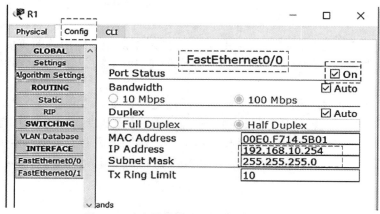

图 4.4　PC1 的 IP 地址配置

（3）为路由器接口配置 IP 地址，可以通过图形化或命令行的方式进行配置。图形化操作如图 4.5 所示。以命令行的方式如下：

```
R1>enable
R1#configure terminal
Enter configuration commands, one per line. End with CNTL/Z.
R1(config)#interface FastEthernet0/0  //进入接口 F0/0
R1(config-if)#ip address 192.168.10.254 255.255.255.0  //为接口配置 IP 地址
R1(config-if)#no shutdown              //开启端口
```

图 4.5　路由器接口开启和 IP 地址的配置

4.2.3　路由器安全口令设置

```
R1>enable
R1#config t
Enter configuration commands, one per line. End with CNTL/Z.
R1(config)#line vty 0 4        //支持 0～4 的 5 条 VTY 线路
R1(config-line)#password xdx401_1  //设置 VTY 口令是 xdx401_1
R1(config-line)#login  //登录时生效
R1(config-line)#end
R1(config)#enable secret class2020    //设置特权口令为 class2020
```

4.2.4　测试

设置完成后，在 PC1 上测试远程登录的效果如图 4.6 所示。同时我们也可以通过 "show running-config" 命令查看在路由器上已有的配置信息。

```
hostname R1
enable secret 5 $1$mERr$aSw7UUK05S75N07jRWSxE0
!
interface FastEthernet0/0
 ip address 192.168.10.254 255.255.255.0
 duplex auto
 speed auto
!
line vty 0 4
 password xdx401_1
 login
```

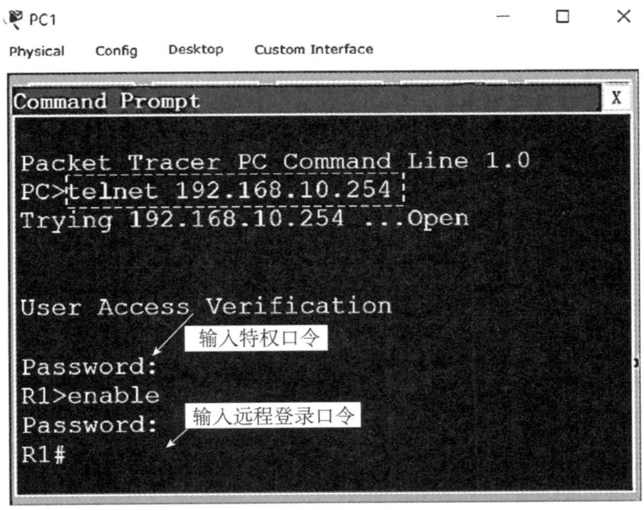

图 4.6　在 PC1 上测试远程登录

4.3　路由器获取直连路由

4.3.1　什么是直连路由

新的路由器中没有任何地址信息，路由表也是空的，需要在使用过程中获取。根据获得地址信息的方法不同，路由可分为直连路由、静态路由和动态路由 3 种。这一节介绍直连路由的获取。那什么是直连路由？

　　直连网络就是直接连到路由器某一接口的网络。当路由器接口配置有 IP 地址和子网掩码时，此接口即成为与该路由器相连的网络。接口的网络地址和子网掩码及连接类型和编号都将直接输入路由表，用于表示直连网络。生成直连路由的条件有两个：接口配置了网络地址，并且这个接口物理链路是连通的，即处于 up 状态。

4.3.2　路由器实现 2 个局域网互联

1.　拓扑搭建和地址规划

　　为了说明直连路由的获取，在 Cisco Packet Tracer 中，搭建如图 4.7 所示的拓扑。设备之间的连接如表 4.3 所示。在图 4.7 中，需要分配地址的设备有 PC11、PC12、PC21、PC22和路由器 R1，规划逻辑地址如表 4.4 和表 4.5 所示。从图 4.7 中可以判断出，网络 1 和网络2 各需要一个网络号，在表 4.4 中选用 C 类私有地址 192.168 开头，第 3 个十进制数选择的范围可以是 0～255，这里我们选择 10 和 20，第 4 个十进制数选择的范围可以是 1～254，地址分配的结果如表 4.4 所示。按照上面计算网络号的方法，PC11、PC12 和路由器 R1 的接口 Fa0/0 在同一个网络中，网络号/网络地址=192.168.10.0/24。在这里 PC11、PC12 和路由器 R1 的接口 Fa0/0 构建了一个网络 1。同样，PC21、PC22 和路由器 R1 的接口 Fa0/1 在同一个网络中，网络号/网络地址=192.168.20.0/24。在这里 PC21、PC22 和路由器 R1 的接口 Fa0/1 构建了一个网络 2。

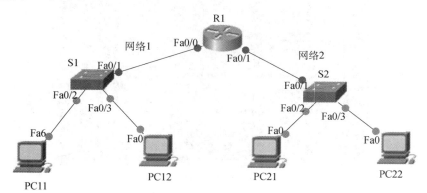

图 4.7　R1 将网络 1 和网络 2 互联

表 4.3　设备之间的连接

设备名	使用线缆	自己端口	对接端口
PC11	直通线	FastEthernet	交换机 S1 的 Fa0/2
PC12	直通线	FastEthernet	交换机 S1 的 Fa0/3
PC21	直通线	FastEthernet	交换机 S2 的 Fa0/2
PC22	直通线	FastEthernet	交换机 S2 的 Fa0/3
交换机 S1	直通线	S1 的 Fa0/1	路由器 R1 的 Fa0/0
交换机 S2	直通线	S2 的 Fa0/1	路由器 R1 的 Fa0/1

表 4.4　图 4.7 中 PC IP 地址规划

设备名	IP 地址	子网掩码	默认网关
PC11	192.168.10.10	255.255.255.0	192.168.10.254
PC12	192.168.10.11	255.255.255.0	192.168.10.254
PC21	192.168.20.10	255.255.255.0	192.168.20.254
PC22	192.168.20.11	255.255.255.0	192.168.20.254

表 4.5　PC 路由器 R1 接口地址规划

接口	IP 地址	子网掩码
Fa0/0	192.168.10.254	255.255.255.0
Fa0/1	192.168.20.254	255.255.255.0

> 提示：从图 4.7 的关系来看，PC11、PC12 的默认网关必须与路由器 R1 的接口 Fa0/0 的 IP 地址一样，PC21、PC22 的默认网关必须和路由器 R1 的接口 Fa0/1 的 IP 地址一样。

2. IP 地址配置

PC IP 地址和 R1 接口地址的配置按 4.2.2 小节中所介绍的方法进行设置，这里不再赘述。

3. 连通性测试

（1）同一个网络 1 中 PC 之间连通性测试，如 PC11 ping 通 PC12（图 4.8）；首先通过 "ipconfig" 命令查看配置生效的 IP 地址，再通过 "ping" 命令来测试 PC12 的连通性。

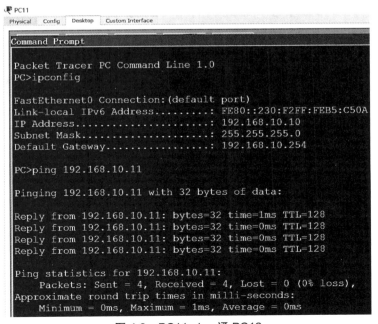

图 4.8　PC11 ping 通 PC12

（2）同一个网络 1 中 PC 测试默认网关的连通性，如 PC11 ping 路由器 R1 的接口 Fa0/0（图 4.9）。

```
PC>ping 192.168.10.254

Pinging 192.168.10.254 with 32 bytes of data:

Reply from 192.168.10.254: bytes=32 time=1ms TTL=255
Reply from 192.168.10.254: bytes=32 time=0ms TTL=255
Reply from 192.168.10.254: bytes=32 time=0ms TTL=255
Reply from 192.168.10.254: bytes=32 time=0ms TTL=255

Ping statistics for 192.168.10.254:
    Packets: Sent = 4, Received = 4, Lost = 0 (0% loss)
Approximate round trip times in milli-seconds:
    Minimum = 0ms, Maximum = 1ms, Average = 0ms
```

图 4.9　PC11 ping 通自己的默认网关

（3）同一个网络 2 中 PC 之间连通性测试，如 PC21 ping 通 PC22（图 4.10）。

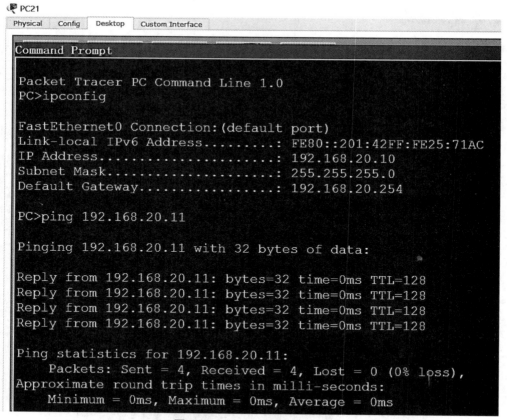

```
PC21
Physical   Config   Desktop   Custom Interface

Command Prompt

Packet Tracer PC Command Line 1.0
PC>ipconfig

FastEthernet0 Connection:(default port)
Link-local IPv6 Address.........: FE80::201:42FF:FE25:71AC
IP Address......................: 192.168.20.10
Subnet Mask.....................: 255.255.255.0
Default Gateway.................: 192.168.20.254

PC>ping 192.168.20.11

Pinging 192.168.20.11 with 32 bytes of data:

Reply from 192.168.20.11: bytes=32 time=0ms TTL=128
Reply from 192.168.20.11: bytes=32 time=0ms TTL=128
Reply from 192.168.20.11: bytes=32 time=0ms TTL=128
Reply from 192.168.20.11: bytes=32 time=0ms TTL=128

Ping statistics for 192.168.20.11:
    Packets: Sent = 4, Received = 4, Lost = 0 (0% loss),
Approximate round trip times in milli-seconds:
    Minimum = 0ms, Maximum = 0ms, Average = 0ms
```

图 4.10　PC21 ping 通 PC22

（4）同一个网络 2 中 PC 测试默认网关，如 PC21 ping 路由器 R1 的接口 Fa0/1（图 4.11）。

图 4.11　PC21 ping 通自己的默认网关

（5）网络 2 中 PC 测试网络 1 中 PC，如 PC21 ping 通 P11（图 4.12）。

图 4.12　PC21 ping 通 PC11

通过上面 5 步连通性测试，我们知道网络 1 和网络 2 是相互连通的，路由器作为网络互连设备，在这里，它将网络号=192.168.10.0/24 和网络号=192.168.20.0/24 网络互联起来，这里的不同网络的互联指的是网络号不同，在交换式以太网络中交换机之间的互联是网段之间的互联，连接在一起的设备的网络号必须相同。

4. 路由器获取直连路由

在 Cisco Packet Tracer 中，我们可以通过图形化或命令行的方式查看路由器 R1 获得的直连路由。通过 "inspect" 命令查看 R1 获得的直连路由信息，如图 4.13 所示。栏目包括路由类型为 C，通过 Fa0/0 端口获得的网络号是 192.168.10.0/24（网络前缀的表示方式，反斜杠后面的 24 表示 32 位子网掩码中前 24 位为 1），路由管理距离是 0。若将图 4.13 画成表格如表 4.6 所示。

Routing Table for R1

Type	Network	Port	Next Hop IP	Metric
C	192.168.10.0/24	FastEthernet0/0	---	0/0
C	192.168.20.0/24	FastEthernet0/1	---	0/0

图 4.13　路由器 R1 获得的直连路由器

表 4.6　R1 的路由表

路由类型	网络号	接口	下一跳	管理距离	开销
C	192.168.10.0/24	Fa0/0	无	0	0
C	192.168.20.0/24	Fa0/1	无	0	0

其中路由类型为 C 是 Connected 第一个字母的简写，表示直接连接路由，路由器的某个接口连接了某个网络，开启端口并配置了合适的 IP 地址信息后，这个路由会自动生成。直连路由是路由器广播自己路由信息的基础。

管理距离代表了路由来源的可信度，值越小，可信度越高。直连路由的管理距离是 0。

路由器 R1 在特权模式下通过命令"show ip route"查看获得的路由信息。

```
R1>en
R1#show ip route
Codes: C - connected, S - static, I - IGRP, R - RIP, M - mobile, B - BGP
       D - EIGRP, EX - EIGRP external, O - OSPF, IA - OSPF inter area
       N1 - OSPF NSSA external type 1, N2 - OSPF NSSA external type 2
       E1 - OSPF external type 1, E2 - OSPF external type 2, E - EGP
       i - IS-IS, L1 - IS-IS level-1, L2 - IS-IS level-2, ia - IS-IS inter area
       * - candidate default, U - per-user static route, o - ODR
       P - periodic downloaded static route
Gateway of last resort is not set
C 192.168.10.0/24 is directly connected, FastEthernet0/0
C 192.168.20.0/24 is directly connected, FastEthernet0/1
```

4.4　ARP

IP 数据报能够跨越多个网络，在互联网上传送。作为一个高层网络数据，IP 数据报最终也需要封装成帧进行传输。图 4.14 将 IP 数据报封装成以太网的 MAC 数据帧，网络层及以上使用 IP 地址，链路层及以下使用硬件地址。IP 地址能够屏蔽各种网络如以太网、帧中继、PPP 网物理地址的差异，为上层用户提供"统一"的地址形式。但是这种"统一"是通过在物理网络上覆盖一层 IP 软件实现的，互联网并不对物理地址做任何修改。高层软件通过 IP 地址来指定源地址和目的地址，而低层的物理网络通过物理地址发送和接收信息。

图 4.14　IP 数据报的封装

4.4.1　ARP 的功能

ARP（Address Resolution Protocol）是地址解析协议的简称。在实际通信时，物理网络所使用的依然是利用物理地址进行报文传输，IP 地址在物理网络中是不能被识别的。对于以太网而言，当 IP 数据报通过以太网发送时，以太网设备并不识别 32 位 IP 地址，它们是以 48 位的 MAC 地址传输以太网数据的。所以必须建立两种地址的映射关系，这一过程称为地址解析。地址解析包括从 IP 地址到物理地址的映射和从物理地址到 IP 地址的映射。用于将 IP 地址解析成物理地址的协议就称为地址解析协议（ARP）。ARP 是动态协议，解析过程是自动完成的。

在每一台使用 ARP 的主机中，都保留了一个专用的内存区（称为缓存），存放最近取得的 IP 地址和物理地址的对应关系。一旦收到 ARP 应答，主机就将获得的 IP 地址和物理地址的对应关系存到缓存中。当发送报文时，首先去缓存中查找目标 IP 地址对应的 MAC 地址项，如果找到对应项后，便将报文直接发送出去；如果找不到，再利用 ARP 进行解析。

4.4.2　ARP 的工作原理

1. 子网内 ARP 解析

一台主机能够解析另一台主机地址的条件是这两台主机都连在同一物理网络中。假设以太网上有 3 台计算机，分别是主机 A、主机 B 和主机 C，如图 4.15 所示。现在主机 A 的应用程序要和主机 B 的应用程序交换数据，在主机 A 发送数据前，必须首先得到主机 B 的 IP 地址和 MAC 地址的映射关系。一个完整的 ARP 的工作过程如下：

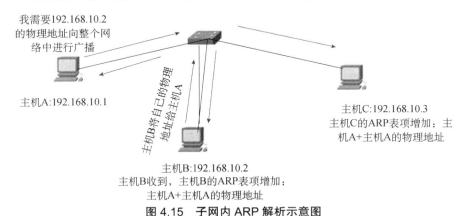

图 4.15　子网内 ARP 解析示意图

（1）发送数据包。主机 A 以主机 B 的 IP 地址为目标 IP 地址，以自己的 IP 地址为源 IP 地址封装了一个 IP 数据报；在数据包发送以前，主机 A 通过将自己的子网掩码分别和源 IP 地址及目标 IP 地址进行求"与"操作判断源 IP 地址和目标 IP 地址在同一网络中；于是主机 A 转向查找本地的 ARP 缓存，以确定在缓存中是否有关于主机 B 的 IP 地址与 MAC 地址的映射信息；若在缓存中存在主机 B 的 IP 地址和 MAC 地址的映射关系，则完成 ARP 地址解析，此后主机 A 的网卡立即以主机 B 的 MAC 地址为目标 MAC 地址、以自己的 MAC 地址为源 MAC 地址进行帧的封装并启动帧的发送；主机 B 收到该帧后，确认是给自己的帧，进行帧的拆封并取出其中的 IP 分组交给网络层去处理。若在缓存中不存在关于主机 B 的 IP 地址和 MAC 地址的映射信息，则转至下一步。

（2）主机 A 以广播帧形式向同一网络中的所有节点发送一个 ARP 请求报文（ARP Request），请求 IP 地址为 192.168.10.2 的主机 B 回答其物理地址，在该广播帧中 48 位的目标 MAC 地址以全"1"即"ffffffffffff"表示，源 MAC 地址为主机 A 的地址。

（3）网络中的所有主机都会收到该 ARP 请求帧，并且所有收到该广播帧的主机都会检查一下自己的 IP 地址，但只有主机 B 识别出自己的 IP 地址并回答自己的物理地址，并返回个响应报文。响应报文的目的 MAC 地址为主机 A 的 MAC 地址，源 MAC 地址是主机 B 的 MAC 地址。这样，IP 地址就被转化成了物理地址。

（4）主机 A 收到主机 B 的响应信息，首先将其中的 MAC 地址信息加入到本地 ARP 缓存中，从而完成主机 B 的地址解析，然后启动相应帧的封装和发送过程，完成与主机 B 的通信。

在整个 ARP 工作期间，不但主机 A 得到了主机 B 的 IP 地址和 MAC 地址的映射关系，而且主机 B 和主机 C 也得到了主机 A 的 IP 地址和 MAC 地址的映射关系。如果主机 B 的应用程序需要立即返回数据给主机 A 的应用程序，那么，主机 B 就不必再次执行上面的 ARP 请求过程。

2. 子网间 ARP 解析

源主机和目标主机不在同一网络中，例如，主机 PC11 向主机 PC21 发送数据包，假定 PC21 的 IP 地址为 192.168.20.10。这时若继续采用 ARP 广播方式请求主机 PC21 的 MAC 地址是不会成功的，因为第二层广播（在此为以太网帧的广播）是不可能被第三层设备路由器转发的。于是需要采用一种被称为代理 ARP（Proxy ARP）的方案，即所有目标主机不与源主机在同一网络中的数据包均会被发给源主机的默认网关，即只需查找或解析自己的默认网关地址即可。如图 4.7 所示，主机 PC11 要发报文给主机 PC21，首先主机 PC11 分析目的地址不在同一网段，需要将报文先发给其默认网关，再由默认网关转发。如果没有找到默认网关的物理地址，便发送 ARP 请求报文，请求默认网关的物理地址，默认网关收到之后，将自己的物理地址写入应答报文，发送给主机 PC11。然后主机 PC11 到主机 PC21 的报文首先被送到默认网关，默认网关再查找或解析主机 PC21 的物理地址，将报文送到主机 PC21 中。主机 PC21 到主机 PC11 的报文以相反的顺序发送。

4.5　IP 路由

网络层利用 IP 路由选择表将数据包从源网络发送至目的网络。路由器从一个接口接收数据包，然后拿数据包的目的地查路由器的路由表，从路由表中选择一条到达目的地的最佳路径将其转发给另外一个接口。

4.5.1　IP 路由过程

　　IP 路由是由路由器把数据从一个网络转发到另一个网络的过程。数据在网络上是以数据包为单元进行转发的。每个数据包都携带两个逻辑地址（IP 地址），一个是数据的源地址，一个是数据要到达的目的地址，所以每个数据包都可以被独立地转发。下面以图 4.16 为例来解释路由的过程。

　　如图 4.16 所示，路由器 R1 把 2 个网络连接起来，它们是 192.168.10.0/24 和 192.168.20.0/24。假设 PC11 向 PC21 发送数据，而 PC11 和 PC21 不在一个网络中。PC11 看不到图 4.16，那它如何知道 PC21 在哪里呢？PC11 上配置了 IP 地址和子网掩码，知道自己的网络号是 192.168.10.0，它把 PC21 的 IP 地址（PC11 知道）与自己的子网掩码做“与”运算，可以得知 PC21 的网络号是 192.168.20.0，显然两者不在同一个网络中。PC11 得知目的主机与自己不在同一个网络时，它只需将这个数据包送到距它最近的 R1 就可以了。

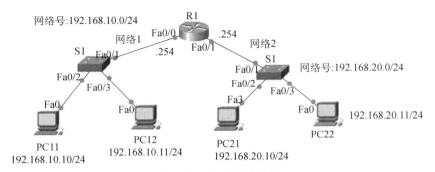

图 4.16　IP 路由的过程

　　在 PC11 中除了配置 IP 地址与子网掩码，还配置了另外一个参数默认网关，其实就是路由器 R1 与 PC11 处于同一网络的接口（F0/0）的地址。在 PC11 上设置默认网关的目的就是把去往不同于自己所处的网络的数据发送到默认网关。只要找到了 Fa0/0 接口就等于找到了 R1。为了找到 R1 Fa0/0 接口的 MAC 地址，PC11 使用了地址解析协议（ARP），获得 R1 的 Fa0/0 接口的 MAC 地址，有了默认网关和对应的 MAC 地址，PC11 就开始封装数据包。

　　（1）把 Fa0/0 接口的 MAC 地址封装在数据链路层的目的地址域。
　　（2）把自己的 MAC 地址封装在数据链路层的源地址域。
　　（3）把自己的 IP 地址封装在网络层的源地址域。
　　（4）把 PC21 的 IP 地址封装在网络层的目的地址域。
　　之后，PC11 把数据发送出去。

　　路由器 R1 收到 PC11 送来的数据包后，把数据包解开到第三层，读取数据包中的目的 IP 地址，然后查阅路由表决定如何处理数据。路由表是路由器工作时的向导，是转发数据的依据。如果路由器表中没有可用的路径，路由器就会把该数据丢弃。路由表中记录有以下内容。

　　（1）已知的目标网络号（目的地网络）。
　　（2）到达目标网络的距离。

（3）到达目标网络应该经由自己的哪一个接口。

（4）到达目标网络的下一台路由器的地址。

路由器使用最近的路径转发数据，把数据交给路径中的下一台路由器，并不负责把数据送到最终目的地。

在图 4.16 中，R1 拿出数据的目的地址 192.168.20.10，查找当前 R1 的路由表（见表4.6），里面的是目标网络号，不是具体目标 IP 地址，此时将目标 IP 地址依次遍历 R1 的路由表，把第 1 条表目目标网络号的子网掩码与目的 IP 地址做逻辑"与"运算，计算的网络号=192.168.20.0，与第 1 条表目目标网络号 192.168.10.0 不匹配；继续遍历第 2 条表目，将当前目标网络号的子网掩码与目的 IP 地址进行逻辑"与"运算，计算的网络号=192.168.20.0，与第 2 条表目目标网络号 192.168.20.0 匹配，找到匹配路由转发路径，从 R1 接口 Fa0/1 转发出去。转发之前要进行判断，R1 接口 Fa0/1 的 IP 地址与目标 IP 地址是否在同一个网络，在同一个网络，启用 ARP 协议获取目标 IP 地址对应的 MAC 地址。有了这些信息后 R1 接口 Fa0/1 重新开启封装，封装的过程如下：

（1）把 Fa0/1 接口的 MAC 地址封装在数据链路层的源地址域。

（2）把 PC21 的 MAC 地址封装在数据链路层的目的地址域。

（3）源数据包的源 IP 地址域不变。

（4）源数据包的目标 IP 地址域不变。

之后，R1 把数据发送出去。PC21 接收该数据包。至此数据传递的一个单程完成了。

PC21 回应给 PC11 的数据经过同样的处理过程到达目的地 PC11，只不过是数据包中的目标 IP 地址是 PC11 的地址，源 IP 地址是 PC21 的地址，经过 R1 到达 PC11。

从上面的过程可以看出，为了能够转发数据，路由器必须对整个网络拓扑有清晰的了解，并把这些信息反映在路由表里，当网络拓扑结构发生变化时，路由器也需要及时在路由表里反映出这些变化，这样的工作被看作是路由器的路由功能。路由器还有一项独立于路由功能的工作就是交换/转发数据，即把数据从进入接口转移到外出接口。

4.5.2　路由器的路由功能

路由器通常用来将数据包从一条数据链路传送到另外一条数据链路。这其中使用了两项功能，即寻径功能和转发功能。

1. 寻径功能

寻径即判定到达目的地的最佳路径，由路由选择算法来实现。为了判定最佳路径，路由选择算法必须启动并维护包含路由信息的路由表。路由选择算法将收集到的不同信息填入路由表中，根据路由表可将目的网络与下一站的关系告诉路由器。路由器间互通信息进行路由更新，更新维护路由表使之正确反映网络的拓扑变化，并由路由器根据度量来决定最佳路径，这就是路由选择协议（Routing Protocol），如路由信息协议（RIP）、内部网关路由协议（IGRP）、增强内部网关路由协议（EGRP）及开放式最短路径优先。

2. 转发功能

转发即沿寻好的最佳路径传送信息分组。路由器首先在路由表中查找路由选择协议，判断是否知道如何将分组发送到下一个站点（路由器或主机）。如果路由器不知道如何发送分组，通常将该分组丢弃；否则就根据路由表里的相应表项将分组发送到下一个站点。如果目的网络直接与路由器相连，路由器就把分组直接送到相应的接口上，这就是路由转发。

4.6　静态路由

4.6.1　什么是静态路由

静态路由是由网络管理员手动输入到路由器的，当网络拓扑发生变化而需要改变路由时，网络管理员就必须手动改变路由信息，不能动态反映网络拓扑。

静态路由不会占用路由器的 CPU、RAM 和线路的带宽，同时静态路由也不会把网络的拓扑结构暴露出去。

通过配置静态路由，用户可以人为地指定对某一网络访问时所要经过的路径。通常只能在互联的网络数量少、网络与网络之间只能通过一条路径路由的情况下使用静态路由，如从一个网络路由到末端网络时，一般使用静态路由。末端网络是只能通过单条路由访问的网络，如图 4.17 所示。任何连接到 R1 的网络都只能通过一条路径到达其他目的地，无论其目的网络是与 ISP 直连还是远离 ISP。因此，网络 110.18.20.0/24 是一个末端网络，而 R1 是末端路由器。

> **注**：末端网络又称为边界网络、边缘网络，如校园网、家庭网、小区住宅、企事业单位的内部网络。

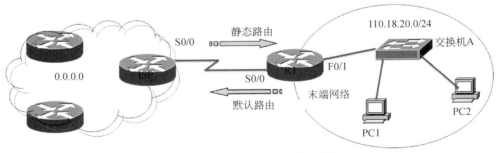

图 4.17　静态路由应用于末端网络

4.6.2　静态路由的配置方法

（1）在全局配置模式下，使用"ip route"命令建立静态路由的格式为：

```
router(config)# ip route destination-network network-mask {next-hop-
address|interface}
```

其中相关参数说明如下。

① destination-network：所要到达的目标网络号或目标子网号。

② network-mask：目标网络的子网掩码。可对此子网掩码进行修改，以汇总一组网络。

③ next-hop-address：到达目标网络所经由的下一跳路由器的 IP 地址，即相邻路由的接口地址。

④ interface：将数据包转发到目的网络时，使用的送出接口或者用于到达目标网络的本出口。

（2）可以使用"no ip route"命令来删除静态路由。

（3）可以使用"show ip route"命令来显示路由器中的路由表。

（4）可以使用"show running-config"命令来检查静态路由。

4.6.3　什么是默认路由

默认路由也叫缺省路由，是指路由器没有明确路由可用时所采纳的路由，或者叫最后的可用路由。当路由器不能用路由表中的一个具体条目来匹配一个目的网络时，它就将使用默认路由，即"最后的可用路由"。数据包达到路由器，从上往下依次遍历其路由表，若路由表中具体目标网络的路由信息都不匹配，此时使用默认路由将数据包转发出去，若没有默认路由，目的地址在路由表中无匹配表项的包将被丢弃。

默认路由一般处于整个网络的末端路由器上，如图 4.17 所示，R1 为末端路由器，这台路由器被称为默认网关，它负责所有的向外连接任务，默认路由也需要手动配置。默认路由可以尽可能地将路由表的大小保持得很小，它们使路由器能够转发目的地为任何 Internet 主机的数据包而不必为每个 Internet 网络都维护一个路由表条目。默认路由可由管理员静态输入或者通过路由选择协议动态学到。

如校园网、家庭网、小区住宅、企事业单位的内部网络的出口路由器，类似图 4.17 所示的 R1，内部用户要访问 Internet 上的目的地是未知的，网络管理在配置具体路由信息时无法预测内部用户的访问需要，为了能让内部的用户将数据包离开内部网络转发到 Internet 上，就必须使用默认路由，如果没有这个路由信息，该数据包将在出口路由器上丢失。用户得到的结果是对方不可达。

4.6.4　默认路由的配置方法

配置默认路由通常有两种方法。

1）0.0.0.0 路由

创建一条到 0.0.0.0/0 的 IP 路由是配置默认路由最简单的方法。在全局配置模式下建立默认路由的命令格式为：

```
router(config)# ip route 0.0.0.0 0.0.0.0 { next hop-ip interface}
```

其中，next hop-ip 为相邻路由器的相邻接口地址；interface 为本地物理接口号。对于 Cisco IOS，网络 0.0.0.0/0 为最后可用路由，有特殊的意义。所有的目的地址都匹配这条路由，因为全为 0 的掩码不需要对在一个地址中的任何比特进行匹配。对 0.0.0.0/0 的路由经常被称为"4 个 0 路由"或"全零路由"。

在图 4.17 中路由器 R1 除了与路由器 ISP 相连，不再与其他路由器相连，所以也可以为它赋予一条默认路由，假设路由器 ISP 的 S0/0 接口地址为：

```
197.3.20.1/24。
R1(config)# ip route 0.0.0.0 0.0.0.0 197.3.20.1
```

即只要没有在路由表里找到去特定目的地址的路径，则数据均被路由到地址为 197.3.20.1 的相邻路由器。

2）default-network

"ip default-network"命令可以被用来标记一条到任何 IP 网络的路由，而不仅仅是 0.0.0.0/0，作为一条候选默认路由，其命令语法格式如下：

```
R1(config)# ip default-network network
```

候选默认路由在路由表中是用星号标注的，并且被认为是最后的网关。

4.7　静态路由项目实施

4.7.1　用户需求

某高校有 2 个分校区，这两个分校区都建有自己的校园网。现需要将这两个分校区的校园网通过路由器连接到本部的路由器，要在路由器上做静态路由配置，实现各校区校园网内部主机的相互通信，并且通过主校区连接到互联网。

4.7.2　方案设计

针对客户提出的要求，公司网络工程师计划通过同步串口线路将两个校区局域网连到主校区的路由器上，然后再连接到互联网上（在这里用一台路由器 ISP 和计算机来模拟 Internet）。分别对路由器的接口分配 IP 地址，并配置静态路由，这样对校园网内的各主机设置 1P 地址及网关就可以相互通信了。在 Cisco Packet Tracer 中实施该项目需要的网络设备包括：

（1）Cisco2811 路由器 4 台。

（2）Cisco2960 交换机 3 台。

（3）PC4 台。

（4）双绞线（若干根）。

查看路由器 2811，发现路由器只有固有的 2 个接口 Fa0/0 和 Fa0/1，如图 4.18 所示。关闭路由器电源、通过添加 WIC-2T 物理模块，为路由器 2811 扩展 2 个串行接口 Se0/0/0 和 Se0/0/1，如图 4.19 所示。

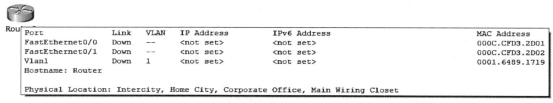

图 4.18　路由器 2811 的固有 2 个接口

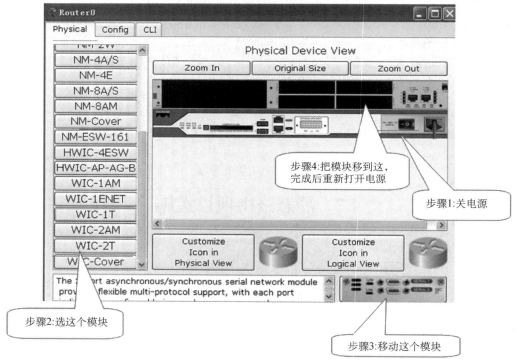

图 4.19　为路由器 2811 扩展 2 个串行接口 Se0/0/0 和 Se0/0/1

4.7.3　拓扑搭建和地址规划

为了实现本项目，在 Cisco Packet Tracer 中，搭建如图 4.20 所示的拓扑。设备之间的连接如表 4.7 所示。

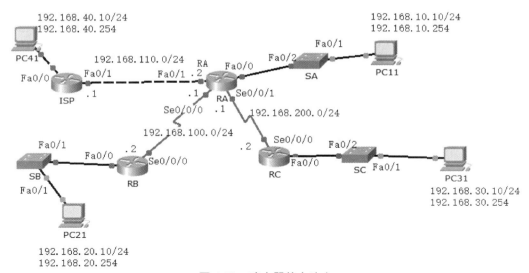

图 4.20　路由器静态路由

表 4.7　设备之间的连接

设备名	使用线缆	自己端口	对接端口
PC11	直通线	FastEthernet	交换机 SA 的 Fa0/1
PC21	直通线	FastEthernet	交换机 SB 的 Fa0/1
PC31	直通线	FastEthernet	交换机 SC 的 Fa0/1
PC41	交叉线	FastEthernet	路由器 ISP 的 Fa0/0
交换机 SA	直通线	SA 的 Fa0/2	路由器 RA 的 Fa0/0
交换机 SB	直通线	SB 的 Fa0/2	路由器 RB 的 Fa0/0
交换机 SC	直通线	SC 的 Fa0/2	路由器 RC 的 Fa0/0
路由器 RA	交叉线	RA 的 Fa0/1	路由器 ISP 的 Fa0/1
路由器 RA	串行线 DCE	RA 的 Se0/0/0	路由器 RB 的 Se0/0/0
路由器 RA	串行线 DCE	RA 的 Se0/0/1	路由器 RC 的 Se0/0/0

在图 4.20 中，PC11、交换机 SA、路由器 RA 的接口 Fa0/0 构建的网络号=192.168.10.10/24；PC21、交换机 SB、路由器 RB 的接口 Fa0/0 构建的网络号=192.168.20.0/24；PC31、交换机 SC、路由器 RC 的接口 Fa0/0 构建的网络号=192.168.30.0/24；PC41 和路由器 ISP 的接口 Fa0/0 构建的网络号=192.168.40.0/24；RA 的接口 Se0/0/0 和 RB 的接口 Se0/0/0 构建的网络号=192.168.100.0/24；RA 的接口 Se0/0/1 和 RC 的接口 Se0/0/0 构建的网络号=192.168.200.0/24；RA 的接口 Fa0/1 和 ISP 的接口 Fa0/1 构建的网络号=192.168.110.2/24。图 4.20 中一共有 7 个网络，192.168.10.10/24、192.168.20.0/24、192.168.30.0/24 分别为主校区、校区 B、校区 C 的网络，PC11、PC21、PC31 分别为主校区、校区 B、校区 C 的用户代表、路由器 ISP 和计算机 PC41 来模拟互联网。192.168.100.0/24、192.168.200.0/24、192.168.110.0/24 这 3 个网络是用于要把主校区、校区 B、校区 C 的用户、Internet 互联而成产生的连接网络。从图 4.20 中可以看出，即使这 3 个连接网络中每个网络只需要 2 个 IP 地址，也不可或缺。地址分配的结果如表 4.8 所示。

表 4.8　图 4.20 信息点地址规划

设备	接口	IP 地址	子网掩码	默认网关
RA	Se0/0/0	192.168.100.1	255.255.255.0	不适用
	Se0/0/1	192.168.200.1	255.255.255.0	不适用
	Fa0/0	192.168.10.254	255.255.255.0	不适用
	Fa0/1	192.168.110.2	255.255.255.0	不适用
RB	Se0/0/0	192.168.100.2	255.255.255.0	不适用
	Fa0/0	192.168.20.254	255.255.255.0	不适用
RC	Fa0/0	192.168.30.254	255.255.255.0	不适用
	Se0/0/0	192.168.200.2	255.255.255.0	不适用
ISP	Fa0/0	192.168.40.254	255.255.255.0	不适用
	Fa0/1	192.168.110.1	255.255.255.0	不适用
PC11	网卡	192.168.10.10	255.255.255.0	192.168.10.254
PC21	网卡	192.168.20.10	255.255.255.0	192.168.20. 254
PC31	网卡	192.168.30.10	255.255.255.0	192.168.30. 254
PC41	网卡	192.168.40.10	255.255.255.0	192.168.40. 254

4.7.4　IP 地址配置

PC IP 地址和路由器以太网接口地址的配置按 4.2.2 小节中所介绍的方法进行设置，这里不再赘述。路由器串行接口的配置，以 RA 的接口 Se0/0/1 和 RC 的接口 Se0/0/0 连接的网络为例，RA 的接口 Se0/0/1 为 DCE 设备，RC 的接口 Se0/0/0 为 DTE 设备，需要在 RA 的接口 Se0/0/1 设置同步时钟 Clock Rate=64000，如图 4.21 所示。

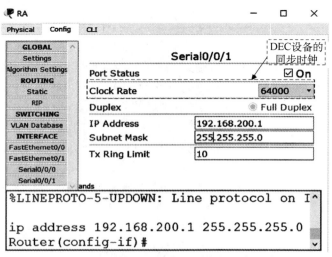

图 4.21　RA 的接口 Se0/0/1 设置同步时钟

RC 的接口 Se0/0/0 为 DTE 设备，其配置内容如图 4.22 所示。在图 4.22 中只需要开启端口和按规划的地址配置 IP 地址和子网掩码，记住子网掩码必须和 IP 地址一起出现。

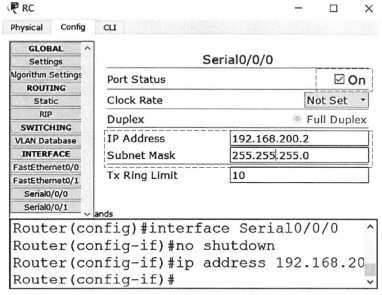

图 4.22　RC 的接口 Se0/0/0 的配置

同理，RA 的接口 Se0/0/0 为 DCE 设备，RB 的接口 Se0/0/0 为 DTE 设备，需要在 RA 的接口 Se0/0/0 设置同步时钟 Clock Rate=64000。所有的地址信息配置完成后，图 4.20 中所有信号灯都变成了绿色，如图 4.23 所示。

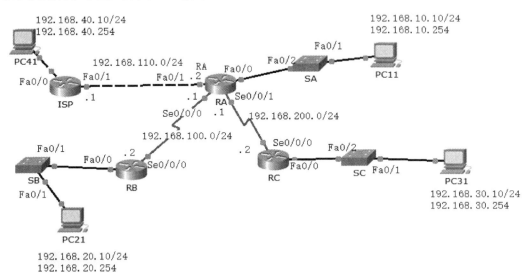

图 4.23　IP 地址配置结束和接口开启后的状态

此时 7 个网络内部应该是相互连通的。我们需要各自在自己的网络中测试内部网络的连通性。必须进行下面内容的测试，为静态路由的配置或开启动态路由协议奠定基础。

4.7.5　内部网络连通性测试

（1）同一个网络中，PC 测试默认网关的连通性，如 PC11 ping 路由器 RA 的接口 Fa0/0；必须连通，如不通，请检测原因，测试方法见 4.3 节中的连通性测试。

（2）PC21 ping 路由器 RB 的接口 Fa0/0，必须连通，如不通，请检测原因。

（3）PC31 ping 路由器 RC 的接口 Fa0/0，必须连通，如不通，请检测原因。

（4）PC41 ping 路由器 ISP 的接口 Fa0/0，必须连通，如不通，请检测原因。

192.168.100.0/24、192.168.200.0/24、192.168.110.0/24 这 3 个连接网络的连通性测试，必须登录路由器进入其特权模式，输入 ping+ 目标地址，在 RA 上测试到 RB 的连通性，如图 4.24 所示。

```
RA#ping 192.168.100.2

Type escape sequence to abort.
Sending 5, 100-byte ICMP Echos to 192.168.100.2, timeout is 2
!!!!!
Success rate is 100 percent (5/5), round-trip min/avg/max = 2
```

图 4.24　在 RA 上 ping RB

同理，在 RA 上测试到 RC 的连通性，在 RA 上测试到 ISP 的连通性。上面 4 个测试必须连通，如不通，请检测原因。

在此基础上，通过图形化查看 4 个路由器获得的直连路由信息是否与图 4.23 所连接的网络一致，如 RA、RB、RC、ISP 获得的直连路由信息如图 4.25～图 4.28 所示。如不一致，请检测原因。必须保证自己获得了直连路由以后才可以配置静态路由的或开启动态路由协议。

Routing Table for RA

Type	Network	Port	Next Hop IP	Metric
C	192.168.10.0/24	FastEthernet0/0	---	0/0
C	192.168.100.0/24	Serial0/0/0	---	0/0
C	192.168.110.0/24	FastEthernet0/1	---	0/0
C	192.168.200.0/24	Serial0/0/1	---	0/0

图 4.25　RA 获得的直连路由

Routing Table for RB

Type	Network	Port	Next Hop IP	Metric
C	192.168.100.0/24	Serial0/0/0	---	0/0
C	192.168.20.0/24	FastEthernet0/0	---	0/0

图 4.26　RB 获得的直连路由

Routing Table for RC

Type	Network	Port	Next Hop IP	Metric
C	192.168.200.0/24	Serial0/0/0	---	0/0
C	192.168.30.0/24	FastEthernet0/0	---	0/0

图 4.27　RC 获得的直连路由

Routing Table for ISP				
Type	Network	Port	Next Hop IP	Metric
C	192.168.110.0/24	FastEthernet0/1	---	0/0
C	192.168.40.0/24	FastEthernet0/0	---	0/0

图 4.28　ISP 获得的直连路由

4.7.6　连通性剖析

在网络的构建过程中，我们经常需要测试连通性。假设图 4.23 所示的状态是王某同学在实践过程完成的状态，这个时候他在 PC21 上 ping PC11，情况会如何？ping 的结果如图 4.29 所示。在图 4.29 中显示目的主机不可达，发送 4 个请求数据包，收到 0 个数据包，丢失数据包的个数为 4 个。这个时候如果让你来帮助王同学，你应该如何帮助他找出故障？排除故障的步骤如下：

（1）在 PC21 上使用"ipconfig"命令查看配置的地址是否和规划的地址一样，如图 4.30 所示，结果显示和规划地址一样。

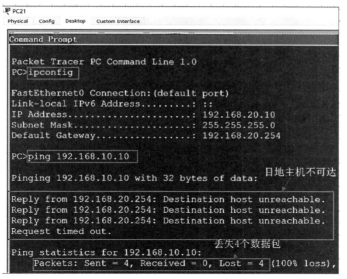

图 4.29　PC21 ping 不通 PC11

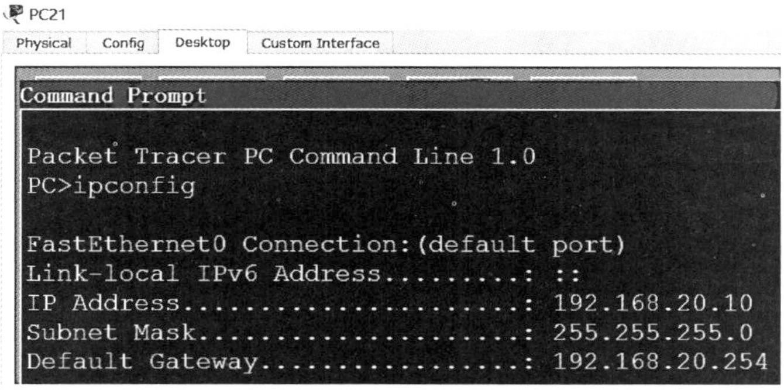

图 4.30　PC21 使用 ipconfig 命令查看自己的网络配置

（2）ping 的目标主机 PC11 上使用"ipconfig"命令查看配置的地址是否和规划的地址一样，使用如图 4.30 所示的方法，结果显示和规划地址一样（这里就不截图显示）。

（3）PC21 ping（1）中所查看到的网关，如路由器 RB 的接口 Fa0/0；查看配置的地址是否和规划的地址一样，结果显示和规划地址一样（这里就不截图显示）。

（4）PC11 ping（2）中所查看到的网关，如路由器 RA 的接口 Fa0/0 查看配置的地址是否和规划的地址一样，结果显示和规划地址一样（这里就不截图显示）。

（5）使用跟踪命令 tracert 来跟踪目标地址，其格式是：tracert 目标地址。

tracert 命令用来显示数据包到达目标主机所经过的路径，并显示到达每个节点的时间。命令功能同 ping 类似，但它所获得的信息要比 ping 命令详细得多，它把数据包所走的全部路径、节点的 IP 及花费的时间都显示出来。

例如，在 PC21 中，tracert PC11，其结果如图 4.31 所示。在图 4.31 中，只显示一条地址为 192.168.20.254 的可达路径信息，查看地址规划表，这是 PC21 的默认网关，到了网关就发出"Request timed out"请求超时；再结合图 4.23，我们发现 PC21 到 PC11 的路径是：192.168.20.254→192.168.100.1→192.168.10.10，后面的路径没有显示出来，查看路径上的192.168.100.1→192.168.10.10，路由表如图 4.32 所示。在图 4.32 中，PC21 ping PC11 4 个请求包的目的地址是 192.168.10.10，按 4.5.1 小节中所计算的 IP 路由过程，依次将192.168.10.10 目标地址与图 4.32 中路由表的第一条记录 12.168.100.0/24 的子网掩码进行逻辑与计算，得到的网络号是 192.168.10.0，不匹配，继续下一条记录的计算，计算结果依旧不匹配，后面没有记录可计算，路由表就做成丢失该数据包的动作。所以到目前为止，我们发现 PC21 ping PC11 4 个 请求包在 RB 上就丢失了。没有路由 192.168.10.0 可走，这时需要为它人工配置到网络 192.168.10.0 的静态路由。这是下节学习的内容。

```
PC>tracert 192.168.10.10

Tracing route to 192.168.10.10 over a maximum of 30 hops:

  1    0 ms      0 ms      0 ms     192.168.20.254
  2    0 ms      *         0 ms     192.168.20.254
  3    *         0 ms      *        Request timed out.
  4    0 ms      *         0 ms     192.168.20.254
  5    *         0 ms      *        Request timed out.
  6    0 ms      *         0 ms     192.168.20.254
  7    *         0 ms      *        Request timed out.
  8    1 ms      *         0 ms     192.168.20.254
```

图 4.31　在 PC21 使用 Tracert 跟踪到 PC11 的路径信息

	Routing Table for RB			
Type	Network	Port	Next Hop IP	Metric
C	192.168.100.0/24	Serial0/0/0	---	0/0
C	192.168.20.0/24	FastEthernet0/0	---	0/0

图 4.32　192.168.20.254 地址的路由器的路由表

4.7.7　配置静态和默认路由

图 4.23 所示整个互联网络中一共有 7 个网络，RB 获得了 2 个直连路由，不知道到192.168.10.0/24、192.168.30.0/24、92.168.200.0/24 网络的路由，需要配置到这 3 个网络的静

态路由，我们需要知道下一跳地址应该选择谁，在这里必须去看图 4.23 所示这个拓扑，如 RB 想到达 192.168.10.0/24 这个网络，从 RB 出发，经过的下一个路由器是 RA，那么到达路由器 RA 入口的地址即为我们要找的下一跳地址，这个地址（看图 4.23 这个拓扑）是 192.168.100.1/24，所以按命令格式配置的静态路由如下：

```
RB(config)#ip route 192.168.30.0 255.255.255.0 192.168.100.1
```

同理，按照这个方法，如 RB 想到达 192.168.30.0/24 这个网络，从 RB 出发，经过的下一个路由器是 RA，那么到达路由器 RA 入口的地址即为我们要找的下一跳地址，这个地址（看图 4.23 这个拓扑）是 192.168.100.1/24，所以按命令格式配置的静态路由如下：

```
RB(config)#ip route 192.168.30.0 255.255.255.0 192.168.100.1
```

同理，按照这个方法，如 RB 想到达 192.168.200.0/24 这个网络，从 RB 出发，经过的下一个路由器是 RA，那么到达路由器 RA 入口的地址即为我们要找的下一跳地址，这个地址（看图 4.23 这个拓扑）是 192.168.100.1/24，所以按命令格式配置的静态路由如下：

```
RB(config)#ip route 192.168.200.0 255.255.255.0 192.168.100.1
```

在 4.7.6 节中我们对网络连通性进行了剖析，以 PC21 ping PC11 的连通性为例，对 PC21 ping 不通 PC11 的故障按顺序进行了排查，故障原因是发现数据请求包到达 RB 时，RB 没有到达 192.168.10.10 这个网络的路由信息，RB 丢弃该请求数据包，所以 PC21 ping 不通 PC11。现在上面 RB 已经配置了到 192.168.10.0 网络的静态路由，RB 生效的路由表如图 4.33 所示。在图 4.33 中增加了 3 条类型为 S 表示静态路由的路由信息 192.168.10.0/24、192.168.20.0/24 和 192.168.200.0/24。

Routing Table for RB

Type	Network	Port	Next Hop IP	Metric
C	192.168.100.0/24	Serial0/0/0	---	0/0
C	192.168.20.0/24	FastEthernet0/0	---	0/0
S	192.168.10.0/24	---	192.168.100.1	1/0
S	192.168.200.0/24	---	192.168.100.1	1/0
S	192.168.30.0/24	---	192.168.100.1	1/0

图 4.33　RB 配置静态路由后的路由表

RB 有了到 192.168.10.0/24 的路由信息是不是就意味着，RB 能将该 PC21 ping PC11 4 个请求包按下一跳地址 192.168.100.1 转发出去？答案是肯定的，RB 将 4 个请求包转发给 RA。RA 与 192.168.10.0/24 直接相连，它的路由信息如图 4.25 所示。RA 将 4 个请求包通过 192.168.10.0/24 网络交给 PC11，PC11 发现目标地址是自己，则接收，至此 ping 命令 4 个请求包方向已经完成。现在 PC11 要发送 4 个应答数据包对 PC21 进行应答，此时 ping 4 个应答数据包的源 IP 地址是 PC11，目标 IP 地址是 PC21，4 个应答数据包到达 RA，取出目标 IP 地址，依次遍历 RA 的路由表，如图 4.25 所示，计算发现，RA 的路由表没有到达 192.168.20.0 这个网络的路由信息，RA 丢弃该应答数据包，所以到目前为止 PC21 仍然 ping 不通 PC11（自己可以尝试 PC21 ping PC11）。这时需要为 RA 人工配置到网络 192.168.20.0 的静态路由。

RA 获得了 4 个直连路由，不知道到 192.168.20.0/24、192.168.30.0/24 网络的路由，需要配置到这两个网络的静态路由，我们需要知道下一跳地址应该选择谁，在这里必须去看图 4.23 所示这个拓扑，如 RA 想到达 192.168.20.0/24 这个网络，从 RA 出发，经过的下一个路由器是 RB，那么到达路由器 RB 入口的地址即为我们要找的下一跳地址，这个地址（看图 4.23 这个拓扑）是 192.168.100.2/24，所以按命令格式配置的静态路由如下：

```
RA(config)#ip route 192.168.20.0 255.255.255.0 192.168.100.2
```

同理，按照这个方法，RA 想到达 192.168.30.0/24 这个网络，从 RA 出发，经过的下一个路由器是 RC，那么到达路由器 RC 入口的地址即为我们要找的下一跳地址，这个地址（看图 4.23 这个拓扑）是 192.168.200.2/24，所以按命令格式配置的静态路由如下：

```
RA(config)#ip route 192.168.30.0 255.255.255.0 192.168.200.2
```

RA 配置上述静态路由信息后，其路由表如图 4.34 所示。

Routing Table for RA

Type	Network	Port	Next Hop IP	Metric
C	192.168.10.0/24	FastEthernet0/0	---	0/0
C	192.168.100.0/24	Serial0/0/0	---	0/0
C	192.168.110.0/24	FastEthernet0/1	---	0/0
C	192.168.200.0/24	Serial0/0/1	---	0/0
S	192.168.20.0/24	---	192.168.100.2	1/0
S	192.168.30.0/24	---	192.168.200.2	1/0

图 4.34　RA 配置静态路由后的路由表

RA 有了到 192.168.20.0/24 的路由信息是不是就意味着，RA 能将该 PC21 ping PC11 4 个应答包按下一条地址 192.168.100.2 转发出去？答案是肯定的，RA 将 4 个应答包转发给 RB。RB 与 192.168.10.0/24 直接相连。RB 将 4 个应答包通过 192.168.20.0/24 网络交给 PC21，PC21 发现目标地址是自己，则接收，至此"ping"命令 4 个应答包方向已经完成。所以到目前为止 PC21 可以 ping 通 PC11 如图 4.35 所示。

```
PC>ping 192.168.10.10

Pinging 192.168.10.10 with 32 bytes of data:

Reply from 192.168.10.10: bytes=32 time=1ms TTL=126
Reply from 192.168.10.10: bytes=32 time=1ms TTL=126
Reply from 192.168.10.10: bytes=32 time=1ms TTL=126
Reply from 192.168.10.10: bytes=32 time=2ms TTL=126

Ping statistics for 192.168.10.10:
    Packets: Sent = 4, Received = 4, Lost = 0 (0% loss),
Approximate round trip times in milli-seconds:
    Minimum = 1ms, Maximum = 2ms, Average = 1ms
```

图 4.35　PC21 可以 ping 通 PC11

在图 4.36 中，PC21 上 tracert 跟踪 PC11，显示的路径依次是 PC21 的网关→RA 的接口 Se0/0/0→ 目标地址 PC11。

```
PC>tracert 192.168.10.10

Tracing route to 192.168.10.10 over a maximum of 30 hops:

    1    0 ms       0 ms       0 ms      192.168.20.254
    2    1 ms       0 ms       3 ms      192.168.100.1
    3    *          1 ms       0 ms      192.168.10.10

Trace complete.
```

图 4.36　PC21 上 tracert PC11

对于 RC 需要配置的静态路由，按照前面的方法，RC 获得了 2 个直连路由，但不知道到 192.168.10.0/24、192.168.20.0/24、192.168.100.0/24 网络的路由，需要配置到这 3 个网络的静态路由，我们需要知道下一跳地址应该选择谁，在这里必须去看图 4.23 这个拓扑，如 RC 想到达 192.168.10.0/24 这个网络，从 RC 出发，经过的下一个路由器是 RA，那么到达路由器 RA 入口的地址即为我们要找的下一跳地址，这个地址（看图 4.23 拓扑）是 192.168.200.1/24，所以按命令格式配置的静态路由如下：

```
RC(config)#ip route 192.168.10.0 255.255.255.0 192.168.200.1
```

同理，按照这个方法，如 RC 想到达 192.168.20.0/24 这个网络，从 RC 出发，经过的下一个路由器是 RA，那么到达路由器 RA 入口的地址即为我们要找的下一跳地址，这个地址（看图 4.23 拓扑）是 192.168.200.1/24，所以按命令格式配置的静态路由如下：

```
RC(config)#ip route 192.168.20.0 255.255.255.0 192.168.200.1
```

同理按照这个方法，如 RC 想到达 192.168.100.0/24 这个网络，从 RC 出发，经过的下一个路由器是 RA，那么到达路由器 RA 入口的地址即为我们要找的下一跳地址，这个地址（看图 4.23 拓扑）是 192.168.200.1/24，所以按命令格式配置的静态路由如下：

```
RC(config)#ip route 192.168.100.0 255.255.255.0 192.168.200.1
```

RC 配置上述静态路由信息后，其路由表如图 4.37 所示。在图 4.37 增加了 3 条类型为 S 表示静态路由的路由信息 192.168.10.0/24、192.168.20.0/24 和 192.168.100.0/24。

Routing Table for RC

Type	Network	Port	Next Hop IP	Metric
C	192.168.200.0/24	Serial0/0/0	---	0/0
C	192.168.30.0/24	FastEthernet0/0	---	0/0
S	192.168.10.0/24	---	192.168.200.1	1/0
S	192.168.100.0/24	---	192.168.200.1	1/0
S	192.168.20.0/24	---	192.168.200.1	1/0

图 4.37　RC 配置静态路由后的路由表

到目前为止，我们仅仅将 3 个校区互联互通，但还没有连接到 Internet，在解决方案中用路由器 ISP 和计算机 PC41 来模拟 Internet，路由器 ISP 作为学校接入 Internet 的最后一公里（边界路由器），按照图 4.17 的介绍，我们需要为路由器 RA、RB、RC 配置默认路由。在图 4.23 中，仅仅从拓扑结构来看，要让图 4.23 中 7 个网络互联互通，可以为 RB、RC 配置到 192.168.40.0/24、192.168.110.0/24 静态路由，为 RA 配置到 192.168.40.0/24 静态路由。但实际中 192.168.40.0/24 这个网络号无法提前预知，校园网的用户要访问哪些地方，网络管理员无法提前预知，也做不到预知，所以这个时候默认路由就帮了我们大忙，当用户要访问校园以外的网络时，我们都告诉自己的路由器，通过默认路由转发出去，在 RA、RB、RC 配置默认路由如下：

```
RA(config)#ip route 0.0.0.0 0.0.0.0 192.168.110.1
RB(config)#ip route 0.0.0.0 0.0.0.0 192.168.100.1
RC(config)#ip route 0.0.0.0 0.0.0.0 192.168.200.1
```

而对于 ISP 边界路由器而言，3 个校区的网络号是明确的，可以在 ISP 配置到 192.168.

10.0/24、192.168.20.0/24、192.168.30.0/24、192.168.100.0/24、192.168.200.0/24 网络的路由。按照上面介绍的方法，如 ISP 想到达 192.168.10.0/24 这个网络，从 ISP 出发，经过的下一个路由器是 RA，那么到达路由器 RA 入口的地址即为我们要找的下一跳地址，这个地址（看图 4.23 拓扑）是 192.168.110.2/24，所以按命令格式配置的静态路由如下：

ISP（config）#ip route 192.168.10.0 255.255.255.0 192.168.110.2

同理其他网络的静态路由如下：

```
ISP(config)#ip route 192.168.20.0 255.255.255.0 192.168.110.2
ISP(config)#ip route 192.168.30.0 255.255.255.0 192.168.110.2
ISP(config)#ip route 192.168.100.0 255.255.255.0 192.168.110.2
ISP(config)#ip route 192.168.200.0 255.255.255.0 192.168.110.2
```

现在我们可以在 PC21 上 ping 通 PC41，其效果如图 4.38 所示。在图 4.38 中发送 4 个请求包，接收 2 个，丢失 2 个，原因是刚配置好，立马开始测试，会出现这种情况。重复上述命令，就不会出现数据包丢失的情况。

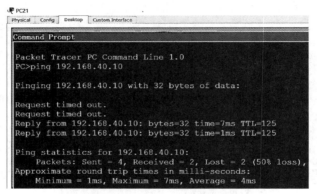

图 4.38　PC21 ping 通 PC41

整个项目实施完成后，各路由器必须要获得项目中所有网络的路由信息。RA、RB、RC、ISP 最终的路由表分别如图 4.39～图 4.42 所示。

Routing Table for RA

Type	Network	Port	Next Hop IP	Metric
C	192.168.10.0/24	FastEthernet0/0	---	0/0
C	192.168.100.0/24	Serial0/0/0	---	0/0
C	192.168.110.0/24	FastEthernet0/1	---	0/0
C	192.168.200.0/24	Serial0/0/1	---	0/0
S	0.0.0.0/0	---	192.168.110.1	1/0
S	192.168.20.0/24	---	192.168.100.2	1/0
S	192.168.30.0/24	---	192.168.200.2	1/0

图 4.39　RA 路由表有 7 条路由信息

Routing Table for RB

Type	Network	Port	Next Hop IP	Metric
C	192.168.100.0/24	Serial0/0/0	---	0/0
C	192.168.20.0/24	FastEthernet0/0	---	0/0
S	0.0.0.0/0	---	192.168.100.1	1/0
S	192.168.10.0/24	---	192.168.100.1	1/0
S	192.168.200.0/24	---	192.168.100.1	1/0
S	192.168.30.0/24	---	192.168.100.1	1/0

图 4.40　RB 路由表有 6 条路由信息

Routing Table for RC

Type	Network	Port	Next Hop IP	Metric
C	192.168.200.0/24	Serial0/0/0	---	0/0
C	192.168.30.0/24	FastEthernet0/0	---	0/0
S	0.0.0.0/0	---	192.168.200.1	1/0
S	192.168.10.0/24	---	192.168.200.1	1/0
S	192.168.100.0/24	---	192.168.200.1	1/0
S	192.168.20.0/24	---	192.168.200.1	1/0

图 4.41　RC 路由表有 6 条路由信息

Routing Table for ISP

Type	Network	Port	Next Hop IP	Metric
C	192.168.110.0/24	FastEthernet0/1	---	0/0
C	192.168.40.0/24	FastEthernet0/0	---	0/0
S	192.168.10.0/24	---	192.168.110.2	1/0
S	192.168.100.0/24	---	192.168.110.2	1/0
S	192.168.20.0/24	---	192.168.110.2	1/0
S	192.168.200.0/24	---	192.168.110.2	1/0
S	192.168.30.0/24	---	192.168.110.2	1/0

图 4.42　ISP 路由表有 7 条路由信息

4.7.8　IP 路由过程地址的变化

IP 路由是由路由器把数据包从一个网络转发到另一个网络的过程。每个数据包都携带有源 IP 地址和目标 IP 地址，这两个逻辑地址在 IP 路由发送数据包的过程中不管经过多少个网络，始终都保持不变。目的端接收后对源 IP 地址进行应答时，应答数据包源 IP 地址是目的端，目标 IP 地址为源发送端。在低层的物理网络通过物理地址发送和接收信息，IP 数据包在路由的过程中，每经过一个物理网络源物理地址和目标物理地址都会发生改变。

下面以图 4.23 中 PC21 把数据发送给 PC31 为例，来说明数据发送过程中源 IP 地址、目标 IP 地址、物理地址和目标物理地址的变化。PC21 把数据发送给 PC31 要经过 192.168.20.0/24、192.168.100.0/24、192.168.200.0/24、192.168.30.0/24 这 4 个网络。源 IP 地址始终= PC21，目标 IP 地址始终= PC31，每经过一个物理网络源物理地址和目标物理地址都会发生改变。

在 192.168.20.0/24 网络中，源物理地址= PC21 的物理地址，目标物理地址=RB 的 F0/0 接口的地址。

在 192.168.100.0/24 网络中，源物理地址= RB 的 Se0/0/0 接口的地址，目标物理地址= RA 的 Se0/0/0 接口的地址。

在 192.168.200.0/24 网络中，源物理地址= RA 的 Se0/0/1 接口的地址，目标物理地址= RC 的 Se0/0/0 接口的地址。

在 192.168.30.0/24 网络中，源物理地址= RC 的 F0/0 接口的地址，目标物理地址= PC31 的物理地址。

TCP/IP 的五层模型，从上到下是应用层、传输层、网络互联层、数据链路层、物理层。在 192.168.20.0/24 网络中 PC21 进行从应用层、传输层、网络互联层到数据链路层的封装，经过 192.168.20.0/24 网络，数据包到达 RB 的 F0/0 接口。RB 从数据链路层、网络互联层解封，读出目标 IP 地址，查 RB 的路由表，决定从 RB 的 Se0/0/0 接口转发出去，开始网络互联层、数据链路层的封装，封装好的数据从 RB 的 Se0/0/0 接口发送出去，经过 192.168.100.0/24 网络，到达 RA 的 Se0/0/0 接口。RA 从数据链路层、网络互联层解封，读出目标 IP 地址，查 RA 的路由表，决定从 RA 的 Se0/0/1 接口转发出去，开始网络互联层、数据链路层的封装，封装好的数据从 RA 的 Se0/0/1 接口发送，经过 192.168.200.0/24 网络，到达 RC 的 Se0/0/0 接口。RC 从数据链路层、网络互联层解封，读出目标 IP 地址，查 RC 的路由表，决定从 RC 的 F0/0 接口转发出去，开始网络互联层、数据链路层的封装，封装好的数据从 RC 的 F0/0 接口发送出去，经过 192.168.30.0/24 网络，到达目的地址 PC31。

4.8　认识三层交换机

4.8.1　应用背景

出于安全和管理方便的考虑，主要是为了减小同一个网络广播风暴的危害，必须把大型局域网按功能或地域等因素划成一个个小的局域网，这就使 VLAN 技术在网络中得以大量应用，而各个不同 VLAN 间的通信都要经过路由器来完成转发，随着网间互访的不断增加。单纯使用路由器来实现网间访问，不但由于端口数量有限，而且路由速度较慢，从而限制了网络的规模和访问速度。基于这种情况，三层交换机便应运而生。如 H3C S5560X-30C-EI 的外观如图 4.43 所示。

图 4.43　H3C S5560X-30C-EI 的外观

三层交换机是为 IP 设计的，接口类型简单，拥有很强的二层包处理能力，非常适用于大型局域网内的数据路由与交换，通常采用硬件来实现三层的交换，其路由数据包的速率是普通路由器的几十倍。它既可以工作在协议第三层替代或部分完成传统路由器的功能，同时又具有几乎第二层交换的速度，且价格相对便宜些。

在企业网和教学网中，一般会将三层交换机用在网络的汇聚层或核心层，用三层交换机上的千兆端口或百兆端口连接不同的子网或 VLAN。不过与专业的路由器相比，三层交换机出现最重要的目的是加快大型局域网内部的数据交换，所具备的路由功能也多是围绕这一目的而展开的，所以它的路由功能没有同一档次的专业路由器强。毕竟在安全、协议支持等方面还有许多欠缺，并不能完全取代路由器工作。

在实际应用过程中，典型的做法是：处于同一个局域网中的各个子网的互联及局域网中 VLAN 间的路由，用三层交换机来代替路由器，而只有局域网与公网互联之间要实现跨地域的网络访问时，才通过专业路由器。

4.8.2　三层交换机的参数

以 H3C 的 S5560X-30C-EI 为例，它的主要参数如图 4.44 所示。

产品类型	千兆以太网交换机	端口数量	28个
应用层级	三层	端口描述	24个10/100/1000Base-T自适应以太网端…
传输速率	10/100/1000Mbps	控制端口	1个console，1个RJ-45 Console口，1个…
交换方式	存储-转发	扩展模块	1个扩展插槽：2端口40GE QSFP+接口板…
背板带宽	598Gbps/5.98Tbps	传输模式	全双工
包转发率	216Mpps/222Mpps	堆叠功能	可堆叠
MAC地址表	64K	VLAN	支持基于端口的VLAN支持基于MAC的VLAN…
端口结构	模块化	QOS	支持L2 (Layer 2)～L4 (Layer 4) 包过…

图 4.44　H3C S5560X-30C-EI 的主要参数

三层交换机主要被用于核心层交换机及大型网络中的分布层交换机，承担着网络传输中的大部分数据流量的转发任务，决定着整个网络的传输效率，因此，三层交换机通常拥有较高的处理性能和可扩展性。第三层交换机的主要参数如下。

1. 包转发效率

网络中的数据是由一个个数据包组成的，对每个数据包的处理要耗费资源。转发速率（也称吞吐量）是指在不丢失数据包的情况下，单位时间内通过的包数量，是三层交换机的一个重要参数，标志着交换机的具体性能。如果吞吐量太小，就会成为网络瓶颈，给整个网络的传输效率带来负面影响。为支持第三层交换的设备，厂家会分别提供第二层转发速率和第三层转发速率。

交换机应当能够实现线速交换，即交换速度达到传输线上的数据传输速度，从而最大限度地消除交换瓶颈。

对于千兆位交换机而言，若要实现网络的无阻塞传输，则要求满足以下计算公式：

$$吞吐量（Mpps）=万兆位端口数量×14.88Mpps×2+千兆位端口数量×$$
$$1.488Mpps×2+百兆位端口数量×0.1488Mpps×2$$

如果交换机标称的吐吞量大于或等于计算值，那么在三层交换时应当可以达到线速。例如，对于一台拥有 24 个千兆位端口的交换机来说，其满足吞吐量应达到 24×1.488Mpps×2=71.424Mpps 才能够确保在所有端口均线速工作，实现无阻塞的包交换。

2. 背板带宽

带宽是交换机接口处理器或接口卡和数据总线间所能吞吐的最大数据量。由于所有端口间的通信都需要通过背板完成，所以，背板所能提供的带宽就成为端口间并发通信时的瓶颈。带宽越大，为各端口提供的可用带宽就越大，数据交换速度也就越快；带宽越小，为各端口提供的可用带宽就越小，数据交换速度也就越慢。背板带宽决定着交换机的数据处理能力，背板带宽越高，所能处理数据的能力就越强。因此，背板带宽越大越好，特别是对汇聚层交换机和核心交换机而言。若要实现网络的全双工无阻塞传输，必须满足最小背板带宽的要求，其计算公式如下：

$$背板带宽=端口数量×端口速率×2$$

根据上述公式，若 64Gbps 的背板带宽只能满足 32 个 100Mbps 端口的无阻塞并发传输。对于三层交换机来说，只有转发速率和背板带宽都达到最低要求，才是理想的交换机，两者缺一不可。

3. 可扩展性

由于三层交换机往往被用作分布层交换机或核心交换机，需要适应各种复杂的网络环境，因此，其扩展性就显得尤其重要。可扩展性包括以下两个方面。

（1）插槽数量。插槽用于安装各种模块和接口模块，数量决定着交换机所能容纳的端口数量。

（2）模块类型。支持的模块类型越多，交换机的可扩展性越强，越能适应大中型网络中复杂的环境和网络应用的需求。

4. 系统冗余

三层交换机作为分布层交换机或核心交换机，其工作状态的稳定性直接决定着网络的稳定性，而部件的物理损坏又是无法绝对避免的，因此交换机系统的部件冗余就显得尤其重要。通常情况下，电源模块、超级引擎模块等重要部件都必须提供冗余支持，从而保证所提供应用和服务的连续性，减少关键业务数据和服务的中断。

5. 管理功能

交换机的管理功能是指交换机如何控制用户访问交换机及管理界面的友好程度如何。通常情况下，三层交换机均支持 SNMP。

4.8.3　主要应用场景

1. 网络骨干

在企业网、校园网、城域教育网中，汇聚层都使用三层交换机，尤其是核心骨干网一定要用三层交换机，否则整个网络成千上万台的计算机都在一个子网中，不仅毫无安全可言，也会因为无法分割广播域而无法隔离广播风暴。如果采用传统的路由器，虽然可以隔离广播，但是性能又得不到保障。而三层交换机的性能非常高，既有三层路由的功能，又具有二层交换的网络速度。二层交换是基于 MAC 寻址的，三层交换则是转发基于第三层地址的业务流的；除了必要的路由决定过程，大部分数据转发过程由二层交换处理，提高了数据包转发的效率。

三层交换机通过使用硬件交换机构实现了 IP 的路由功能，其优化的路由软件使得路由过程效率得以提高，解决了传统路由器软件路由的速度问题。因此可以说，三层交换机具有路由器的功能、交换机的性能。

2．连接子网

同一网络上的计算机如果超过一定数量（通常在 200 台左右，视通信协议而定），就很可能会因为网络上大量的广播而导致网络传输效率低下。为了避免在大型交换机上进行广播而引起广播风暴，可将其进一步划分为多个虚拟网（VLAN）。但是这样做将引发一个问题：VLAN 之间的通信必须通过路由器来实现。但是传统路由器也难以胜任 VLAN 之间的通信任务，因为相对于局域网的网络流量来说，传统的普通路由器的路由能力太弱。而且千兆级路由器的价格也是非常难以接受的。如果使用三层交换机上的千兆端口或百兆端口连接不同的子网或 VLAN，就在保持性能的前提下，经济地解决了子网划分之后子网之间必须依赖路由器进行通信的问题，因此三层交换机是连接子网的理想设备。

4.8.4　优势特性

三层交换机拥有强大的路由传输、带宽分配、多媒体传输和安全控制功能，能够根据不同的通信业务系统划分不同的用户群体，实现电业业务的高效传输，具有重要的作用。

除了优秀的性能，三层交换机还具有一些传统的二层交换机没有的特性，这些特性可以给校园网和城域教育网的建设带来许多好处，列举如下。

1．高可扩充性

三层交换机在连接多个子网时，子网只是与第三层交换模块建立逻辑连接，不像传统外接路由器那样需要增加端口，从而保护了用户对校园网、城域教育网的投资，并满足学校 3～5 年网络应用快速增长的需要。

2．高性价比

三层交换机具有连接大型网络的能力，功能基本上可以取代某些传统路由器，但是价格却接近二层交换机。一台百兆三层交换机的价格只有几万元，与高端的二层交换机的价格差不多。

3．内置安全机制

三层交换机与普通路由器一样，具有访问列表的功能，可以实现不同 VLAN 间的单向或双向通信。如果在访问列表中进行设置，可以限制用户访问特定的 IP 地址，这样学校就可以禁止学生访问不健康的站点。

访问列表不仅可以用于禁止内部用户访问某些站点，也可以用于防止校园网、城域教育网外部的非法用户访问校园网、城域教育网内部的网络资源，从而提高网络的安全性。

4．多媒体传输

教育网经常需要传输多媒体信息，这是教育网的一个特色。三层交换机具有 QoS（服务质量）的控制功能，可以给不同的应用程序分配不同的带宽。

例如，在校园网、城域教育网中传输视频流时，就可以专门为视频传输预留一定量的专用带宽，相当于在网络中开辟了专用通道，其他的应用程序不能占用这些预留的带宽，因此能够保证视频流传输的稳定性。而普通的二层交换机就没有这种特性，因此在传输视频数据时，就会出现视频忽快忽慢的抖动现象。

另外，视频点播（VOD）也是教育网中经常使用的业务。但是由于有些视频点播系统使用广播来传输，而广播包是不能实现跨网段传输的，这样 VOD 就不能实现跨网段进行；如果采用单播形式实现 VOD，虽然可以实现跨网段，但是支持的同时连接数就非常少，一般几十个连接就占用了全部带宽。而三层交换机具有组播功能，VOD 的数据包以组播的形式发向各个子网，既实现了跨网段传输，又保证了 VOD 的性能。

5. 计费功能

在高校校园网及有些地区的城域教育网中，很可能有计费的需求，因为三层交换机可以识别数据包中的 IP 地址信息，因此可以统计网络中计算机的数据流量，可以按流量计费，也可以统计计算机连接在网络上的时间，按时间进行计费。而普通的二层交换机就难以同时做到这两点。

4.9　三层交换机实现 VLAN 间路由项目实施

4.9.1　用户需求

李老师所在 2 号教学楼的 2 楼有 4 个实验室，为了解决广播风暴，采用虚拟局域网技术将 4 个实验室分在各自 4 个 VLAN 中，不仅提高了网络传输效率，还提高了网络中信息的安全性。但是在使用过程中感到很不方便，有时实验室之间需要共享资源，而他们之间的网络是不通的，怎样才能实现网络资源的共享呢？

4.9.2　VLAN 间路由

第二层网络是一个广播域，也可以是位于一台或多台交换机内的 VLAN。每个 VLAN 都是独立的广播域，所以在默认情况下，不同 VLAN 中的计算机之间无法通信，VLAN 之间是彼此孤立的，一个 VLAN 内的分组不能进入另一个 VLAN。VLAN 间的通信等同于不同广播域之间的通信，也就是要在 VLAN 之间传输分组必须借助第三层设备。传统意义上，这是路由器的功能，要在 VLAN 之间转发分组，路由器就必须有到每个 VLAN 的物理或逻辑连接，这被称为 VLAN 间路由选择。能够提供 VLAN 间路由选择功能的第三层设备包括第三层交换机和路由器，通常用三层交换机实现。

4.9.3　解决方案

为了解决 4 个 VLAN 之间的通信问题，需要启用三层交换机技术来解决不同虚拟局域网之间的安全数据通信问题。在 Cisco Packet Tracer 中实施该项目需要的网络设备包括：

（1）Cisco3560 交换机 1 台。

（2）Cisco2960 交换机 4 台。

（3）PC4 台。

（4）双绞线（若干根）。

4.9.4　拓扑搭建和地址规划

为了简化本项目，在各自 VLAN 中选择一台 PC 机作为测试对象，VLAN10 中选择 PC11，VLAN20 中选择 PC21，VLAN30 中选择 PC31，VLAN40 中选择 PC41。在 Cisco Packet Tracer 中，搭建的拓扑如图 4.45 所示。设备之间的连接如表 4.9 所示。

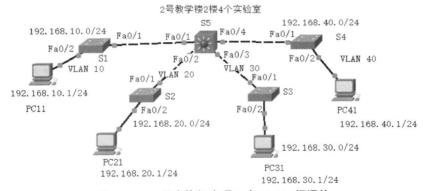

图 4.45　三层交换机实现 4 个 VLAN 间通信

表 4.9　设备之间的连接

设备名	使用线缆	自己端口	对接端口
PC11	直通线	FastEthernet	交换机 S1 的 Fa0/2
PC21	直通线	FastEthernet	交换机 S2 的 Fa0/2
PC31	直通线	FastEthernet	交换机 S3 的 Fa0/2
PC41	交叉线	FastEthernet	交换机 S4 的 Fa0/2
交换机 S1	直通线	S1 的 Fa0/1	交换机 S5 的 Fa0/1
交换机 S2	直通线	S2 的 Fa0/1	交换机 S5 的 Fa0/2
交换机 S3	直通线	S3 的 Fa0/1	交换机 S5 的 Fa0/3
交换机 S4	交叉线	S4 的 Fa0/1	交换机 S5 的 Fa0/4

在图 4.45 中，PC11、交换机 S1、交换机 S5 的接口 Fa0/1 在 VLAN10，因为要实现

VLAN 间的路由，每个 VLAN 分配一个网络号。VLAN10 网络号=192.168.10.0/24；

（1）PC21、交换机 S2、交换机 S5 的接口 Fa0/2 在 VLAN20，VLAN20 网络号=192.168.20.0/24。

（2）PC31、交换机 S3、交换机 S5 的接口 Fa0/3 在 VLAN30，VLAN30 网络号=192.168.30.0/24。

（3）PC41、交换机 S4、交换机 S5 的接口 Fa0/4 在 VLAN40，VLAN40 网络号=192.168.40.0/24。

地址分配的结果如表 4.10 所示。

表 4.10　图 4.45 信息点地址规划

设备	接口	IP 地址	子网掩码	默认网关
S5	Fa0/1	192.168.10.254	255.255.255.0	不适用
	Fa0/2	192.168.20. 254	255.255.255.0	不适用
	Fa0/3	192.168.30. 254	255.255.255.0	不适用
	Fa0/4	192.168.40. 254	255.255.255.0	不适用
PC11	网卡	192.168.10.1	255.255.255.0	192.168.10.254
PC21	网卡	192.168.20.1	255.255.255.0	192.168.20. 254
PC31	网卡	192.168.30.1	255.255.255.0	192.168.30. 254
PC41	网卡	192.168.40.1	255.255.255.0	192.168.40. 254

4.9.5　配置内容

PC IP 地址配置按 4.2.2 小节中所介绍的方法进行设置，这里不再赘述。

（1）在三层交换机全局配置模式下使用 "ip routing" 命令开启三层路由功能。

```
S5(config)#ip routing
```

（2）为三层交换机的接口配置 IP 地址。交换机接口类型默认为二层接口，使用 "show int F0/1 switchport" 命令查看接口 Fa0/1 的 Switchport 是处于 Enabled 状态的，表示为第 2 层接口，如图 4.46 所示。

```
S5#show int f0/1 switchport
Name: Fa0/1
Switchport: Enabled          端口F0/1为第2层接口
Administrative Mode: dynamic auto
Operational Mode: static access
Administrative Trunking Encapsulation: dot1q
Operational Trunking Encapsulation: native
Negotiation of Trunking: On
Access Mode VLAN: 1 (default)
Trunking Native Mode VLAN: 1 (default)
```

图 4.46　三层交换机接口默认为第 2 层接口

此时，进入三层交换机接口模式下，使用"？"帮助，发现该模式下没有"ip address"命令为该接口配置 IP 地址，如图 4.47 所示。若在该接口模式下强行输入"ip address"命令进行配置，会显示输入无效。

```
S5(config)#int f0/1
S5(config-if)#?
  arp              Set arp type (arpa, probe, snap) or timeout
  bandwidth        Set bandwidth informational parameter
  cdp              Global CDP configuration subcommands
  channel-group    Etherchannel/port bundling configuration
  channel-protocol Select the channel protocol (LACP, PAgP)
  delay            Specify interface throughput delay
  description      Interface specific description
  duplex           Configure duplex operation.
  exit             Exit from interface configuration mode
  hold-queue       Set hold queue depth
  mac-address      Manually set interface MAC address
  mdix             Set Media Dependent Interface with Crossover
  mls              mls interface commands
  no               Negate a command or set its defaults
  power            Power configuration
  service-policy   Configure QoS Service Policy
  shutdown         Shutdown the selected interface
  spanning-tree    Spanning Tree Subsystem
  speed            Configure speed operation.
  storm-control    storm configuration
  switchport       Set switching mode characteristics
  tx-ring-limit    Configure PA level transmit ring limit
```

图 4.47　在三层交换机接口模式下使用"？"帮助

为了让三层交换机能在接口上配置 IP 地址信息，需要进入接口模式使用"no switchport"命令将接口由二层转化为三层模式。

```
S5(config-if)#no switchport
%LINEPROTO-5-UPDOWN: Line protocol on Interface FastEthernet0/1, changed
state to down
%LINEPROTO-5-UPDOWN: Line protocol on Interface FastEthernet0/1, changed
state to up
```

将三层交换机接口由二层转化为三层模式后，再次使用"？"帮助发现 IP 命令已经存在，可以为该接口配置 IP 地址信息，如图 4.48 所示。

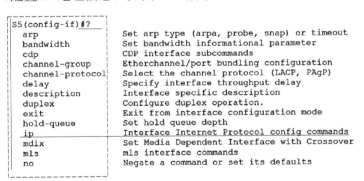

```
S5(config-if)#?
  arp              Set arp type (arpa, probe, snap) or timeout
  bandwidth        Set bandwidth informational parameter
  cdp              CDP interface subcommands
  channel-group    Etherchannel/port bundling configuration
  channel-protocol Select the channel protocol (LACP, PAgP)
  delay            Specify interface throughput delay
  description      Interface specific description
  duplex           Configure duplex operation.
  exit             Exit from interface configuration mode
  hold-queue       Set hold queue depth
  ip               Interface Internet Protocol config commands
  mdix             Set Media Dependent Interface with Crossover
  mls              mls interface commands
  no               Negate a command or set its defaults
```

图 4.48　使用"？"帮助发现 IP 命令

按照上面的方法将 S5 的 Fa0/2、Fa0/3、Fa0/4 接口转化为第三层接口，并按表 4.10 规划的地址进行配置，配置的内容如下：

```
S5(config)#int f0/1
```

```
S5(config-if)#no switchport
S5(config-if)#ip address 192.168.10.254 255.255.255.0
S5(config-if)#int f0/2
S5(config-if)#no switchport
S5(config-if)#ip address 192.168.20.254 255.255.255.0
S5(config-if)#int f0/3
S5(config-if)#no switchport
S5(config-if)#ip address 192.168.30.254 255.255.255.0
S5(config-if)#int f0/4
S5(config-if)#no switchport
S5(config-if)#ip address 192.168.40.254 255.255.255.0
```

4.9.6　连通性测试

通过图形化方式查看当前三层交换机 S5 获得的直连路由信息如图 4.49 所示。

Routing Table for S5

Type	Network	Port	Next Hop IP	Metric
C	192.168.10.0/24	FastEthernet0/1	---	0/0
C	192.168.20.0/24	FastEthernet0/2	---	0/0
C	192.168.30.0/24	FastEthernet0/3	---	0/0
C	192.168.40.0/24	FastEthernet0/4	---	0/0

图 4.49　S5 获得的直连路由

在 PC21 上使用"ipconfig"命令查看自己 IP 配置信息，使用"ping"命令测试自己的网关和 VLAN 10 的连通性，如图 4.50 和图 4.51 所示。

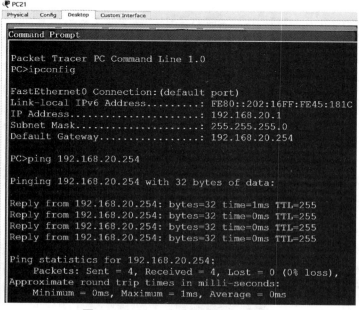

图 4.50　PC21 本地网络连通性测试

```
PC>ping 192.168.10.254

Pinging 192.168.10.254 with 32 bytes of data:

Reply from 192.168.10.254: bytes=32 time=0ms TTL=255
Reply from 192.168.10.254: bytes=32 time=0ms TTL=255
Reply from 192.168.10.254: bytes=32 time=0ms TTL=255
Reply from 192.168.10.254: bytes=32 time=0ms TTL=255

Ping statistics for 192.168.10.254:
    Packets: Sent = 4, Received = 4, Lost = 0 (0% loss),
Approximate round trip times in milli-seconds:
    Minimum = 0ms, Maximum = 0ms, Average = 0ms
```

图 4.51　PC21 测试到 VLAN 10 的连通性

在 S5 上使用 "show running-config" 命令，查看已经配置的内容：

```
S5#show running-config
Building configuration...
Current configuration : 1415 bytes
version 12.2
no service timestamps log datetime msec
no service timestamps debug datetime msec
no service password-encryption
!
hostname S5
!
ip routing
!
spanning-tree mode pvst
!
interface FastEthernet0/1
 no switchport
 ip address 192.168.10.254 255.255.255.0
 duplex auto
 speed auto
!
interface FastEthernet0/2
 no switchport
 ip address 192.168.20.254 255.255.255.0
 duplex auto
 speed auto
!
interface FastEthernet0/3
 no switchport
 ip address 192.168.30.254 255.255.255.0
 duplex auto
 speed auto
!
```

```
interface FastEthernet0/4
 no switchport
 ip address 192.168.40.254 255.255.255.0
 duplex auto
 speed auto
```

4.10　三层交换机实现 VLAN 间路由项目拓展

4.10.1　用户需求

小王所在 1 号办公楼的 2 楼有 3 个业务部门，人数总和为 50 左右。3 个业务部门合用一台可扩展的二层交换机。为了排除二层信息广播安全隐患，采用虚拟局域网技术将 3 个业务部门分在各自的 3 个 VLAN 中，不仅提高了网络传输效率，还提高了 3 个业务部门中信息的安全性。但是在使用过程中感到很不方便，有时业务部门之间需要共享资源，而他们之间的网络是不通的，怎样才能实现网络资源的共享呢？

4.10.2　解决方案

为了解决 3 个 VLAN 之间的通信问题，需要启用三层交换机技术来解决不同虚拟局域网之间的安全数据通信问题。由于人数总和为 50 左右，3 个业务部门的流量汇聚到三层交换机的一个接口上。在 Cisco Packet Tracer 中实施该项目需要的网络设备包括：

（1）Cisco3560 交换机 1 台。
（2）Cisco2960 交换机 1 台。
（3）PC3 台。
（4）双绞线（若干根）。

4.10.3　拓扑搭建和地址规划

为了简化本项目，在各自 VLAN 中选择一台 PC 作为测试对象，VLAN10 中选择 PC11，VLAN20 中选择 PC21，VLAN30 中选择 PC31。在 Cisco Packet Tracer 中，搭建的拓扑如图 4.52 所示。设备之间的连接如表 4.11 所示。

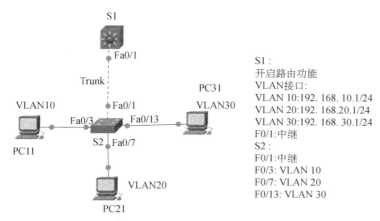

图 4.52　3 个 VLAN 间通信合用三层交换机一个端口

表 4.11　设备之间的连接

设备名	使用线缆	自己端口	对接端口
PC11	直通线	FastEthernet	交换机 S2 的 Fa0/3
PC21	直通线	FastEthernet	交换机 S2 的 Fa0/7
PC31	直通线	FastEthernet	交换机 S2 的 Fa0/13
交换机 S1	交叉线	S1 的 Fa0/1	交换机 S2 的 Fa0/1

在图 4.52 中，PC11 与交换机 S2 的接口 Fa0/3 在 VLAN10，因为要实现 VLAN 间的路由，每个 VLAN 分配一个网络号。VLAN10 网络号=192.168.10.0/24。

（1）PC21 与交换机 S2 的接口 Fa0/7 在 VLAN20，VLAN20 网络号=192.168.20.0/24。

（2）PC31 与交换机 S2 的接口 Fa0/13 在 VLAN30，VLAN30 网络号=192.168.30.0/24。

VLAN10、VLAN20、VLAN30 的数据都要经过交换机 S2 的 Fa0/1 和 S1 的 Fa0/1，必须将该线路的 2 个端口 Fa0/1 设置为 Trunk 模式，允许多个 VLAN 数据通行。要实现 VLAN 间路由，在 4.9 节中介绍过一个 VLAN 对应三层交换机一个物理端口，但现在只有一个物理端口，怎么办？三层交换机提供虚拟交换机接口。每个虚拟交换机接口对应一个 VLAN，并为每个虚拟接口配置 PC 的网关 IP 地址。地址分配的结果如表 4.12 所示。

表 4.12　图 4.52 信息点地址规划

设备	虚拟接口	IP 地址	子网掩码	默认网关
S5	VLAN10	192.168.10.1	255.255.255.0	不适用
	VLAN20	192.168.20.1	255.255.255.0	不适用
	VLAN30	192.168.30.1	255.255.255.0	不适用
PC11	网卡	192.168.10.10	255.255.255.0	192.168.10.1
PC21	网卡	192.168.20.10	255.255.255.0	192.168.20.1
PC31	网卡	192.168.30.10	255.255.255.0	192.168.30.1

4.10.4　配置内容

PC IP 地址配置按 4.2.2 小节中所介绍的方法进行设置，这里不再赘述。

（1）在三层交换机全局配置模式下使用"ip routing"命令开启三层路由功能。

```
S1(config)#ip routing
```

（2）在二层交换机 S2 上分别创建 VLAN10、VLAN20、VLAN30，将 Fa0/3 的端口加入 VLAN10，将 Fa0/7 的端口加入 VLAN20，将 Fa0/13 的端口加入 VLAN30。将 Fa0/1 端口设置为 Trunk 模式，配置内容如下：

```
S2(config)#vlan 10              //创建 VLAN 10
S2(config-vlan)#vlan 20         //创建 VLAN 20
S2(config-vlan)#vlan 30         //创建 VLAN 30
S2(config-vlan)#end
   S2(config-if)#int f0/3
S2(config-if)#switchport access vlan 10
S2(config-if)#int f0/7
S2(config-if)#switchport access vlan 20
S2(config-if)#int f0/13
S2(config-if)#switchport access vlan 30
S2(config-if)#int f0/1
S2(config-if)#switchport mode trunk
S2(config-if)#switchport trunk allowed vlan all
```

（3）在三层交换机 S1 上分别创建 VLAN10、VLAN20、VLAN30，并分别为 VLAN10、VLAN20、VLAN30 虚拟接口配置 IP 地址信息，同时将 Fa0/1 端口设置为 Trunk 模式，命令如下：

```
S1>en
S1#config t
S1(config)#vlan 10
S1(config-vlan)#vlan 20
S1(config-vlan)#vlan 30
S1(config-vlan)#end
S1(config)#int vlan 10
S1(config-if)#ip address 192.168.10.1 255.255.255.0
S1(config)#int vlan 20
S1(config-if)#ip address 192.168.20.1 255.255.255.0
S1(config)#int vlan 30
S1(config-if)#ip address 192.168.30.1 255.255.255.0
S1(config-if)#int f0/1
S1(config-if)#switchport mode trunk
S1(config-if)#switchport trunk allowed vlan all
```

4.10.5　连通性测试

三层交换机 S1 上配置完成后，通过图形化方式可以看到创建了 3 个虚拟接口，每个接口配置了 IP 地址信息如图 4.53 所示。

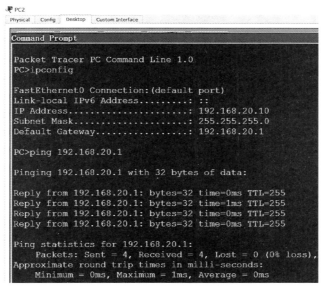

Port	Link	VLAN	IP Address	IPv6 Address
FastEthernet0/1	Up	--	\<not set>	\<not set>
FastEthernet0/2	Down	1	\<not set>	\<not set>
FastEthernet0/3	Down	1	\<not set>	\<not set>
FastEthernet0/4	Down	1	\<not set>	\<not set>
FastEthernet0/5	Down	1	\<not set>	\<not set>
FastEthernet0/6	Down	1	\<not set>	\<not set>
FastEthernet0/7	Down	1	\<not set>	\<not set>
FastEthernet0/8	Down	1	\<not set>	\<not set>
FastEthernet0/9	Down	1	\<not set>	\<not set>
FastEthernet0/10	Down	1	\<not set>	\<not set>
FastEthernet0/11	Down	1	\<not set>	\<not set>
FastEthernet0/12	Down	1	\<not set>	\<not set>
FastEthernet0/13	Down	1	\<not set>	\<not set>
FastEthernet0/14	Down	1	\<not set>	\<not set>
FastEthernet0/15	Down	1	\<not set>	\<not set>
FastEthernet0/16	Down	1	\<not set>	\<not set>
FastEthernet0/17	Down	1	\<not set>	\<not set>
FastEthernet0/18	Down	1	\<not set>	\<not set>
FastEthernet0/19	Down	1	\<not set>	\<not set>
FastEthernet0/20	Down	1	\<not set>	\<not set>
FastEthernet0/21	Down	1	\<not set>	\<not set>
FastEthernet0/22	Down	1	\<not set>	\<not set>
FastEthernet0/23	Down	1	\<not set>	\<not set>
FastEthernet0/24	Down	1	\<not set>	\<not set>
GigabitEthernet0/1	Down	1	\<not set>	\<not set>
GigabitEthernet0/2	Down	1	\<not set>	\<not set>
Vlan1	Down	1	\<not set>	\<not set>
Vlan10	Up	10	192.168.10.1/24	\<not set>
Vlan20	Up	20	192.168.20.1/24	\<not set>
Vlan30	Up	30	192.168.30.1/24	\<not set>

图 4.53　三层交换机 3 个虚拟接口配置的地址信息

在 PC21 上使用"ipconfig"命令查看自己的 IP 配置信息，使用"ping"命令测试自己的网关和 VLAN10 的连通性，如图 4.54 和图 4.55 所示。

```
Packet Tracer PC Command Line 1.0
PC>ipconfig

FastEthernet0 Connection:(default port)
Link-local IPv6 Address.........: ::
IP Address......................: 192.168.20.10
Subnet Mask.....................: 255.255.255.0
Default Gateway.................: 192.168.20.1

PC>ping 192.168.20.1

Pinging 192.168.20.1 with 32 bytes of data:

Reply from 192.168.20.1: bytes=32 time=0ms TTL=255
Reply from 192.168.20.1: bytes=32 time=1ms TTL=255
Reply from 192.168.20.1: bytes=32 time=0ms TTL=255
Reply from 192.168.20.1: bytes=32 time=0ms TTL=255

Ping statistics for 192.168.20.1:
    Packets: Sent = 4, Received = 4, Lost = 0 (0% loss),
Approximate round trip times in milli-seconds:
    Minimum = 0ms, Maximum = 1ms, Average = 0ms
```

图 4.54　PC21 本地网络连通性测试

图 4.55　PC21 测试到 VLAN 10 的连通性

在 S2 上使用 "show running-config" 命令，查看已经配置的内容。

```
S2#show running-config
Building configuration...
Current configuration : 1071 bytes
!
version 12.1
no service timestamps log datetime msec
no service timestamps debug datetime msec
no service password-encryption
!
hostname S2
!
spanning-tree mode pvst
!
interface FastEthernet0/1
 switchport mode trunk
!
interface FastEthernet0/2
!
interface FastEthernet0/3
 switchport access vlan 10
!
interface FastEthernet0/7
 switchport access vlan 20
!
interface FastEthernet0/13
 switchport access vlan 30
!
line con 0
!
line vty 0 4
 login
line vty 5 15
 login
```

```
!
!
end
```

在 S1 上使用"show running-config"命令，查看已经配置的内容：

```
S1#show running-config
Building configuration...
Current configuration : 1265 bytes
!
version 12.2
no service timestamps log datetime msec
no service timestamps debug datetime msec
no service password-encryption
!
hostname S1
!
ip routing
!
interface Vlan10
 ip address 192.168.10.1 255.255.255.0
!
interface Vlan20
 ip address 192.168.20.1 255.255.255.0
!
interface Vlan30
 ip address 192.168.30.1 255.255.255.0
```

4.11　本章小结

本章认识了路由器的 IOS，同交换机一样，路由器也提供了控制台口令、特权口令、远程登录口令实现对路由器的三级安全保护。通过对路由器接口地址的配置，重新认识了网络号的计算、路由器实现不同网络的互联作用。ARP 协议的作用实现是将 IP 地址映射为物理地址，在 IP 路由过程中，介绍了 ARP 协议在以太网中是如何工作的。除此之外，还介绍了什么时候需要配置静态路由和默认路由，默认路由应用的场合。通过静态路由项目的实施，明确了 IP 地址规划、配置、连通性剖析，IP 路由过程中 IP 地址和物理地址的变化。通过三层交换机实现 VLAN 间路由，认识了三层交换机。要注意的是区分三层交换机和路由器的应用场合。

习题

一、填空题

1．为高速缓存区中的每一个 ARP 表项分配定时器的主要目的是＿＿＿＿＿＿。

2．以太网利用＿＿＿＿＿＿协议获得目的主机 IP 地址与 MAC 地址的映射关系。

3．手动配置路由有＿＿＿＿＿＿和＿＿＿＿＿＿。

4．路由器要获取直连接口上的直连路由信息，需要做＿＿＿＿＿＿和＿＿＿＿＿＿动作。

二、选择题

1．网络层依靠什么把数据从源转发到目的？（　　　）

A．通过使用 IP 路由表 　　　　　　　B．通过使用 ARP 响应

C．使用名字服务器 　　　　　　　　　D．使用网桥

2．什么功能让路由器对到达目的地的可用路由进行评估，然后找出转发数据包的首选路径？（　　　）

A．数据连接 　　　　　　　　　　　　B．路径决定

C．SDLC 接口协议 　　　　　　　　　D．帧中继

3．通常情况下，下列哪一种说法是错误的？（　　　）

A．高速缓存区中的 ARP 表是由人工建立的

B．高速缓存区中的 ARP 表是由主机自动建立的

C．高速缓存区中的 ARP 表是动态的

D．高速缓存区中的 ARP 表保存了主机 IP 地址与物理地址的映射关系

4．下列哪种情况需要启动 ARP 请求？（　　　）

A．主机需要接收信息，但 ARP 表中没有源 IP 地址与 MAC 地址的映射关系

B．主机需要接收信息，但 ARP 表中已经具有源 IP 地址与 MAC 地址的映射关系

C．主机需要发送信息，但 ARP 表中没有目的 IP 地址与 MAC 地址的映射关系

D．主机需要发送信息，但 ARP 表中已经具有目的 IP 地址与 MAC 地址的映射关系

三、简答题

1．简述子网内 ARP 解析过程。

2．简述子网间 ARP 解析过程。

3．举例说明 IP 路由过程 IP 地址和物理地址的变化。

四、实训题

1．利用 tracert 命令列出从你所在的局域网到 www.baidu.cn 所经过的网关地址。

2．1 号实验楼 4 楼是实验室，有 8 个实验机房，每个机房的信息点有 80 个，每个实验机房放在一个 VLAN 里，搭建网络实现这 8 个 VLAN 之间通信。

第 5 章 无线网络组建

本章的学习目标

- 了解无线网络的基本知识；
- 熟悉无线网络搭建的环境；
- 了解无线局域网的设备如无线网卡、无线 AP 等，并能正确安装与配置；
- 掌握无线局域网的结构；
- 认识无线路由器；
- 掌握 Infrastructure 结构模式的适用场合；
- 掌握 Infrastructure 无线局域网的安装模式；
- 理解网络标识号 SSID 功能；
- 将已经建好的无线局域网和有线局域网连为一体，使得计算机之间能够进行资源共享；
- 学会拥有无线网卡的计算机如何通过无线 AP 进行互联；
- 学习建立有线为骨干，无线为补充的局域网。

本章将认识无线网络，通过无线家庭网络（SOHO）组建、基础结构无线网络组建、有线+无线一体的园区建设方案来认识组建无线网络的无线 AP、无线路由器、无线网卡等无线设备。最后对公众场合使用免费 WiFi 给出相应的建议措施。

5.1 无线网络是有线网络的有效补充

前面介绍的由二层交换机、路由器、三层交换机实现不同网络的互联，这些不同的网络都是基于有线传输介质实现的。但是有线网络在某些环境中，如在具有空旷场地的建筑物内，在具有复杂周围环境的制造业工厂、货物仓库内，在机场、车站、码头、股票交易场所等一些用户频繁移动的公共场所，在缺少网络电缆而又不能打洞布线的历史建筑物内，在一些受自然条件影响而无法实施布线的环境，在一些需要临时增设网络节点的场合，如体育比赛场地、展示会等，使用有线网络都受到明显的限制。而无线局域网则恰恰能在这些场合解决有线局域网所面对的困难。有线联网的系统，要求工作站保持静止，只能提供介质和办公范围内的移动。无线联网将真正的可移动性引入了计算机世界。

为了满足需求，很多学校和企业纷纷规划建设了无线网络，把其作为有线网络有益的补充。无线网络可以提供全区域、无缝的局域网信号覆盖，实现高数据接入服务，越来越多的用户体会到了随时、随地移动介入技术带来的好处。

无线网络技术给人们生活带来的影响是无可争议的，无线网络发展到今天，把网络拓展到生活的每一个角落。越来越多的人开始使用无线技术，享受无线新生活。

5.2　无线家庭网络（SOHO）的组建

5.2.1　用户需求与分析

小明家原有两台台式计算机，随着家庭移动智能终端如笔记本电脑、手机、iPad 的使用，小明想重新搭建家庭网络，如果再使用传统的有线组网技术构建家庭网络，则需要在家中重新布线，不可避免地要进行砸墙和打孔等施工，这样不仅家中的装修会有破坏，而且裸露在外的网线也影响了家庭的美观，笔记本电脑、手机、iPad 方便移动的优势也无法发挥。

无线网络技术恰恰能解决以上问题。只需购买无线网卡并安装，选择合适的工作模式，并对其进行配置，使各计算机能够在无线网络中互联互通，即可构建完成家庭的无线局域网。针对上述情况，通过与网络技术专家的交流，确定选用 Ad-Hoc 类型无线局域网。

5.2.2　无线网络基础知识

1. 无线局域网（Wireless LAN，WLAN）

计算机局域网是把分布在数千米范围内的不同物理位置的计算机设备连在一起，在网络软件的支持下可以相互通信和资源共享的网络系统。通常计算机组网的传输媒介主要依赖铜缆或光缆，构成有线局域网。但有线网络在某些场合会受到布线的限制：布线、改线工程量大；线路容易损坏；网中的各节点不可移动。特别是当要把相距较远的节点连接起来时，铺设专用通信线路布线施工难度之大，费用、耗时之多，实在是令人生畏。这些问题都对正在迅速扩大的联网需求形成了严重的瓶颈阻塞，限制了用户联网。

WLAN 就是为解决有线网络以上问题而出现的。WLAN 利用电磁波在空气中发送和接收数据，而无须线缆介质。WLAN 的数据传输速率现在已经能够达到 300Mbps，传输距离可远至 20km 以上。无线联网方式是对有线联网方式的一种补充和扩展，使网上的计算机具有可移动性，能快速、方便地解决以有线方式不易实现的网络连通问题。

2. 无线局域网特点

与有线网络相比，WLAN 具有以下优点。

（1）安装便捷。一般在网络建设当中，施工周期最长、对周边环境影响最大的就是网络布线的施工了。在施工过程中，往往需要破墙掘地、穿线架管。而 WLAN 最大的优势就是免去或减少了这部分繁杂的网络布线的工作量，一般只要再安放一个或多个接入点（Access Point）设备就可建立覆盖整个建筑或地区的局域网络。

（2）使用灵活。在有线网络中，网络设备的安放位置受网络信息点位置的限制。而一旦 WLAN 建成后，在无线网的信号覆盖区域内任何一个位置都可以接入网络，进行通信。

（3）经济节约。由于有线网络中缺少灵活性，这就要求网络的规划者尽可能地考虑未来的发展需要，这就往往导致需要预设大量利用率较低的信息点。而一旦网络的发展超出了设计规划时的预期，又要花费较多费用进行网络改造。而 WLAN 可以避免或减少以上情况的发生。

（4）易于扩展。WLAN 有多种配置方式，能够根据实际需要灵活选择。这样 WLAN 能够胜任小到只有几个用户的小型局域网、大到上千个用户的大型网络，并且能够提供像"漫游 Roaming"等有线网络无法提供的特性。

由于 WLAN 具有多方面的优点，其发展十分迅速。在最近几年里，WLAN 已经在医院、商店、工厂和学校等不适合网络布线的场合得到了广泛的应用。

5.2.3　无线局域网标准

目前支持无线网络的技术标准主要有蓝牙技术（Bluetooth）、家庭网络（Home RF）技术及 IEEE802.11 系列标准。

1. IEEE802.11 系列标准

顾名思义，所谓无线局域网（Wireless Local Area Network，WLAN），就是指采用无线传输介质的局域网。

IEEE802.11 系列标准覆盖了无线局域网的物理层和 MAC 子层。参照 ISO 七层模型，IEEE802.11 系列规范主要从 WLAN 的物理层和 MAC 层两个层面制定系列规范，物理层标准规定了无线传输信号等基础规范，如 802.11a、802.11b、802.11d、802.11g、802.11h，而媒体访问控制层标准是在物理层上的一些应用要求规范，如 802.11e、802.11f、802.11i。

802.11 标准涵盖以下子集。

① 802.11a：将传输频段放置在 5GHz 频率空间。

② 802.11b：将传输频段放置在 2.4GHz 频率空间。

③ 802.11d：Regulatory Domains，定义域管理。

④ 802.11e：QoS（Quality of Service），定义服务质量。

⑤ 802.11f：IAPP（Inter-Access Point Protocol），接入点内部协议。

⑥ 802.11g：在 2.4GHz 频率空间取得更高的速率。

⑦ 802.11h：5GHz 频率空间的功耗管理。

⑧ 802.11i：Security，定义网络安全性。

其中最核心的是 802.11a、802.11b 和 802.11g，它们定义了最核心的物理层规范，这也是受所有芯片开发商及系统集成商所瞩目的 802.11 未来走势所在。

1）1EEE802.11b

IEEE802.11b 标准规定无线局域网工作频段在 2.4～2.4835GHz，数据传输速率达到 11Mbps，支持的范围在室外为 300m，在办公环境中最长为 100m。数据传输速率可以根据实际情况在 1Mbps、5.5Mbps、2Mbps 和 1Mbps 的不同速率间自动切换。该标准是对 IEEE802.11 的一个补充，采用补偿编码键控调制方式，采用点对点模式和基本模式两种运作模式。

IEEE802.11b 已成为当前主流的无线局域网标准，被多数厂商所采用，所推出的产品广泛应用在办公室、家庭、宾馆、车站、机场等众多场合。

2）IEEE802.11a

IEEE802.11a 标准规定无线局域网工作频段在 5.15～8.825GHz，数据传输速率达到 54Mbps，支持的范围在室外为 300m，在办公环境中最长为 100m。该标准扩充了标准的物理层，采用正交频分复用（Orthogoal Frequency Division Multiplexing，OFDM）的独特扩频技术，采用 QFSK 调制方式，可提供 25Mbps 的无线 ATM 接口和 10Mbps 的以太网无线帧结构接口，支持多种业务如语音、数据和图像等，一个扇区可以接入多个用户，每个用户可带多个用户终端。

IEEE802.11a 标准是 802.11b 的后续标准，它工作于 2.4GHz 频段时不需要执照，该频段属于工业、教育、医疗等专用频段，是公开的，而工作于 5.15～8.825GHz 频段需要执照。IEEE802.11a 标准的优点是传输速度快，可达 54Mbps，完全能满足语音、数据、图像等业务的需要。缺点是无法与 802.11b 兼容。

3）IEEE802.11g

IEEE802.11g 完全兼容 IEEE802.11a 和 IEEE802.11b，这样通过 802.11g，原有的 802.11b 和 802.11a 两种标准的设备就可以在同一网络中使用。

2. 家庭网络（Home RF）技术

Home RF 无线标准是由 Home RF 工作组开发的，旨在在家庭范围内使计算机与其他电子设备之间实现无线通信的开放性工业标准。2001 年 8 月推出 Home RF2.0 版，集成了语音和数据传送技术，工作频段在 10GHz，数据传输速率达到 10Mbps，在 WLAN 的安全性方面主要考虑访问控制和加密技术。

Home RF 主要为家庭无线网络设计，虽然目前不能成为无线局域网的主流，只能处在补充的地位，但 Home RF 技术仍有自身独特的优势，它是 IEEE802.11 与 Dect（数字无绳电话）标准的结合，旨在降低语音数据成本。Home RF 在进行数据通信时，采用 IEEE802.11 规范中的 TCP/IP 传输协议；进行语音通信时，则采用数字增强型无线通信标准。

3. 蓝牙技术

所谓蓝牙（Bluetooth）技术，实际上是一种短距离无线数字通信的技术标准，其目标是实现最高数据传输速度 1Mbps（有效传输速度为 721Kbps）、传输距离为 10cm～10m，通过增加发射功率、传输距离可达到 100m。从目前的蓝牙产品来看，蓝牙主要应用在手机、笔记本电脑等数字终端设备之间的通信和以上设备与 Internet 的连接。目前，蓝牙系统也嵌入微波炉、洗衣机、电冰箱、空调等传统家用电器中。

4．WAPI

随着 WLAN 的迅速发展，2003 年 5 月 12 日，我国发布了无线局域网国家标准无线局域网鉴别和保密基础结构（WLAN Authentication and Privacy Infrastructure，WAPI），它像红外线、蓝牙、GPRS、CDMA1X 等协议一样，是无线传输协议的一种，只不过它只是无线局域网（WLAN）中的一种传输协议而已，它与现行的 802.11b 传输协议比较相近。不同的传输协议将数据包在两台以上的电子设备间进行传输所用的原理和实现的手段是不同的，它们多数都不兼容，如果不制定无线传输协议的标准的话，无线电子设备的通用性就会受到很大的限制，例如，笔记本电脑在某地方也许可以无线上网，但到了另一个地方，可能就会由于传输协议不统一而无法实现无线上网了，而如果所有的无线产品都使用同一种传输协议的话，那么笔记本电脑无论走到哪里，只要有 WLAN 信号就可以轻松实现无线上网了。

5.2.4　无线局域网介质访问控制规范

IEEE802.11 工作组考虑了两种介质访问控制 MAC 算法：一种是分布式的访问控制，它和以太网类似，通过载波监听方法来控制每个访问节点；另一种是集中式访问控制，它是由一个中心节点来协调多节点的访问控制。分布式访问控制协议适用于特殊网络，而集中式控制适用于几个互联的无线节点和一个与有线主干网连接的基站。

IEEE802.11 工作组采用分布式基础无线网的介质访问控制算法，IEEE802.11 协议的介质访问控制 MAC 层又分为 2 个子层：分布式协调功能子层与点协调功能子层。

分布式协调功能子层使用了一种简单的 CSMA 算法，没有冲突检测功能。按照简单的 CSMA 的介质访问规则进行如下两项工作。

（1）如果一个节点要发送帧，它需要先监听介质。如果介质空闲，节点可以发送帧；如果介质忙，节点就要推迟发送，继续监听，直到介质空闲。

（2）节点延迟一个空隙时间，再次监听介质。如果发现介质忙，则节点按照二进制指数退避算法延迟一个空隙时间，并继续监听介质。如果介质空闲，节点就可以传输。

在分布式访问控制子层之上有一个集中式控制选项。点协调功能是通过在网中设置集中式的轮询主管"点"的方式，使用轮询方法来解决多节点争用公用信道问题，提供无竞争的服务。

5.2.5　无线网络硬件设备

组建无线局域网的网络设备主要包括无线网卡、无线访问接入点、无线路由器和天线，几乎所有的无线网络产品中都自含无线发射/接收功能。

1. 无线网卡

无线网卡在无线局域网中的作用相当于有线网卡在有线局域网中的作用。按无线网卡的总线类型可分为适用于台式机的 PCI 接口的无线网卡，适用于笔记本电脑的 PCMCIA 接口的无线网卡（图 5.1）。笔记本电脑和台式机均使用 USB 接口的无线网卡，如图 5.2 所示。

图 5.1　PCMCIA 接口的无线网卡

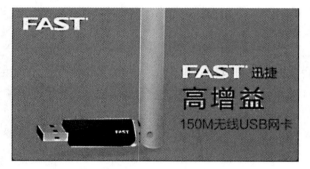

图 5.2　USB 接口的无线网卡

2. 无线访问接入点

无线访问接入点（Access Point，AP），也称无线网桥，主要提供无线工作站对有线局域网和从有线局域网对无线工作站的访问。在访问接入点覆盖范围内的无线工作站时均可透过 AP 去分享有线局域网甚至 Internet 的资源。目前大多数的无线 AP 都支持多用户接入，主要用于宽带家庭、大楼内部及园区内部，典型传输距离为几十米至上百米，如图 5.3 所示。除此之外，用于大楼之间的联网通信的室外无线 AP，如图 5.4 所示，其典型传输距离从几千米到几十千米，为难以布线的场所提供可靠、高性能的网络连接。

图 5.3　室内无线 AP

图 5.4　室外无线 AP

3. 无线路由器

无线路由器则集成了无线 AP 的接入功能和路由器的第三层路径选择功能，无线路由器除了基本的 AP 功能，还带有路由、DHCP、NAT 等功能。因此，无线路由器既能实现宽带接入共享，又能轻松拥有有线局域网的功能。绝大多数无线宽带路由器都拥有 4 个以太网交换口（RJ-45 接口），可以当作有线宽带路由器使用，如图 5.5 所示。

图 5.5　无线路由器

4. 天线

天线（Antenna）的功能则是将信号源发送的信号由天线传送至远处。天线一般有所谓定向性（Uni-Directional）与全向性（Omni-Directional）之分，前者较适合长距离使用，而后者则较适合区域性的应用。例如，若要将在第一栋楼内无线网络的范围扩展到一千米甚至数千米以外的第二栋楼，其中的一个方法是在每栋楼上安装一个定向天线，天线的方向互相对准，第一栋楼的天线经过网桥连到有线网络上，第二栋楼的天线是接在第二栋楼的网桥上，如此无线网络就可接通相距较远的两个或多个建筑物。

5.2.6　无线局域网的组网模式

将以上几种无线局域网设备结合在一起使用，就可以组建出多层次、无线与有线并存的计算机网络。一般来说，组建无线局域网时，可供选择的方案主要有两种：一种是无中心无线 AP 结构的 Ad-Hoc 网络模式；另一种是有中心无线 AP 结构的 Infrastructure 网络模式。

1. 自组网络（Ad-Hoc）模式

1）Ad-Hoc 的工作原理

自组网络又称对等网络，即点对点（Point to Point）网络，是最简单的无线局域网结构，是一种无中心拓扑结构，网络连接的计算机具有平等的通信关系，仅适用于较少数的计算机无线互联（通常是在 5 台主机以内）。简单地说，无线对等网就是指无线网卡+无线网卡组成的局域网，不需要安装无线 AP 或无线路由器，如图 5.6 所示。

任何时间，只要两个或更多的无线网络接口互相都在彼此的范围之内，它们就可以建立一个独立的网

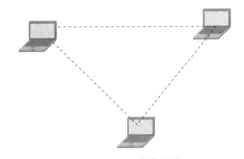

图 5.6　无线对等网络

络，可以实现点对点或点对多点连接。自组网络不需要固定设施，是临时组成的网络，非常适合用于野外作业和军事领域。组建这种网络，只需要在每台计算机中插入一块无线网卡，不需要其他任何设备就可以完成通信。

该无线组网方式的原理是每个安装无线网卡的计算机相当于一个虚拟 AP（软 AP），即类似于一个无线基站。在无线网卡信号覆盖范围内，两个基站之间可以进行信息交换，既是工作站又是服务器。

2）Ad-Hoc 工作模式的特点

（1）安装简单。只需在计算机上安装无线网卡，并进行简单的配置即可。

（2）节约成本。省去了无线 AP，直接搭建无线网络，适用于小型规模的网络环境。

（3）通信距离较近。由于无线网卡的发射功率都比较小，所以计算机之间的距离不能太远。无线网卡对墙壁的穿透能力差，距离墙壁不要超过 40m，否则信号衰减程度很大。此外，距离远的网络的稳定性也差。

（4）通信带宽低。Ad-Hoc 模式中所有的计算机均共享连接的带宽。例如有 4 台计算机同时共享带宽，每台计算机的可利用带宽就会只有标准带宽的 1/4。

（5）传输速率的最低匹配。无线网络的两块网卡的传输速率最好是一样的，否则将自动降为速率较低的那个。

（6）和外网连接困难。无线对等网络的最大缺点是必须通过网络中的另一台计算机上网，因此，接入外网的计算机必须始终处于开机状态。

3）Ad-Hoc 模式中设备的连接标识：SSID

处于同一网络中的多台计算机通过广播帧的形式，把信息传播给网络中的所有设备，那么连接在无线网络环境中的所有设备又是如何来和自己的同伴进行通信的呢？又是如何把无关的计算机排斥在无线网络范围之外的呢？

实际上，处于同一网络中的无线设备，为识别是否是自己的同伴，它们之间使用一种无线网络身份标识符号来区别设备。这种无线身份标识符号又叫作 SSID。SSID 是配置在无线网络设备中的一种无线标识，它允许具有相同的 SSID 无线用户端设备之间进行通信。因此，SSID 的泄密与否，也是保证无线网络接入设备安全的一种重要标志。

SSID 用以区分不同的无线网络工作组，任何无线接入器或其他无线网络设备要想与某一特定的无线网络组进行连接，就必须使用与该工作组相同的 SSID。如果设备不提供这个 SSID，它将无法加入该工作组。

2. 基础结构网络（Infrastructure）模式

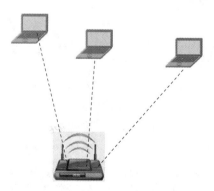

图 5.7　基础结构无线网络

在具有一定数量用户或是需要建立一个稳定的无线网络平台时，一般会采用以 AP 为中心的模式，将有限的"信息点"扩展为"信息区"，这种模式也是无线局域网最为普通的构建模式，即基础结构模式，采用固定基站的模式。在基础结构网络中，要求有一个无线固定基站 AP 充当中心站，所有节点对网络的访问均由其控制，如图 5.7 所示。

在基于 AP 的无线网络中，AP 访问点和无线网卡还可针对具体的网络环境调整网络连接速度，如 11Mbps 的 IEEE802.11b 的可使用速率可以调整为 1Mbps、2Mbps、5.5Mbps 和 11Mbps 共 4 种；54Mbps 的 IEEE802.11a 和

IEEE802.1lg 的则有 54Mbps、48Mbps、36Mbps、24Mbps、18Mbps，12Mbps、11Mbps、9Mbps、6Mbps、5.5Mbps、2Mbps、1Mbps 共 12 个不同速率可动态转换，以发挥相应网络环境下的最佳连接性能。

5.3　无线家庭 SOHO 方案设计

家庭无线网络技术让家中所有的台式机、笔记本电脑、手机、iPad，不必通过线缆连接，就可以形成简单的 SOHO 网络，带给家庭网络应用的新模式。无线家庭网络让家中的成员可以很方便地使用各自的计算机学习和工作。

假定户主家面积有 120m²，为使所有区域都覆盖到无线信号，最好采用以无线 AP 为中心的接入方式，连接家庭中所有的计算机。家庭中所有的计算机，无论处于什么位置，都能有效地接收信号，这也是最理想的家庭无线网络模式。

为实现上述设计，需要购买无线网络接入设备，需要家用终端都有无线网卡，配置成无线网络环境中的终端设备，同时还需购买无线 AP，安装基础结构无线网络。

首先，确认 3 台计算机中有无线网卡，且无线网卡正常运行，然后，分别对接入的无线网络设备做简单的协议配置工作，保证家庭中所有的设备之间具有相同的工作模式和相同的无线网络标识符号，从而使整个家庭处于无线网络中。

5.4　项目实施：基础结构无线网络的组建

在 Cisco Packet Tracer 中实施该项目需要的网络设备包括：

（1）Linksys-WRT300N 无线路由器。

（2）PC3 台。

5.4.1　拓扑搭建和实施过程

为了完成本项目，搭建如图 5.8 所示的网络拓扑结构。

1.　为 PC 添加无线网卡

在 Cisco Packet Tracer 中，PC 上的网卡为有线网卡，添加无线网卡的方法如下。

（1）关闭 PC 电源。

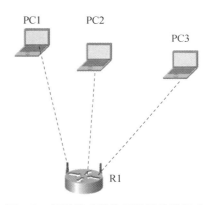

图 5.8　基于基础结构无线网络的组建

（2）将有线网卡拖曳到 PT-HOST-NM-1CFE 配件区域。

（3）将 Linksys-WMP300N 拖曳到有线网卡区。

（4）再次打开电源。

具体如图 5.9 所示。

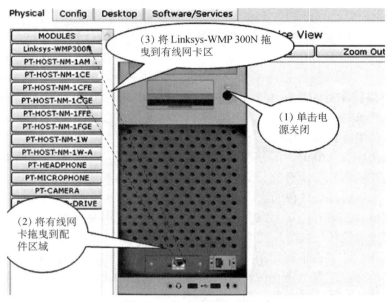

图 5.9　为 PC 添加无线网卡

2. 认识无线路由器

Linksys-WRT300N 无线路由器的物理外观如图 5.10 所示，提供 1 个 WAN 接口（也称 Internet 接口）、4 个 LAN 接口（以太网接口）和无线网络。

将光标放在无线路由器上，也可以看到提供 1 个 WAN 接口（也称 Internet 接口）、4 个 LAN 接口（以太网接口）和无线网络，如图 5.11 所示。除此之外还看到为无线路由器分配 LAN 的 IP 地址为 192.168.0.1/24，这个地址用于用户首次通过 PC 终端访问路由器（在购买的说明书中也会看到这个地址，登录的用户名和密码为 admin）。

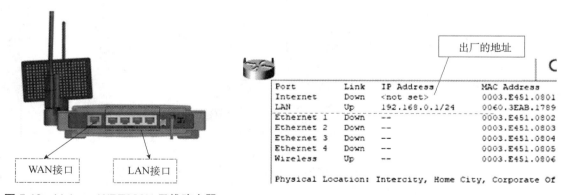

图 5.10　Linksys-WRT300N 无线路由器
物理外观

图 5.11　无线路由器的默认配置

3. PC 首次登录无线路由器

首次使用无线路由器，PC 通过双绞线与无线路由器的 LAN 端口进行相连，其连接的物理拓扑如图 5.12 所示。

（1）将 PC1 的本地连接中 IP 地址设置为自动获取，获取到地址信息如图 5.13 所示。从图 5.13 中可以看出，无线路由器默认情况下启动了 DHCP 功能，它已为接入网络中的 PC1 分配了 IP 地址。

（2）在 PC1 的 Web Browser 窗口中输入"192.168.0.1"，按回车键，输入用户名和密码（都是 admin）如图 5.14 所示。

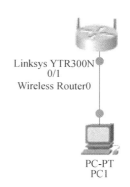

图 5.12　PC1 首次使用无线路由器的拓扑图

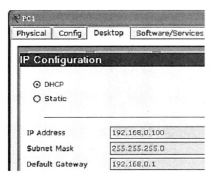

图 5.13　PC1 自动获取地址信息

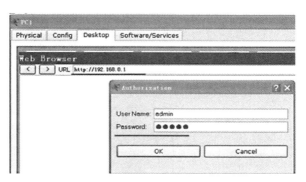

图 5.14　PC1 上登录无线路由器

单击"OK"按钮后，出现无线路由器的 Web 管理界面，现在就可以进行相关配置了，如图 5.15 所示。

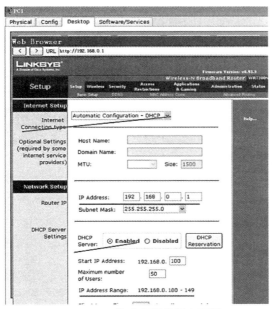

图 5.15　无线路由器的基本配置

4. 无线路由器 Web 管理主要配置内容

（1）在"Setup"选项卡中，无线路由器的 Setup 配置如图 5.16 所示。

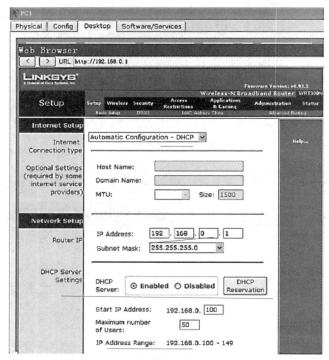

图 5.16　无线路由器的 Setup 配置

① Internet Connection Type（Internet 连接类型）选项，在家庭或小型企业网络中，通常由 ISP 通过 DHCP 分配此 Internet IP 地址。

② Router IP，即 IP Address 192.168.0.1/24，客户端接收 IP 地址和掩码并将路由器的 IP 作为网关使用。

③ DHCP 功能启用。

（2）Wireless（无线）选项卡，设置如图 5.17 所示。

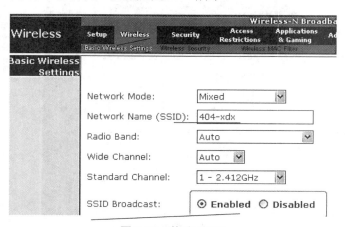

图 5.17　修改 SSID

（3）Wireless Security（无线安全）选项卡设置如图 5.18 所示。

图 5.18　设置加入 SSID 口令

将 Security Mode（安全模式）从 Disabled（已禁用）改为 WEP。

Encryption（加密）使用默认的 40/64-Bit（40/64 位），将 Key1（密钥 1）设置为 0123456789，单击"Save Settings"（保存设置）按钮。

（4）Administration（管理）选项卡，设置如图 5.19 所示。

图 5.19　重新设置登录路由器的口令

将路由器口令改为 cisco123。再次输入同一口令以确认。

（5）增加一台 PC2 和 PC3，为它们添加无线网卡。

5.4.2　效果测试

（1）在 PC2 的配置 GUI 中，单击"Desktop"（桌面）选项卡。

（2）单击"PC Wireless"（PC 无线）按钮，为 PC2 设置 WEP 密钥。出现的 Linksys 屏幕应显示该 PC2 尚未与任何接入点关联。

（3）单击"Connect"（连接）选项卡。

"404-xdx"显示在可用无线网络列表中。选中它并单击"Connect"（连接）按钮。

（4）在"WEP Key 1"（WEP 密钥 1）中键入 WEP 密钥"0123456789"，然后单击"Connect"（连接）按钮。

（5）切换到"Link Information"（链路信息）选项卡。Signal Strength（信号强度）和

Link Quality（链路质量）指标应显示信号极强。

（6）单击"More Information"（详细信息）按钮查看该连接的详细信息，可以看到 PC 从 DHCP 地址池接收的 IP 地址。PC2 以无线方式接入网络如图 5.20 所示。同理以同样的方式将 PC3 加入该无线网络。

在 PC2 上 ping PC1 的结果如图 5.21 所示。

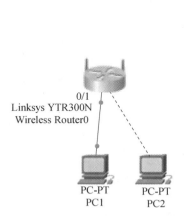

图 5.20　PC2 通过无线网卡接入网络

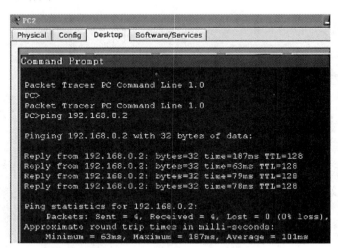

图 5.21　PC2 ping PC1

5.5　无线有线一体的园区网组建

5.5.1　用户需求

某学院校园网，经过几期的扩建，已经建设成完整的校园有线局域网。但学院会议室、报告厅、体育馆等场所由于种种原因没有布线，随着校园网信息化的普及，这些场所也需要提供上网环境，特别是越来越多笔记本电脑的使用，对校园网接入的灵活性、实时性和方便性提出了更高的要求。

需求：会议室、报告厅、体育馆等场所能够上网。

分析：单就上网这个需求来说，有有线和无线两种选择。如果有线上网的话，需要在上网场所内穿墙凿洞，重新布线，而且在集体活动时也不能保证大家都有网线上网，因此应该在上述场所内实现无线上网。

5.5.2　相关知识

与 Ad-Hoc 结构无线局域网模式不同，基础结构网络结构的无线局域网模式较为复杂，需要增加更多的无线互联设备。在基础结构网络中，无线局域网计算机之间的通信通过无线 AP 进行连接，由无线 AP 转发信息，实现网络资源的共享。

1. Infrastructure 模式适用场合

Ad-Hoc 结构的无线局域网只适用于纯粹的无线环境或者数量有限的几台计算机之间的对接。在实际的应用中，如果需要把无线局域网和有线局域网连接起来，或者有数量众多的计算机需要进行无线连接，最好采用以无线 AP 为中心的 Infrastructure 结构模式。

基础结构（Infrastructure）模式网络是一种整合有线与无线局域网架构的应用模式。在这种模式中，无线网卡与无线 AP 进行无线连接，再通过无线 AP 与有线网络建立连接。实际上，Infrastructure 模式网络还可以分为 3 种模式：室内移动办公、室外点对点和室外点对多点。

1）室内移动办公

室内移动办公方式以星形拓扑为基础，以 AP 为中心，所有的基站通信都要通过 AP 接转。由于 AP 有以太网接口，这样，既能以 AP 为中心独立建立一个无线局域网，也能以 AP 作为一个有线局域网的扩展部分，如图 5.22 所示。

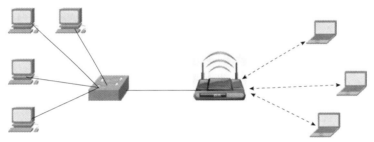

图 5.22　室内有线+无线办公

2）室外点对点

安装于室外的无线 AP，通常称为无线网桥，主要用于实现室外的无线漫游、无线局域网的空中接力，或用于搭建点对点、点对多点的无线连接。如图 5.23 所示，两个有线局域网通过无线方式相连。网络 A 和网络 B 分别为两个有线局域网，在距离较远无法布线的情况下，可通过两台无线网桥将两个有线局域网连在一起，通过无线 AP 上的 RJ-45 接口与有线的交换机相连。此方案主要用于两点之间距离较远或中间有河流、马路等无法布线且专线拨号成本又比较高的情况。

图 5.23　室外点对点无线网络

无线网桥是为使用无线电波（微波）进行远距离互联而设计的，工作在数据链路层的转发设备，传输距离可达 20km，适用于城市中的远距离或在无高大障碍（山峰或建筑）的条件下，快速组网和野外作业的临时组网。

　　3）室外点对多点

　　如图 5.24 所示，网络 A 是有线中心局域网，网络 B、网络 C、网络 D 分别是外围的 3 个有线局域网。在无线设备上中心点需要全向天线，其他各点采用定向天线，此方案适用于总部与多个分部的局域网连接。

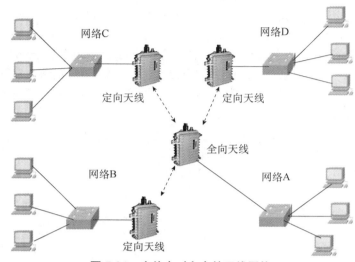

图 5.24　室外点对多点的无线网络

2. 服务区城认证 ID（SSID）

　　SSID 是无线局域网中一个可配置的无线标志，它允许无线用户端与无线标志相同的无线 AP 之间通信，通过配置无线局域网中的设备，只有配有相同 SSID 的无线用户端设备，才可以和无线 AP 通信。SSID 可以作为无线用户端和无线接入点之间传递的一个简单密码来看待，从而提供无线局域网的安全保密功能。

5.5.3　方案设计

　　为实现上述设计，需要购买无线网络接入设备，给所有家用计算机安装无线网卡，配置成无线网络环境中的终端设备，同时还需购买无线 AP，可以安装 Infrastructure 模式的无线网络。

5.5.4　项目实施：无线有线一体的园区网组建

1. 设备清单

（1）D-LINK 无线 AP，型号为 DWL-2000AP+A。
（2）D-LINK 交换机，型号为 DES-1008D。

（3）TP-LINK TL-WN620G+无线网卡 2 块。

（4）PC3 台。

2．网络拓扑

为了完成本项目，搭建如图 5.25 所示的网络拓扑结构，就是通过无线 AP 实现几台计算机之间无线通信的工作场景。通过无线网卡，无线 AP 实现基础结构模式的无线网络通信。

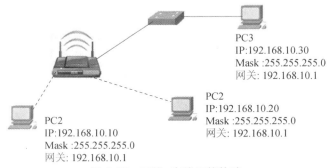

PC3
IP:192.168.10.30
Mask :255.255.255.0
网关: 192.168.10.1

PC2
IP:192.168.10.20
Mask :255.255.255.0
网关: 192.168.10.1

PC2
IP:192.168.10.10
Mask :255.255.255.0
网关: 192.168.10.1

图 5.25　无线+有线网络构建

3．实施过程

步骤 1：硬件连接。

（1）按照图 5.25 连接，使用一条直通网线直接将 DWL2000AP+A 与用于配置的计算机连接。

（2）将电源适配器的一端和 DWL2000AP+A 后面板上的接收器（Receptor）相连，另一端插入墙面电源插座或插线板，电源 LED 指示灯亮，表明操作正确。

（3）将交换机和无线 AP 用网线连接起来。

（4）将 PC3 连接到交换机上

（5）在 PC1 和 PC2 上分别安装无线网卡。

步骤 2：按照 5.3 节的步骤设置 PC1 和 PC2 通过无线 AP 互联，连接 Infrastructure 无线局域网，配置无线局域网中的计算机。

步骤 3：设置 PC3 的本地连接属性，包括设置 IP 地址为 192.168.10.30，子网掩码为 255.255.255.0，默认网关为 192.168.10.1，从而保证 PC1、PC2 和 PC3 这 3 台计算机在同一网段。

步骤 4：项目测试。

（1）在 PC1 上通过 ping 命令检查 PC1 和 PC2、PC3 之间的连通性。

（2）在 PC2 上通过 ping 命令检查 PC2 和 PC1、PC3 之间的连通性。

5.6　警惕免费 WiFi 带来的安全隐患

随着移动互联网发展和智能设备的普及，公众无线上网的需求越来越大。与之相适应的，提供移动上网服务的各类 WiFi 热点也越来越多地覆盖宾馆、机场、咖啡馆、公园等公共场所，给人们带来了便利，同时，却隐藏危机。

5.6.1　存在问题

央视舆论监督王牌栏目《焦点访谈》在"安全上网需得法"栏目中报道了一位市民在 U 盾、银行卡均在身边的情况下，因通过免费 WiFi 上网导致银行卡被盗刷 6 万多元的案件。另外一位网友在微博上爆料，有次在星巴克上网，打开手机的 WiFi 无线网络进行搜寻，发现有一个名称为"Starbucks2"的无线网络，不需要密码就能马上登录，当时便进行了网银支付等操作，不久后就发现原密码不能登录，便立刻感觉到被黑客盗取了，幸好账户内的资金不多。

上述案例表明，在公共场所使用不明 WiFi 热点，对手机信息带来极大的安全隐患，应当引起人们的重视。对此，安全专家分析，在星巴克、肯德基等公共场所，黑客完全可以通过一个随身 WiFi 建立 AP 热点，并将热点的名字设置为"Starbucks"，诱骗用户接入私自设置的 WiFi。当用户用手机接入并登录第三方支付、网银、股票账户的时候，黑客能够窃取用户的账号密码信息，也可以向用户发送钓鱼网址页面，诱骗用户输入个人账号信息，然后立即通过窃取的信息盗刷用户银行卡和手机钱包。

5.6.2　建议措施

1.　拒绝来源不明的 WiFi

设置钓鱼 WiFi 陷阱的黑客大多利用用户免费蹭网的心理。因此，要想避免落入类似陷阱，首先要做到的就是尽量不要使用来源不明的 WiFi，尤其是免费又不需要密码的 WiFi。如果是在星巴克、麦当劳这样有商家提供免费 WiFi 网络的地方，用户也要多留一个心眼，主动向商家询问其提供的 WiFi 的具体名称，以免在选择 WiFi 热点接入时不小心连接到黑客搭建的名称类似的 WiFi。

2.　关闭手机自动接入 WiFi 设置

手机默认为自动接入 WiFi，就存在不知情的状况下连上一些伪装 WiFi。选择手动接入相对安全，同时一般正规的免费 WiFi 都需要密码登录，遇到无密码即可登录的 WiFi 尽量不要连接。

3.　安装手机管家等安全软件

在用户接入免费 WiFi 的时候会进行安全扫描，遇到免费 WiFi 的钓鱼、盗号行为，手机管家都可以进行拦截和提醒，从而避免手机遭遇黑客入侵。

4. 使用专用应用程序

用户在使用智能手机登录手机银行或者支付宝、财付通的金融服务类网站时，最好不要直接通过手机浏览器进行，优先考虑使用银行或者第三方支付公司推出的专用应用程序，这些程序的安全性比开放的手机浏览器高。

5. 及时更新浏览器

针对最容易泄露用户信息的浏览器软件，用户除了要在官方网站进行下载和安装之外，还要养成定时更新升级的习惯。例如 UC 浏览器，其最新的版本就加入了连接到无密码的 WiFi 网络自动提醒用户是否要断开的功能，这种功能升级对于用户防范钓鱼 WiFi 无疑能起到实际的效果。使用浏览器登录网站时，如果碰到需要用户输入账户名和密码并弹出"是否记住密码"选项框的情况，最好不要选择"记住密码"，因为"记住密码"功能会将用户的账号信息存储到浏览器的缓存文件夹中，无形中方便了黑客进行窃取。

5.7　本章小结

本章对无线网络的知识进行了介绍，以无线家庭网络（SOHO）的组建需求为例，介绍了无线局域网介质访问控制方法，无线网卡、无线路由器、无线 AP 等联网设备，并实施了该项目。组建无线局域网时，可供选择的方案主要有两种：自组网络（Ad-Hoc）模式和基础结构网络（Infrastructure）模式。在 Cisco Packet Tracer 中实施了基础结构无线网络的组建，对免费 WiFi 带来的安全隐患进行分析并给出了相应的建议。

习题

一、选择题

1．无线网络属于（　　）类型的网络。

A．LAN
B．WAN
C．MAN
D．以上选项都不是

2．目前使用许多无线设备标注的网络传输速度是 54Mbps，实际传输速率是（　　）。

A．54Mbps
B．大于 5Mbps
C．小于 54Mb
D．标准传输速率的一半左右

3．无线通信协议标准包含（　　）。

A．IEEE 802.11a
B．IEEE 802.11b
C．IEEE 802.11c
D．IEEE 802.11d

4．无线基础组网模式包括（　　）。

A．Ad-Hoc
B．Infrastructure

C．无线漫游　　　　　　　　　　　　　D．anyIP

5．以下（　　）是无线网络工作的频段。

A．2.0GHz　　　　　　　　　　　　　　B．2.4GHz

C．2.5GHz　　　　　　　　　　　　　　D．5.0GHz

6．组建 Ad-Hoc 模式无线对等网络（　　）。

A．只需要无线网卡　　　　　　　　　　B．需要无线网卡和无线 AP

C．需要无线网卡、无线 AP 和交换机　　D．需要无线网卡、无线 AP 和相关软件

7．无线 AP 是无线互联设备，其功能相当于有线互联设备的（　　）。

A．集线器　　　　　　　　　　　　　　B．网桥

C．交换机　　　　　　　　　　　　　　D．路由器

8．无线局域网中使用的 SSID 是（　　）。

A．无线局域网的设备名称　　　　　　　B．无线局域网的标识符号

C．无线局域网的入网口令　　　　　　　D．无线局域网的加密符号

9．组建 Infrastructure 模式的无线局域网（　　）。

A．只需要无线网卡　　　　　　　　　　B．需要无线网卡和无线 AP

C．需要无线网卡、无线 AP 和交换机　　D．需要无线网卡、无线 AP 和相关软件

二、简答题

1．无线局域网的物理层有几个标准？

2．常用的无线局域网设备有哪些？它们各自的功能又是什么？

3．无线局域网的网络结构有哪几种？

4．简单描述在无线局域网和有线局域网连接中，无线 AP 和交换机的连接方式以及它们承担的功能。

三、实训题

1．设计有 5 台计算机的采用 Ad-Hoc 工作模式的无线网络拓扑，列出所需设备清单，安装无线设备，并测试其连通性。

2．用无线路由器组建家庭局域网方案。

第6章　VPN 实现跨网通信安全保护

本章的学习目标

- 了解什么是 VPN，建立 VPN 的目的；
- 掌握 VPN 连接的类型；
- 了解电信 VPN 产品及这些产品适用的场合；
- 通过公司 VPN 案例分享理解建立 VPN 的方法；
- 了解创建 VPN 配置和登录的流程；
- 了解公司不同的 VPN 需求解决方案。

本章学习什么是 VPN、VPN 的优点、VPN 的类型、电信 VPN 的产品和解决方案示例，接着以公司搭建 VPN 案例来分享其建设方案和建设过程。

随着企业规模的发展，信息化时代的到来，越来越多的企业都在逐步依靠计算机网络、应用系统来开展业务 并采用 Internet 来开展更多的商务活动，由于种种原因，稍具规模的企业都不只是一个办公场所，而是有总部、分公司、办事处、工厂、仓库等多个业务点。企业越来越多地应用计算机和各类软件系统来处理业务，则企业的应用系统（如 ERP、财务、文件传输、内部实时邮件等）如何扩展到远程分支机构中却成了众多企业的一个难题。

总部与分公司、工厂与写字楼、生产车间与仓库、生产厂与销售部、分厂与总厂之间距离虽说不是很远，有时也只有几十千米，甚至几百米，可是用局域网拉网线联网的方法已经是不可能了。同时用传统方式的 DDN、帧中继构建企业远程专网成本高昂，让不少企业望"网"兴叹！而覆盖全球的 Internet 是公共网基础设施，总部与分公司若通过 Internet 直接连接，数据流直接在 Internet 上裸奔，攻击者通过监听、截取、篡改等手段会给企业及其内部网络带来安全风险。幸运的是，公司可使用 VPN 技术通过公共 Internet 基础设施创建能够确保机密性和安全性的私有网络，帮助我们轻松构建远程网络系统，加速信息流、资金流、物流的循环，降低经营成本，开拓全新市场机遇。

6.1 什么是 VPN

VPN（Virtual Private Network）的中文名字是虚拟私人专用网络，是企业内部私有网络在互联网等公共网络上的延伸。VPN 通过私有通道创建一个安全的私有连接，将远程用户、家庭办公、公司分支机构、公司的业务合作伙伴等与企业网连接起来，形成一个扩展的公司企业网。VPN 意味着可通过不安全的公共 Internet 以安全、独占的方式传输数据。VPN 的示例图如图 6.1 所示。它具有一条跨越不安全的公共网 Internet 来连接两个端点的安全数据信道。本地用户和远程位置之间建立连接，该连接可采用有线或无线网络方式。

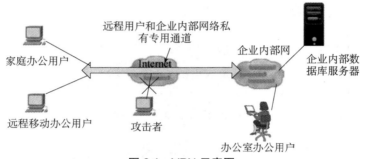

图 6.1 VPN 示意图

从图 6.1 中可以看出 VPN 具有如下特征。

① 虚拟：远程用户和企业内部网络私有专用通道之间的连接是虚连接，为了确保私有性，数据流经过了加密处理。它不租用专用线路。

② 专用：对数据进行加密以确保机密性。

下面通过一个比喻，从另一个角度阐释 VPN 概念，假设你生活在海洋环抱的一个岛屿上，周围还有成千上万的其他岛屿，有些岛屿靠得很近，有些岛屿相隔遥远。假设每个企业内部局域网 LAN 都是一个岛屿。通常的出行方式是，从你所在的岛屿乘渡船前往要拜访的岛屿。但乘渡船出行意味着几乎毫无隐私可言，因为你的任何行动都被旁人看在眼里。

假定每个岛屿都表示一个私有局域网，而海洋是 Internet。你渡船出行类似于通过 Internet 连接到某台 Web 服务器或其他设备。你无法控制组成 Internet 的电缆和路由器，就像你无法控制渡船上的其他人一样。因此，如果使用公共资源连接两个私有网络，将很容易受到安全问题的困扰。

你决定建造通往另一个岛屿的秘密通道，以便两个岛屿的人们可更方便、安全、直接地往来。即使连接的岛屿靠得很近，建造和维护秘密通道的费用也不低，但相对安全可靠的通道使你决定还是建立秘密通道。然而，对于另一个更远的岛屿，过高的费用让你不得不打消建立秘密通道的念头。

这与使用租用线非常相似，秘密通道（租用线）与海洋（Internet）是分开的，但它们能够连接各个（局域网）。很多公司之所以选择这种方案，是因为它们需要安全、可靠地连接到远程办事处。然而，如果办事处相隔很远，代价将极其高昂。

VPN 与这个比喻有何关系呢？可以向各岛屿的每位居民分发一艘小型潜水艇，这些潜水艇有如下特点：速度快；无论前往何处，都便于携带；能够将你完全隐藏起来，不被其他船只或潜艇发现；可靠。

虽然潜艇在海上行驶时其他船只也在海上通行，但两个岛屿的居民只要愿意，可以随时往来于两个岛屿，且隐私权和安全性都能够得到保证，这实际上就是 VPN 的工作原理。网络的每位远程成员都可将 Internet 作为连接到私有局域网的介质，从而安全、可靠地通信。VPN 可以扩展以满足更多用户和站点的需求，这比使用租用线时容易得多。实际上，相对于典型租用线，可扩展性是 VPN 的一大优点。使用租用线时，覆盖的距离越远，成本就越高；而搭建 VPN 时，各办事处的地理位置无关紧要。

6.2　VPN 的优点

使用 VPN 的组织将具有更大的灵活性且效率得到提升。远程站点和远程工作人员几乎可以从任何地点安全地连接到企业网络。VPN 中的数据经过加密，无权拥有数据的人无法破译。VPN 将远程主机纳入防火墙内，让访问网络设备时就像在企业办公室中一样。如图 6.2 所示，实线表示租用线路，虚线表示基于 VPN 的虚连接。使用 VPN 有如下优点。

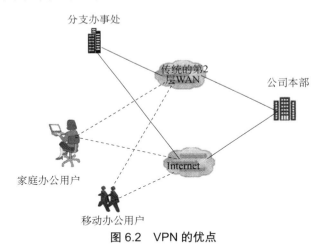

图 6.2　VPN 的优点

1）使用 VPN 可降低成本

通过公用网来建立 VPN，就可以节省大量的通信费用，而不必投入大量的人力和物力去安装和维护 WAN（广域网）设备和远程访问设备或租用昂贵的专用 WAN 链路和大量设备。组织可使用经济的 ISP 宽带将远程办事处和远程用户连接到公司总部。

2）传输数据安全可靠

虚拟专用网产品均采用加密及身份验证等安全技术，保证连接用户的可靠性及传输数据的安全和保密性。防止数据遭到未经授权的访问。

3）连接方便灵活，具有可扩展性

用户如果想与合作伙伴联网，如果没有虚拟专用网，双方的信息技术部门就必须协商如何在双方之间建立租用线路或帧中继线路，有了虚拟专用网之后，只需双方配置安全连接信息即可。VPN 使用 ISP 和运营商的 Internet 基础设施，企业可轻松地添加新用户。与企业相连机构无论大小，无须大规模添置基础设施即可大幅度扩充容量。

6.3　VPN 的类型

本书讨论两种 VPN。

1）站点到站点 VPN

让站点能够通过公共基础设施（如 Internet）访问内联网或外联网。办事处、分支机构和供应商使用站点到站点 VPN。

2）远程接入 VPN

让远程用户能够通过公共基础设施（如 Internet）访问内联网或外联网。远程工作人员和移动用户通常使用远程接入 VPN。

VPN 在两个端点之间建立专用连接或网络，且通常实现了身份验证和加密，下面将详细介绍。

6.3.1　站点到站点 VPN

1. 应用场景

一般企业总部与分部之间，或者和业务合作伙伴之间，为节省成本，利用互联网通道，为企业各站点内网进行数据传输。例如，便利超市各站点之间的内网数据传输。单位使用站点到站点 VPN，连接各分散站点的方式与租用线或帧中继连接使用的方式相同。由于大多数单位现在都能接入 Internet，因此可利用站点到站点 VPN 的优点，如图 6.3 所示。

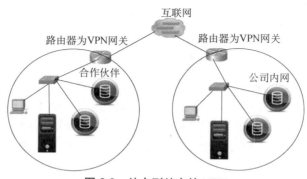

图 6.3　站点到站点的 VPN

2. 技术实现

在站点到站点 VPN 中，主机通过 VPN 网关（可以是带 VPN 功能的路由器、或者 PIX 防火墙、或者自适应安全设备）收发 TCP/IP 数据流。VPN 网关负责对来自特定站点的所有数据流进行封装和加密，然后通过穿越 Internet 的 VPN 隧道将其发送到目标站点对等 VPN 网关。收到数据后，对等 VPN 网关剥除报头，将内容解密，然后将分组转发到其私有网络中的目标主机。

6.3.2　远程接入 VPN

1. 应用场景

让远程用户能够通过互联网访问企业内部网络，即远程工作人员和移动用户通过远程接入 VPN。例如，员工出差在外或在家办公用户可通过互联网访问公司内部网络进行工作，如图 6.4 所示。

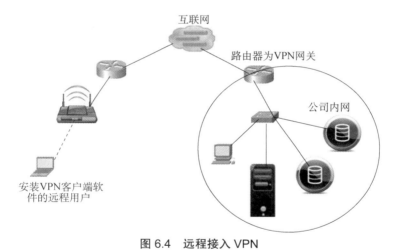

图 6.4　远程接入 VPN

2. 技术实现

在远程接入 VPN 中，用户主机通常安装有 VPN 客户站软件，只要主机发送数据流，VPN 客户软件便将其封装和加密，然后通过 Internet 将其发送到目标网络边缘处的 VPN 网关。VPN 网关收到数据后，剥除报头，将内容解密，然后将分组转发到其私有网络中的目标主机。

6.4　VPN 的特点

（1）安全保障：VPN 通过建立一个隧道，利用加密技术对传输的数据进行加密，以保证数据的私有和安全性。

（2）服务质量保证（QoS）：VPN 为不同需求提供不同等级服务质量保证。

（3）可扩充性和灵活性：VPN 支持通过 Internet 和 Extranet 的任何类型的数据流。

（4）可管理性：VPN 可以从用户和运营商角度方便进行管理。

6.5　VPN 按不同的标准分类

根据不同的划分标准，VPN 可以按几个标准进行分类划分。

6.5.1　按 VPN 的协议分类

VPN 的隧道协议主要有 3 种：PPTP、L2TP 和 IPSec。其中 PPTP 和 L2TP 协议工作在 OSI 模型的第二层，又称为二层隧道协议；IPSec 是第三层隧道协议，也是最常见的协议。L2TP 和 IPSec 配合使用是目前性能最好，应用最广泛的一种。

6.5.2　按 VPN 的应用分类

（1）Access VPN（远程接入 VPN）：客户端到网关，使用公网作为骨干网在设备之间传输 VPN 的数据流量。

（2）Intranet VPN（内联网 VPN）：网关到网关，通过公司的网络架构连接来自同公司的资源。

（3）Extranet VPN（外联网 VPN）：与合作伙伴企业网构成 Extranet，将一个公司与另一个公司的资源进行连接。

6.5.3　按所用的设备类型进行分类

网络设备提供商针对不同客户的需求，开发出不同的 VPN 网络设备，主要为交换机、路由器和防火墙。

（1）路由器式 VPN：路由器式 VPN 部署较容易，只要在路由器上添加 VPN 服务即可。

（2）交换机式 VPN：主要应用于连接用户较少的 VPN 网络。

（3）防火墙式 VPN：防火墙式 VPN 是最常见的一种 VPN 的实现方式，许多厂商都提供这种配置类型。

6.6　VPN 的实现技术

1. 隧道技术

实现 VPN 最关键的部分是在公网上建立虚信道，而建立虚信道是利用隧道技术实现的，IP 隧道的建立可以是在数据链路层和网络互联层。第二层隧道主要是 PPP 连接，如 PPTP、L2TP，其特点是协议简单，易于加密，适合远程拨号用户；第三层隧道如 IPSec，其可靠性及扩展性优于第二层隧道，但没有前者简单直接。

2. 隧道协议

隧道是利用一种协议传输另一种协议的技术，即用隧道协议来实现 VPN 功能。为创建隧道，隧道的客户机和服务器必须使用同样的隧道协议。

（1）PPTP（点到点隧道协议）是一种用于让远程用户拨号连接到本地的 ISP，通过互联网安全远程访问公司资源的新型技术。它能将 PPP（点到点协议）帧封装成 IP 数据包，以便能够在基于 IP 的互联网上进行传输。PPTP 使用 TCP（传输控制协议）连接的创建、维护与终止隧道，并使用 GRE（通用路由封装）将 PPP 帧封装成隧道数据。被封装后的 PPP 帧的有效载荷可以被加密或者压缩或者同时被加密与压缩。

（2）L2TP 协议：L2TP 是 PPTP 与 L2F（第二层转发）的一种综合，它是由思科公司推出的一种技术。

（3）IPSec 协议：是一个标准的第三层安全协议，它是在隧道外面再封装，保证了在传输过程中的安全。IPSec 的主要特征在于它可以对所有 IP 级的通信进行加密。

6.7　电信 VPN 产品及解决方案

电信可提供的 VPN 产品有 MPLS VPN、二层交换 VPN、IP-SEC VPN、VPDN 远程办公。

6.7.1　MPLS VPN

MPLS VPN 是一种基于 MPLS 技术的 IP VPN，是在网络路由和交换设备上应用 MPLS（Multi Protocol Label Switching，多协议标记交换）技术，简化核心路由器的路由选择方式，利用结合传统路由技术的标记交换实现 IP 虚拟专用网络（IP VPN），可用来构造宽带的 Internet、Extranet，满足多种灵活的业务需求。

1. MPLS VPN 的适用范围

适用于具有以下明显特征的企业：高效运作、商务活动频繁、数据通信量大、对网络依靠程度高、有较多分支机构，如网络公司、IT 公司、金融业、贸易行业、新闻机构等。企业网的节点数较多，通常将达到几十个以上。

2. MPLS VPN 网络技术特征

MPLS 是属于第三层交换技术，引入了基于标记的机制，它把路径选择和分组转发分开，由标签来规定一个分组通过网络的路径。MPLS 网络由核心部分的标签交换路由器（LSR）、边缘部分的标签边缘路由器（LER）组成。

（1）MPLS VPN 利用新的差分服务技术来支持 QoS。

（2）业务综合能力强，网络能够提供数据、语音、视频相融合的能力。

（3）安全性高，采用 MPLS 作为通道机制实现透明报文传输，MPLS 的 LSP 具有与帧中继和 ATM VCC（Virtual Channel Connection，虚通道连接）类似的高可靠和安全性。

（4）提高了资源利用率，由于网内使用标签交换，用户各个点的局域网可以使用重复的 IP 地址，提高了 IP 资源利用率。

6.7.2　二层交换 VPN

建立在 MUX 接入、宽带 ATM 传输网基础上，采用用户端以太接口、二层交换组网，综合了 ADSL 和以太网的业务特点，是一种高带宽、低实现费用的新型 DSL 的 VPN 产品。

6.7.3　IP–SEC VPN

IP-SEC VPN 在公共网络架构上（通常是 Internet）利用安全、认证、加密等技术建立企业的专用线路，也就是一个安全的网络隧道（Tunnel），在降低联网费用的同时确保信息的安全性、完整性和真实性。IP-SEC VPN 虚拟专网是一个通过 Internet 将个人和系统安全相连的技术，即利用公用基础建设为企业各部门提供安全的互联网服务，它可以提供与昂贵的专线（DDN）类似的安全性、可靠性、可管理性和优先级别，可构筑于 IP 网络、帧中继网络和 ATM 网络上。

1. IP–SEC VPN 的适用范围

连锁业态的超市便利店、大卖场、连锁快餐点及大型企业物流、跨地区大型企业、政府，公用事业总部和分支机构。

2. IP–SEC VPN 网络技术特征

（1）属于端到端服务，不需要骨干网络承担业务相关功能。

（2）响应市场变化的速度快捷，可以在现有的任何 IP 网络上部署。用户可在任意位置使用。

（3）IP-SEC 协议不解决网络的可靠性或者 QoS 机制等方面的问题，服务质量主要依赖承载网络。

6.7.4　VPDN 远程办公

远程办公（VPDN）是指有远程办公（包括群体远程办公和个人远程办公）需求的用户采用专门的账号和企业自定义的 IP 地址，通过 ADSL PPPoE 拨号联入企业内部网络，该账号不提供 Internet 功能。

1. VPDN 的适用范围

（1）A 类业务账号：用户端账号与 ADSL PVC 绑定，适用于固定地点的公司内部分支点（超市、连锁类远程办公点），仅开通 VPDN 账号（不提供 Internet 上网功能），以包月资费形式绑定在各业务分支点上。

（2）B 类业务账号：VPDN 账号与 ADSL PVC 不绑定，适用于个人远程访问公司内部信息（SOHO），采用有限包月、超时计费的资费方式。

2. VPDN 网络技术特征

（1）上下行速率不对称。
（2）用户认证以保证其安全性。
（3）速率为 128Kbps～2Mbps。
（4）用户通过 ADSL 方式拨入，用户无须路由器。

6.7.5　电信产品案例分享

案例 1：某中型企业邮件服务器、文件服务器、认证服务器等放置在总部，分部需与总部通信。该企业速率要求不高。建议用户采用 IP-SEC VPN 的应用解决方案，其分部通过 ADSL 拨号、VPN Client 软件与其总部通过隧道 Tunnel 进行加密通信。

案例 2：某教育行业类用户，具有若干分支点，分支点之间需要相互通信，对速率要求较高。建议通过光纤、双绞线等多种形式，将其分支机构接入 IP 城域网，实现基于 IP-MAN 的 MPLS VPN 组网。

案例 3：某企业将下属各个业务点的业务信息通过安全、价格相对低廉的宽带网络传输给总部，可为其采用 VPDN 方案。具体要求为：

① 可以支持用户为数众多的业务点（包括市区和郊县）；

② 满足客户对带宽的需求；

③ 网络与 Internet 隔离，直接进入内部网络；

④ 需要提供备份方案，确保网络的可用性；

⑤ 下属业务点可以自动拨号到总部，尽量减少人工操作。

根据上述业务需求，采用 VPDN 解决方案，宽带 ADSL 和窄带拨号两种。

案例 4：这是一个应用二层 VPN 的例子。某银行用户的分支机构较多，安全性要求很高，各互联网点的带宽需求较高，希望以以太口接入方式，减少用户端设备投资。方案采用二层交换 VPN，为用户提供以太口接入，同时以 SDH 作为备份。

6.7.6　VPN 产品的对比

VPN 产品的对比如表 6.1 所示。

表 6.1　VPN 产品的对比

	IP-SEC VPN	MPLS VPN	VPDN	二层交换 VPN
网络位置	属于端到端服务，不需要骨干网络承担业务相关功能	—	利用 ADSL 接入资源	利用 MUX 接入网资源，属于端到端服务
服务部署	响应市场变化的速度快捷，可以在现有的任何 IP 网络上部署。用户可在任意位置使用	需要用户在业务网络覆盖范围内使用。用户位置要求固定	ADSL 延伸到的地方	在电话模拟线覆盖、MUX 布点 3km 域内
服务质量、服务级协约	IP-SEC 或 SSL 协议不解决底层网络本身的可靠性或者 QoS 机制等方面的问题，其服务质量主要依赖承载网络	可以提供可伸缩的、稳固的 QoS 机制和流量工程能力，从而令服务供应商可以提供具有保证 SLA 的 IP 服务	稳定性和带宽取决于 ADSL	可以提供高带宽、上下行对称，相对稳固和安全的网络质量保证
机密性	通过网络层或应用层上的一整套灵活的加密和隧道机制提供数据私密性	采用专用线路，从数据链路层保证用户数据安全	通过安全认证和专用服务器建立专用通讯隧道	由于是二层交换机制的 VPN 网，保证用户数据安全
客户支持	可通过客户端支持；可采用 Web 浏览器	基于网络的服务，不需要客户端承担数据处理	基于网络的服务，功能在骨干端实施	基于网络的服务，不需要客户端承担数据处理
与其他业务兼容性	在使用 VPN 同时，不影响用户使用基础线路服务	使用专用线路，不共享线路	通过不同的账号拨号，可达到共用线路效果	—

6.8   公司搭建企业远程虚拟专用网案例分享

现以某公司的应用为例，说明使用 VPN 搭建企业远程虚拟专用网。

6.8.1   用户需求

客户有两个工厂、一个销售部，分别位于 3 个不同的地方，中间相距几千米，客户有一套 ERP 系统，现只能在工厂甲处用，将来希望两个工厂可以共用这套系统，来提高管理的水平和效率，并且销售部作为公司在市场方面的前沿阵地，可以随时查看公司的生产及库存情况，以便安排客户的订单和通知发货，来提高公司信誉和公司产品在市场的占有率。最后，公司的高层在出差时也希望可以查看公司的情况。

6.8.2   公司网络状况拓扑图

公司的总部、工厂 A、工厂 B 都有各自的局域网，通过 ISP 提供的宽带接入 Internet，如图 6.5 所示。

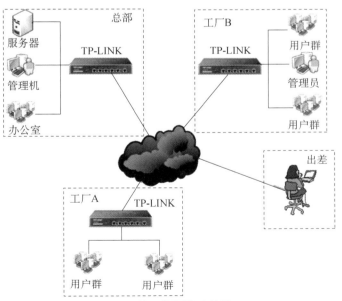

图 6.5   公司的网络连接情况

6.8.3　实施方案

因为两个工厂要用同一个 ERP 软件，有时可能还有一些共享文档需要通过 VPN 传输，所以在每个工厂装一个专用 VPN 设备，这样两个局域网之间就可以互连互通了，就完全像在同一个局域网内一样了；销售部可以根据业务的需要，选择安装 MR VPN 客户端软件还是移动客户端，移动用户安装 MR VPN 移动客户端软件就可以了，如图 6.6 所示。

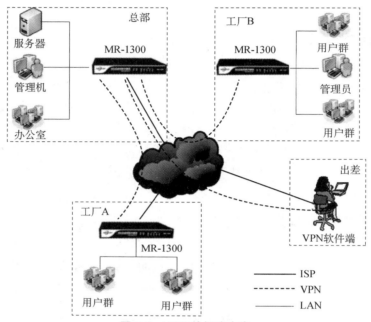

图 6.6　VPN 的解决方案

6.8.4　方案特点

1．安全的 VPN 系统

（1）所有经由 VPN 隧道进行传递的数据都是经过了 AES/3DES 加密算法的 128～168 位的加密，可以有效地防止数据被窃听或篡改。

（2）严格的密钥认证，只有知道密钥的用户才可能接入，防止非法用户闯入，密钥由公司网管统一保管，可随时变更。

（3）iNAS 数字证书技术，支持 PKI 认证体系，绑定 VPN 用户的计算机硬件信息（硬盘、CPU、网卡等），只有用户名、密钥、用户数字证书全面通过认证才能接通，即便用户名和密码被人窃取，VPN 网络依旧牢不可破。

（4）强大的内网管理功能，分支机构通过 VPN 连到总部局域网后，只能访问总部管理员为其分配的内网资源，不同的分支机构可设定不同的访问权限，避免有人利用内网进行恶意攻击，有效保障网络的安全。

2．速度快

采用内核驱动技术及数据流实时压缩算法（LZO），可以使带宽利用率高达 90%，特别适合于数据库、文件传输等应用。文件在传输过程中，最大压缩比可达 180%。

3．高效稳定 VPN 系统

支持全动态 IP 地址组网，同时支持各种接入方式，如 ADSL/PSTN/IP/GPRS/WLAN等，因此用户接入的合法性、IP 寻址的时效性就显得特别重要，为此公司专门开发了目录服务用于 ADSL 等动态 IP 上网的客户进行 IP 地址更新，可以保证用户接入的合法性、VPN 寻址的稳定性，真正实现专有（Private）的内部网络。

6.9　抗疫期间 VPN 案例分享

在广电网络公司，外出设点收费是一个重要的业务发展手段，因此公司远程办公的能力和效率与业务的开展有很大关系。为此，广电网络某分公司部署了一套简单可靠的 VPN 远程办公系统。该系统极大地促进了公司的业务开展，特别是在新冠肺炎疫情暴发期间，系统的重要性更加凸显。现将广电网络某分公司 VPN 远程办公系统设计方案、工作原理、后台管理、维护使用等方面的经验予以分享。

6.9.1　VPN 系统介绍

广电网络某分公司的 VPN 远程办公系统，可让用户在任何地方、任何环境下通过互联网接入公司办公系统，系统主要用于流动收费点办公、设备远程管理及居家办公。在 2020年年初新冠肺炎疫情暴发期间，为了降低疫情传播的风险，公司响应国家和地方政府的号召，对办公室上班的人员数量进行限制，仅让少量人员每天到办公室上班。但是公司很多业务还需要正常开展，很多事情需要及时处理，仅靠少量人员在办公室上班无法保证公司的正常运转。因此，公司充分利用 VPN 远程办公系统，使公司所有管理人员都可以实现居家远程办公，远程操作的所有功能与在办公室上班完全一样，有效解决了特殊时期办公室上班人员不足的问题。实践证明，一套简单有效的 VPN 系统对公司的正常运转起到了重要作用。

常用的 VPN 模型有 Access VPN、IP-SEC VPN 和 SSL VPN 等几种。Access VPN 属于二层网络隧道技术，其安全性和功能不能满足公司业务的需要。IP-SEC VPN 是网络层的 VPN技术，其安全性高，但难点在于客户端需要安装复杂的软件，而且使用者需接受培训才能够掌握相应的技术。SSL VPN 协议在功能和安全性上能满足业务的需要，同时具有网络结构简单、易于维护、客户端不需要安装特殊软件、性价比高等优点，因此这里选择的是 SSLVPN。

搭建 SSL VPN 网络，这里选用的是神州数码的 DCFW-1800 防火墙，该设备内置了 SSL VPN 功能。另外，还需要一个有公网固定 IP 地址的专线用于连接互联网，IP 要求互联网上的任何网站都能被访问，带宽最低 10Mbps，上下行带宽对等。

在内部地址规划方面，需要办公网地址池内的一个固定 IP 地址，该地址必须向上级管理部门申请，避免在分配给个人使用时造成 IP 冲突。另外，还需要提前确定办公常用的 IP 地址段，为在 VPN 内配置路由表做准备。SSL VPN 网络拓扑图如图 6.7 所示。

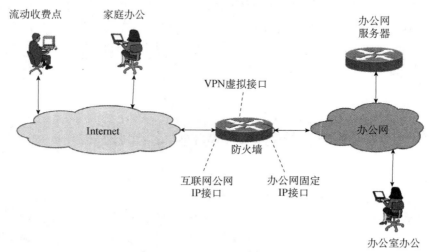

图 6.7　VPN SSL 网络拓扑图

6.9.2　VPN 系统安装配置过程

（1）在防火墙的两个端口分别连接互联网和办公网，并将 IP 地址配置成互联网公网 IP 和办公网固定 IP，完成线路连接。

（2）防火墙配置默认路由和静态路由。默认路由为互联网网关，即 0.0.0.0/0.0.0.0，其下一跳为互联网固定 IP 对应的网关；静态路由为办公网需要访问的地址段，其下一跳为办公网网关。

（3）配置 VPN 接口地址，如"172.16.1.1"，该地址也是 VPN 用户获取 VPN 地址时的网关；配置 VPN 地址池，地址池为 VPN 用户分配的新的 IP 地址，必须和网络中现有的地址不冲突，如"172.16.1.10-172.16.1.100"。

（4）创建 SSL VPN：在创建隧道接口时，需要输入一个端口号，端口号由用户自己定义，如 4433；该端口号也是用户登录 VPN 时的 IP 地址端口。

（5）创建安全域和策略：将 SSL VPN 及接口定义为三层的安全域（Trust），办公网定义为缓冲域（DMZ），互联网定义为非安全域（Untrust）。制定相对的策略，只允许符合规定的访问通过。

（6）给用户添加账号密码，每一个账号只能供一名用户使用。

（7）在"用户管理"栏启用主机检测和绑定：该功能在用户首次登录时自动把用户名和主机 ID 的应用关系加入绑定表，锁定用户的计算机硬件、网卡 MAC 地址、操作系统等多项参数，降低非法侵入的可能。

以上步骤为 VPN 系统的基本安装配置过程，安装完成后即可投入使用。

6.9.3　用户远程登录流程

（1）在客户端浏览器地址栏中输入防火墙的外网地址和端口号，进入客户端下载页面，如 "https：// 外网 IP 地址：4433"；在登录界面输入用户账号和密码，出现下载客户端软件的提示。

（2）下载 VPN 客户端，软件安装完成后 Windows 系统右下角出现 VPN 客户端图标，单击该图标后出现如图 6.8 所示界面，输入用户名、密码即可。登录成功后，计算机右下角会出现一个绿色小图标，否则是红色的。

用户名：
密　码：

登　录

图 6.8　用户远程登录

（3）用户成功登录 VPN 后，计算机会获取一个新的 VPN 段地址和网关，这样计算机就有 2 个网关，即 2 个默认路由。如图 6.9 所示，通过 "route print" 命令查看计算机路由，可以看到计算机有 2 个默认路由。

活动路由： 网络目标	网络掩码	网关	接口	跃点数
0.0.0.0	0.0.0.0	192.168.1.1	192.168.1.104	25
0.0.0.0	0.0.0.0	172.16.1.1	172.16.1.23	1

图 6.9　默认路由

第一个默认路由指向互联网接口，跃点数为 25；第二个默认路由指向 VPN 的接口地址，跃点数为 1。由于 TCP 协议优先选择跃点数少的路由，因此当前的默认路由只有第 2 条有效。此时用户只能登录办公网，不能登录互联网。

（4）用户通过 VPN 登录后，可以在 IE 栏中输入办公网地址登录办公网系统，或直接管理办公网系统中的设备，且不需要添加额外的配置。账号在一台计算机成功登录后即和计算机绑定，无法在别的计算机使用。

远程管理系统是一个最佳的线上办公载体，但系统的安全性也不容忽视。本系统的安全性主要体现在以下几个方面。

（1）系统核心设备本身就是防火墙，有多种防病毒攻击能力，如 IP 与 MAC 绑定、防地址欺骗、实时监控、日记审计、入侵监控、灾难恢复等。

（2）用户账号只能指定个人使用，并且和计算机绑定，可有效避免账号被泄露或盗用，而且服务器可以记录下用户的所有访问记录。

（3）防火墙本身具有病毒过滤功能，其病毒特征库可在线升级。

（4）防火墙安全策略只允许 VPN 地址访问内网地址，增加了系统的安全性。

6.9.4　后台管理及维护

为保障 VPN 系统的正常运行，必须有专门的后台管理员进行管理。管理员在互联网或办公网环境下都可通过防火墙的外网或内网地址登录防火墙。在后台管理和维护工作中，管理员需要经常进行以下管理操作。①给新用户添加账号和密码，删除过期不用的账号，重置密码等；②在 VPN 内通过 Ping 功能检测外网或内网是否有问题；③如果内网增加了新的地址段，需要及时添加防火墙的路由表；④查看用户登录 VPN 的状态，将上线后没有及时退出的用户踢出；⑤用户更改设备或重装系统后，会被防火墙认定为不符合绑定表记录而无法登录，需要删除对应绑定表后重新绑定，计算机被一个账号登录后，如果需要换账号登录，解除原来的绑定关系；⑥查看各种日记文件，处理告警信息。

习题

1．VPN 网络设计的安全性原则包括（　　）。（多选题）

A．隧道与加密　　　　　　　　　　　　B．数据验证

C．用户识别与设备验证　　　　　　　　D．入侵检测与网络接入控制

E．路由协议的验证

2．以下关于 VPN 的说法中正确的是（　　）。（单选题）

A．VPN 指的是用户自己租用线路，和公共网络物理上完全隔离的、安全的线路

B．VPN 指的是用户通过公用网络建立的临时的、安全的连接

C．VPN 不能做到信息验证和身份认证

D．VPN 只能提供身份认证、不能提供加密数据的功能

3．IP-SEC 协议是开放的 VPN 协议。下面对它的描述中有误的是（　　）。（单选题）

A．适应于向 IPv6 迁移　　　　　　　　B．提供在网终层上的数据加密保护

C．可以适应设备动态 IP 地址的情况　　D 支持除 TCP/IP 外的其他协议

4．部署 IP-SEC VPN 时，配置什么样的安全算法可以提供更可靠的数据加密（　　）。（单选题）

A．DES　　　　　　　　　　　　　　　B．3DES

C．SHA　　　　　　　　　　　　　　　D．128 位的 MD5

5．部署 IP-SEC VPN 时，配置什么样的安全算法可以提供更可靠的数据验证（　　）。（单选题）

A．DES　　　　　　　　　　　　　　　B．3DES

C．SHA　　　　　　　　　　　　　　　D．128 位的 MD

6．IP-SEC VPN 组网中网络拓扑结构可以为（　　）。（多选题）

A．全网状连接　　　　　　　　　　　　B．部分网状连接

C．星形连接　　　　　　　　　　　　　D．树形连接

第 7 章　　　　　远程办公

本章的学习目标

- 了解什么是远程办公；
- 了解有哪些远程办公的工具；
- 掌握什么样的情况下需要远程办公；
- 掌握综合性工具钉钉在工作场景中的应用；
- 掌握腾讯会议的发起、加入和组织及如何转化会议纪要；
- 掌握百度网盘数据的存储。

在迅速发展的商业环境下，企业的办公环境也日新月异，团队成员可能需要跨越地区和时间进行工作，由此也诞生了一种新的工作模式，即远程办公。远程办公是一种全新的办公模式，它可以让办公人员不受时间和地点的限制进行工作。但是大多数工具仅能解决员工远程工作的部分需求，而企业需要的是一套安全、可靠、可扩展且经济高效的远程办公方案，这套方案不仅能满足员工灵活办公的需求，提高企业生产力；同时也可以为公司带来额外的营业收入，一举两得。

7.1　合理搭配自己远程办公系统

随着"互联网+"时代的到来，工作正变得多变且多样化，传统的工作方式已很难适应人们的办公需求。人们的办公习惯正在向移动化和灵活化转变，即跨地点、跨时区、跨设备的灵活办公。试想如果有一份工作对员工来说不需要承受上下班的通勤压力，不需要坐在办公桌前处理堆积如山的办公文件；对于管理人员来说不需要支付昂贵的办公室租金，不需要通过冗长的会议就能掌握公司全盘的工作进度，那么这样的工作大家愿意了解并尝试一下吗？这并不是白日做梦，而是一种新的办公方式——远程办公。

7.1.1　明确自己的远程办公需求

远程办公是一种新的办公方式，具有不受办公时间和空间限制的特点，且聚合了即时沟通、企业社交、文档协作、客户关系管理、人力资源管理、任务管理等多种传统办公的能力，能够帮助企业更加轻松、高效地实现内部人员和合作伙伴间的连接，以及与企业相关的各种办公业务之间的连接。

但需要说明的是，远程办公并不适合所有的工作，无论是基层的工作人员还是高层的管理人员，都应该客观合理地看待远程办公，要结合实际情况去分析自己的办公需求。通常一个企业的工作划分包括以下4个部分。

1）职业工作

通俗地讲就是"什么样的人做什么样的事"，比如司机开车、厨师烧菜、设计师画图、程序员编程写代码等，职业工作彼此之间具有显著差别。

2）管理工作

工作任务的布置分配、成效考核、人员安排等一些管理上的工作。不同职业之间的管理工作虽然存在差异，但不像职业工作那样有很大差别，存在部分相同的环节。

3）流程工作

基本上是一些管理流程上的工作，如考勤统计、审批、报销等。不同公司之间的流程工作可能差别非常大，但对个体而言并无太大区别。

4）辅助工作

辅助工作是企业文化的一种体现，包括组织团队建设活动、加强同事之间日常的互动、做好新员工的入职培训与营造团队归属感等，相比于前面的工作组成部分，辅助工作彼此之间的差异极其微小。

图 7.1　钉钉信息交流

分析了工作的组成，就可以大致判断一下哪些工作适合远程办公了。一些工作场所固定在线下的职业，如司机、厨师、车间工人等，显然就不能进行远程办公，而设计师、程序员这类几乎全程在线上的职业就可以采用远程办公方式。如果公司的主要工作在于管理调度，比如部分跨境电商公司、民宿管理公司，订单的接收与发放都是在线上完成的，就可以远程办公，而自产自销型的电商和主营线下服务的公司就很难。除了上述的分析，还可以通过下面几个具体问题来判断企业是否适合进行远程办公。

1.　是否需要即时沟通

对于远程办公而言，即时沟通的实现并不存在问题。现如今许多的沟通早已发生在线上，几乎每个人都有微信或QQ，许多公司还专门推出了供内部人员使用的工作沟通软件，如百度 Hi、华为 eSpace。除此之外，还有 QQ、微信、钉钉、飞书等众多软件可以选择，这些软件已经比较成熟，既能线上聊天，也支持语音和视频通话，如图 7.1 所示。

　　因此，对于考虑远程办公的公司来说，即时沟通并不存在问题。唯一要考虑的就是公司平时的沟通方式，像一些传统的企事业单位，很多工作沟通都以面对面的谈话为主，和线上沟通有很大区别，这就需要一个学习和适应的过程。

2.　是否需要会议讨论

　　开会讨论对于很多工作来说是必不可少的一个部分。与即时沟通有所不同，开会讨论要更为复杂一些，从人数上来说，可以是几个人的小范围讨论，也可以是上千人的总结和培训；从设备上来说，有时要用到投影仪来展示 PPT，有时又只需要一块白板来写写画画。因此，不同的公司对于开会的需求是不一样的，在考虑远程办公时要根据自身的实际情况进行考虑。

　　如果远程工作时开会的频率比较高，且需要用到白板或 PPT，那么可以考虑腾讯会议、Zoom、TalkLine 等专门的远程会议软件，它们提供了开会用到的相关工具，如远程桌面、在线白板等，如图 7.2 所示。如果是一些长周期的工作，如室内设计、建筑设计，方案确定后基本就是按部就班地画图跟进，很少会出现"边做边改边开会"的情况，那么就不太需要远程会议讨论。

图 7.2　腾讯会议开会讨论

3.　是否需要文档协作

　　文档协作是所有团队工作中的高频场景，比如集体签字就是一个典型的文档协作，由发起人起草文件，然后将该文件传至其余合作人员，确认无误后大家在同一份文件上签字，一次文档协作就完成了。

　　但集体签字这样的传统协作方式已经无法适应当下的协作需求，尤其是一些统计类的工作。假如公司有数千名员工，现在要收集统计所有人学习反诈骗知识测试情况。那通常的流程是统计人员先通知各部门管理者；然后各部门管理者再转发到各自的工作群中，要求大家汇报，初步统计后反馈到统计人员那里；后者将各部门的数据进行复制粘贴做最后的汇总。过程中如果发现有问题，还得打回重填。整个过程包含了无数次的发送接收、上传下载，不仅繁杂低效，还易出错，各级统计人员苦不堪言。

　　采用远程办公的文档协作方案后，只需管理人员在文档协作软件上编写一个模板，然后设置好文档的编写权限，再分享到工作群中，这样所有员工只需要打开该分享链接就能自行填写信息，如图 7.3 所示。这个过程无疑更为简洁高效。因此，对于一些统计类的工作来说，文档协作不仅适用于远程办公，也非常适合于日常的统计管理。目前能满足此类要求的文档协作软件有钉钉在线编辑、石墨文档、腾讯文档、WPS Office 等。

图 7.3　在线编辑统计浙江反诈骗知识学习

4. 是否有大文件传输

对许多公司来说，文件传输是一项非常常见的事情。得益于公司的局域网架构，文件的传输速度可以达到几十 MB 每秒。而如果通过内部共享文件夹，建立资源库或工作文件夹，甚至都不需要进行传输。

换成远程办公之后，所有人都分散在各地，工作文件只能通过互联网来进行传输，那么彼此之间不同的网络差异将导致非常不好的工作体验。像一些设计、影视类的公司，工作文件往往有数 GB 大小，平时通过局域网传输可能就几分钟的事情，几乎不会对工作产生影响，但通过互联网传输时速度可能只有几 KB 每秒，传完要花上一整天，严重影响工作体验。

如果平时工作时不怎么需要传输文件，或者只需要传输一些小的文件，那么远程办公时不会有太多阻碍，通过 QQ 或者文档协作就能解决问题。相反，如果平时有大量的文件需要传输，那么在远程办公前一定要考虑好文件的传输方法，如使用百度云、坚果云、奶牛传输等。

5. 是否需要远程审核

审核是一个典型的工作流程，只要公司的组织架构开始出现层级，就自然会有相应的审核工作。不同公司内部的流程也不尽相同，但基本都是低层级的员工向高层级的管理者递交相关的申请，然后管理者批阅后决定是否通过。在线下办公中这个过程会颇为正式，一般会递交专门的纸质文件，如报销申请、调休申请、用车申请、实验调课申请等，如图 7.4 所示。

如果要在远程办公中实现这一套流程，建议选择钉钉、企业微信、飞书等综合性的软件，这些软件内部提供了一系列的企业标准架构和管理流程，能够满足大多数的审核工作需求。而且针对传统办公模式中审批过程缓慢的痛点，这些软件将请假出差、财务报销等通用流程移动化，待办事项可在移动终端进行处理，管理层和员工可以利用碎片化的时间快速完成各项申请和审批，从而大幅提高信息流转的效率。

6. 是否需要任务管理

现在"任务"一词经常出现在办公环境中，它用来表示一个较小的工作单元，如制作开会用的 PPT、更新进度表、答复客户的邮件等，这些具体的工作就是一个任务。多个关联任务的组合就称为"项目"，因此，如果要推进一个项目，需要管理人员先对项目进行拆分，然后分配任务给合适的员工进行处理。所以一个好的管理者能合理、准确地对任务进行分配，大幅提升工作效率和员工的工作体验。

当大家聚在线下一起办公时，任务管理显得灵活而高效：如果某个任务出现了问题，只要和同事打个招呼就能马上得到反馈并进行调整，往往几秒或几分钟就能解决；要是出现了重大变故，也可以临时召开紧急会议进行讨论；平时的任务完成情况也可以通过贴纸在看板上体现，团队中的任何人都可以直接观看，评估自己的工作进度。

图 7.4　调课审核流程流转

如果转移到线上进行远程办公，除了身边没有同事，工作交流只能通过聊天软件，有可能无法得到及时回复外，其余一切的管理工作都可以实现。比如 Teambition 就采用了"看板系统"的展现方式，每个任务板可以分成多个任务列表并列排放，列表中的卡片就是一个个任务，通过将卡片拖曳到不同列表，就可以更新此任务的当前状态，这种方式直观且便于操作，所有人都能迅速定位到自己的任务，管理者也能快速掌握任务的当前进度，如图 7.5 所示。

图 7.5　Teambition 看板视图

其实，如果进行远程办公，或者将远程办公的任务管理工具应用到工作场景中来，那么团队成员的各种工作都可以被分析和量化，以此来作为管理者评估的参考。这就像是手机上的一些运动类 App，能根据运动的频率、时间、强度，结合手机传感器或者智能手表收集到的心跳、体温来判断运动效果。有了一个高效的管理平台，管理者就能获得更多的量化信息，真正让团队成员的每一次付出都可以被看到。

7. 是否需要日常考勤

远程办公是对管理者和普通员工的共同考验。对于管理者来说，远程办公失去了原先的管理场景，甚至很难知道员工是否准时上班，而每个人的准时上班，又是一个团队正常工作的基础。对于普通员工来说，有着小孩、宠物、电视机等大量的干扰因素，远程办公也是对个人自制力的极大考验。

远程办公不是旅行办公，也不是有活就干、没活就休息，远程办公只是换了办公地点，工作时间并没有换，因此，团队应该严格按照正常的工作时间进行工作。有不少工具可以实现远程考勤打卡，如钉钉，它提供远程打卡主要有 3 种方式，一种是外勤打卡，一种是群签到，一种是视频会议，如图 7.6 所示。

如果要量化员工每天的工作量，钉钉也提供了日报功能，管理者可以自行制作一个日报填写模板，要求大家每日进行填写，通过浏览日报就能实时跟进各员工工作的完成情况，如图 7.7 所示。

图 7.6　钉钉远程打卡方案

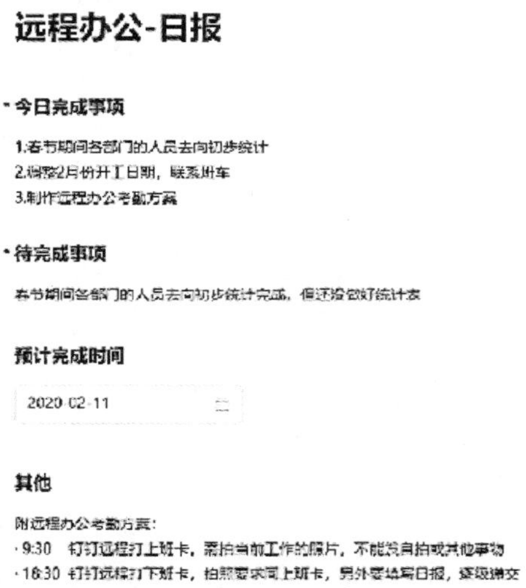

图 7.7　员工日报

7.1.2　选择远程办公工具的几个原则

目前已推出的远程办公工具类型繁多，从沟通到任务管理、日常考勤，每个领域都有不少选择。因此，在挑选远程办公工具时，为了避免"选择困难症"，可以参考以下几个原则。

1.　就近原则——从社交软件中选择

微信和 QQ 这两个社交软件几乎每个人都有，而且不少公司就使用它们作为公司内外沟通的工具。这样做的好处是几乎没有任何学习成本，也不需要增加多余的投入，而且微信和 QQ 除了打字聊天，也都支持多人语音通话和视频通话（算上自己最多 9 人），还能传输文件，对于一些不太复杂的工作来说足以满足远程办公的需求。

但是相比于一些专门用于办公的软件来说，微信和 QQ 的功能还有很多不足，一旦负责的项目过多，要处理的工作稍微复杂一点就会捉襟见肘。比如按项目组创建微信工作群，经常会出现打开微信界面一看就是各种红点和"有人@我"，如图 7.8 所示。根本无法分清轻

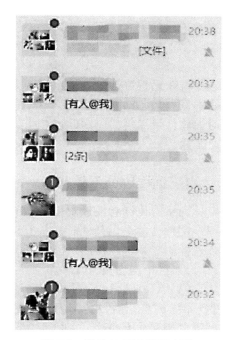

图 7.8　微信按项目类别建群

重缓急，等处理之后再去回想是谁@了自己、交代了什么，又得去各个微信群里找半天，效率很低。

2.　简单原则——工具学习成本要低

对于许多公司来说，远程办公只是一个可选项，而不是必选项，因此，远程办公的学习成本不宜太高。如果贸然向自己的团队推荐某个相对复杂、功能繁多的工具，在学习门槛不够低或者不够亲民的情况下，假如没有足够的技术支持或者权威的教程，那么短期内的学习成本才是阻碍团队效率的第一座大山。

因此，对于一些小微企业来说，在人数不多的情况下完全可以用 QQ 和微信来远程交流，没必要花时间去适应钉钉、飞书等工具。如果工作中有其余的痛点，如文件传输、任务管理等，可以单独选用相应的工具来解决。

3.　减法原则——远程工具尽可能少

远程办公并不是炫技，不是会的软件越多越好，相反，过多的软件还会让信息过于分散，工作量大的时候很容易丢失信息。

比如白天上班时都待在计算机旁边，在 PC 端沟通软件上收到了主管发来的消息，如果白天没处理完，晚上拿回家处理后很可能顺手用发微信的方式做了反馈。

这样就造成了两个软件之间的信息差，如果没有及时保留这些信息，时间一久，无论是

通过 PC 端的沟通软件还是微信都很难查找到当时的具体沟通记录。因此无论是沟通、协作还是任务管理，都应该尽量统一使用某一个软件，避免出现同类型的工具重叠。

7.1.3　选择适合的办公工具

现在远程办公工具的选择范围是非常广的，基本的远程协作需求都能够得到满足，如果有沟通、共享文件、协同编辑、企业数据分析、远程会议方面的特殊需求，也都有专门的针对性软件可以使用。因此，在工具方面远程办公注重的是选择，要选择最适合自身的远程办公工具。

1. 远程办公工具代表产品

为了方便读者快速定位，本节将远程办公用的工具拆分为讨论沟通、文档协作、任务管理、文件传输，以及同时具备上述功能的综合性团队工具 5 个种类。每个种类均会选择具有代表性的工具进行盘点，读者可以根据自己的工作需求进行定位选择。

1）讨论沟通类工具

（1）TIM，即 QQ 的办公简洁版，是一款专注于团队办公协作的跨平台沟通工具。虽然 QQ 不太适合团队办公，但基于 QQ 为企业打造的 TIM 却是不错的选择。作为最早从 PC 端演进过来的通信工具，QQ 保留了大量适合协作的功能，比如大文件传输、稳定的多人通话、屏幕共享演示、聊天记录漫游等，这些都是团队沟通中常用的功能，TIM 在这些功能上比 QQ 要更为完善、简洁，每个功能点的完成度也很高，对于以沟通为主要需求的团队来说，值得考虑。

（2）Zoom，Zoom 是一款多人云视频会议软件，可为用户提供兼备高清视频会议与移动网络会议功能的免费云视频通话服务。用户可通过手机、平板电脑、PC 与工作伙伴进行多人视频及语音通话、屏幕分享、会议预约管理等商务沟通。与其他远程会议类工具相比，Zoom 最多可支持 1000 名视频会议参会者或 10000 名观看者，是目前领先的远程视频会议工具。

（3）TalkLine，TalkLine 是一款实时视频互动交流软件，主要用于在线教育，因此 TalkLine 提供了非常多的交互工具，比如画笔、画板、文件分享等，可以帮助线上教学的老师像平时上课一样在黑板上进行书写，也能马上看到同学交来的作业，基于这些特性，也完全可以将 TalkLine 当作一个远程会议工具使用。

（4）Explain Everything，Explain Everything 是一个拥有即时操作、即时批注，同时还能够像日常开会那样无限制交流的远程白板工具。它可以将会议转化成一块共享的白板，然后将这块白板分享给参与者进行观看。Explain Everything 支持网页和 App 访问，因此无论是在家里、列车上还是公司内都可以随时随地开始演示。

（5）会议桌，会议桌是一个专门根据会议需求定制的本土协作产品，特点是不需要下载安装任何插件，在网页中即可享受便捷的语音、视频服务，非常适合那些讨厌安装多余软件和 App 的人。它同时提供共享白板、共享文档展示等功能。

2）文档协作类工具

（1）石墨文档，石墨文档的设计非常简洁高效，不仅支持多种格式文件的在线协同编辑，也支持多种浏览器设置，因此石墨文档使用起来非常流畅，很少出现无法访问的情况。

此外，石墨文档的权限设置功能比较丰富，可以向陌生人分享阅读和编辑权限，也可以设置密码访问，适合不同的需求和场景。

（2）WPS Office，WPS Office 默认为每位用户提供了免费的 1GB 云存储空间，不仅支持实时同步、查看编辑记录，还支持全文检索、历史版本追回等功能，在所有支持标准 HTML5 的浏览器上登录 WPS 账号后，就可以在任何场景下实现全平台创作，对于平时办公就使用 WPS，或使用合同、表格等标准文档比较多的团队，可以尝试用 WPS Office 来协作，相对 Office 协作来说，使用门槛比较低。

3）任务管理类工具

（1）Trello，Trello 是最早出现的任务管理类工具之一，确定了以看板为主的项目和任务管理方法，非常简洁易用，且大部分功能是免费的。它的特点是可以根据行业的需求进行工作流的灵活定制，包括市场营销人员、项目规划师、软件开发者、高校老师、人力资源经理、婚礼策划师、全职父母，还有旅游规划师等，都可以根据自身需求来个性化地使用 Trello 这一任务管理工具。

（2）Teambition，Teambition 也是一个功能比较全面的任务管理工具，现已被阿里收购，因此可以直接在钉钉中进行加载。作为一个本土工具，Teambition 的优点就是全中文界面，而且响应速度很快。此外，Teambition 在创建项目时提供了 40 多种模板，涵盖了产品研发、市场营销、行政人事等多个方面，每个模板都有已经划分好的任务流程，只要找到合适的项目模板就能快速创建相应项目并设置好任务列表。

4）文件传输类工具

（1）百度云，百度云在很长一段时间内都是国内使用人数最多的文件传输工具之一，这得益于之前百度构建的庞大社交网络，很多人都拥有百度账号，因此可以直接登录并使用百度云，省去了重新注册账号的工作。普通的百度云用户有 2TB 的免费存储空间，足以容纳大部分公司的工作文件。

（2）奶牛快传，奶牛快传是一款新型的网盘工具，非常适合进行大文件线上分享。不需注册就能直接上传和下载文件，而且速度非常快，完全不限速，也不限制文件体积大小。奶牛快传的移动网页版和 iOS 客户端还支持直接预览多媒体文件，免除反复下载的痛苦。如果工作时经常需要和他人快速传输文件，特别是大文件时，奶牛快传一定可以满足需求。

（3）坚果云，和上面两个传输工具不同，坚果云的核心优势在于文件共享和同步功能。比如在公司 PC 上将工作文件夹共享到坚果云之后，再在家里的 PC 上登录坚果云，即可将工作文件夹同步到家里的 PC 上，此时对文件夹内文件的任何修改，其他 PC 上的该文件夹也会自动更新。因此可以将工作文件夹同步给多个同事，这样就省去了传输工作，也避免了将文件传来传去，以至于出现版本一、版本二、版本三这样的情况。

5）综合性团队工具

综合性团队工具，就是集成了前面介绍的多个功能，可以一站式解决远程办公问题的工具。这类产品的开发和维护要求较高，基本只有头部互联网公司才能持续投入，目前比较成型的有阿里（钉钉）、字节跳动（飞书）、腾讯（企业微信）三家。

2. 搭配适合自己的远程"套餐"

远程办公系统就和买 PC 差不多，可以直接买整机（选综合性团队工具）一次到位；也可以把各硬件拆开来去拼装（CPU、显卡、内存、硬盘等对应远程办公系统的沟通、协作、任务管理工具等）。不同人的选择也不一样，因此没有最好只有最适合，要学会合理搭配出一个最符合自身需求的远程办公系统。

优先推荐读者使用综合性的团队工具，如果不适合自身需求，建议从沟通、协作、管理、传输等单个类型里挑选合适的工具，最终搭配出适合自己的远程办公"套餐"。

下面分别介绍我们身边的综合性团队工具钉钉平台、讨论沟通类工具腾讯会议、文件传输类工具百度网盘。

7.2　钉钉

钉钉平台是综合性团队工具，是由阿里巴巴集团研发的一套即时通信系统，建立了集即时消息、短信、邮件、语音、视频等为一体的安全、独立的协同通信体系，并且能够与多种第三方远程办公工具无缝集成，为办公人员提供点到点的消息服务、提醒服务、信息服务，实现协同办公。

7.2.1　注册和登录

钉钉可以多平台使用，因此提供手机版和 PC 版，支持手机和 PC 间进行文件互转。

1.　手机版

以华为手机为例，在手机上找到"应用市场"，搜索"钉钉"然后进行下载安装。安装好后按如下步骤进行注册和登录。

步骤 1：打开钉钉，进入登录界面，已注册的用户可使用手机号及密码或验证码登录。未注册的用户可单击下方的"注册账号"按钮，进入"新用户注册"界面，然后输入自己的手机号进行注册，过程中会要求发送验证码进行绑定，验证完毕后再设置密码、填写基本信息，即可创建钉钉账号，如图 7.9 所示。

图 7.9　手机上钉钉注册

步骤 2：创建完毕后会出现两种选择："创建团队"和"加入团队"。前者适合公司的管理者，选择后可主动邀请其他成员，并能使用钉钉的全部功能；后者适合普通的员工，只需选择已经创建的钉钉团队加入即可。

2．PC 版

要在 PC 上使用钉钉，可在浏览器中搜索"钉钉"，然后进入钉钉官方网站，下载对应的客户端，再自行根据提示进行安装。注册与登录的流程与手机版基本一致。

7.2.2 工作沟通

登录后默认进入消息界面，如图 7.10 所示。在导航栏的"搜索"中按实名搜索联系人（钉钉实名注册，存在同名），确认是你要联系的人后，进入一对一的聊天界面，和 QQ、微信这类面向社交用的即时通信软件一样，可以发文字、图片、文件、语音聊天、语音通话、视频通话等。发送方可以看到对方是否看到，已读还是未读一目了然，QQ、微信没有这个"已读"，如图 7.11 所示。在图 7.10 中可以看到你的联系工作列表群，在手机页面的底部有消息、教学、工作台、通讯录、我的 5 个功能导航。

图 7.10 钉钉工作沟通

图 7.11 一对一的沟通

区别于 QQ、微信这类面向社交用的即时通信软件，钉钉主要面向企事业单位，系统用户体系基于单位组织架构建立，对人员进行实名制管理，同时引入第三方加密、阅后即焚等安全保密功能，具有很高的系统安全性。通过运用钉钉系统，企业可充分利用移动互联网技术，全面提升公司的决策和管理能力。

7.2.3　班级师生群

若在钉钉上进行在线教学，需要创建班级群或者师生群。建立师生群，更高效地进行师生沟通及班级管理，班级通知自动统计，已读还是未读一目了然，老师可以轻松地发布通知和作业，直播视频自动保存，方便学生课后复习反复观看。该群的功能帮助老师们大幅减负，提高教学效率。创建师生群的步骤如图 7.12 所示。

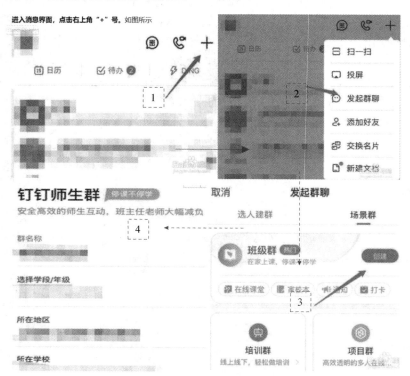

图 7.12　创建师生群

步骤 1：打开手机上的钉钉软件。
步骤 2：进入消息界面，单击右上角的"+"号。
步骤 3：在弹出的下拉窗口中单击"发起群聊"。
步骤 4：进入创建群聊界面，单击"创建"。
步骤 5：进入类型选择界面，单击"师生群"，然后设置群名称，选择年级、地点和学校名称后，单击"创建"就可以了。
在疫情期间，停课不停学，可以使用钉钉在家给学生直播上课，其步骤如下。
步骤 1：打开"班级群"。

步骤 2：单击"发起直播"。

步骤 3：设置直播主题和屏幕分享方式。

步骤 4：单击"创建直播"。

直播设置的主要界面和直播功能界面如图 7.13 所示。直播结束后会保存该直播，通过"查看数据"可以看到当前有多少学生听了直播，听直播的时长；可以通过"布置作业"来布置作业，通过"作业"可以看到你已布置了哪些作业，通过"数据统计"可以看到提交状态、评分、是否优秀作业。"去批改"对学生进行批改，可以查看待批有多少人，已批有多少人，打回有多少人，未交有多少人，如图 7.14 所示。

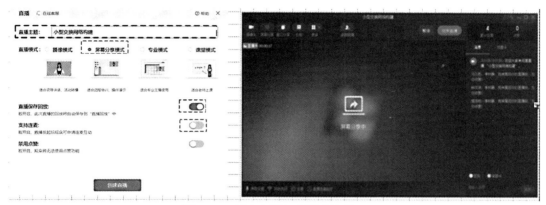

图 7.13　创建直播和直播功能界面

图 7.14　作业数据统计和批改作业

在师生群里，在"文件"中可以上传和下载文件，如作业、实验指导书、阅读文献分享、主题资料等，也可以通过搜索功能搜索你需要文件如图 7.15 所示。

图 7.15　师生群内的文件管理

7.2.4　部门工作群

1. 创建部门组织

远程办公最开始要做的就是创建好组织结构，让新加入的员工快速找到自己的部门。在钉钉上要创建组织结构，只能通过管理者来完成，具体操作步骤如下。

步骤 1：在钉钉界面单击左侧的"通信录"图标，找到创建好的团队，展开下级分支，由于还没有创建部门，因此只有"按组织架构选择"和"外部联系人"两个默认选项。

步骤 2：单击右上角的"管理"按钮，可以进入后台页面，其中可以查看自己的团队数据，如企业人数、部门数、管理人员等。

步骤 3：单击"通信录管理"图标，进入管理页面，再单击"添加子部门"按钮即可创建部门。在页面左侧的"组织架构"下会显示已创建好的部门。如果选择创建好的部门，还可以对部门进行细分，如在"设计部"下创建"产品组""工艺组""计划组"等，方法和创建部门一样。

步骤 4：选择创建好的部门，然后单击"批量导入/导出/修改"按钮，即可将电话联系人批量导入部门；也可以单击"邀请成员加入"按钮，生成二维码和链接来分享给相关的联系人邀请其加入；还可以单击下方的"添加成员"按钮，把已经加入团队但还没分配部门的员工添加进部门。

2. 添加联系人

单击消息界面右上角的"创建"按钮，选择"添加好友"选项，可以通过搜索手机号和钉钉号来添加联系人。

手机版钉钉的添加功能更为丰富，除了搜索手机号和钉钉号，还可以通过扫码、手机联系人等方式进行添加。同样需要在消息界面中单击右上角的"创建"图标来进行操作。

3. 单聊、群聊

选择联系人，然后单击对方的头像就可以发起聊天，单击"创建"图标，再选择"发起群聊"选项可以创建群聊天。聊天支持发送图片、名片、日志、文件等，具体操作和 QQ、微信等社交软件一致。

> **提示**：钉钉对人员进行实名制管理，会默认以联系人的名字做头像，因此查找起来非常方便。如果要更换头像，可在手机版的钉钉中选择"我的"→"设置"→"我的信息"→"头像"，然后选择图片即可。

> **延伸讲解 1："已读""未读"查看消息是否送达**
>
> QQ 和微信这类社交软件虽然使用起来方便，但却无法查证消息是否已经真的传递给了接收者。这样不管是真的没看到，还是看到了不想回，哪一种都会造成工作延误。
>
> 为避免上述情况，钉钉的消息支持阅读状态查询，对方看到的消息会显示"已读"，未查看的消息显示"未读"；如果是群聊天中的消息，还会显示出未读消息的人数，单击即可查看具体的消息接收情况。

4. 丰富的消息处理方式

钉钉的消息除了会显示"已读""未读"，还可以进行 DING、复制、转发、回复、撤回、翻译等操作，只需在对应的消息上单击图标，然后选择对应的功能即可。

> **提示**：钉钉的消息支持多端同步，因此无论是使用 PC 版钉钉还是手机版钉钉，只要使用的是相同的账号，那么聊天信息都会始终保持一致。

这些特色功能让钉钉在处理消息时变得非常便利。例如，消息的"转发"功能，可以直接在聊天界面中框选关键的消息，然后选择"合并转发"，最后选择要转发的同事群。信息的传递效率远比截图和逐条转发要快。

> **延伸讲解 2：用 DING 功能发送要确认的信息**
>
> DING 功能是为了实现高效的消息传达，发出的 DING 消息将会以免费电话、免费短信、钉钉消息的方式通知到对方，无论对方是否安装钉钉，都能即刻做出回应，钉钉软件的名字也由此而来。
>
> 步骤 1：要使用 DING 功能，可在输入框的上方单击图标，然后选择"发 DING"，进入"新建 DING"界面。在该界面中填写要发送的内容，选择发送方式（应用内、短信、电话）、发送时间（可立即发送或定时发送），最后单击"发送"按钮即可。
>
> 步骤 2：DING 消息发送以后，对方便会接收到提醒。不同的 DING 发送方式，提醒的效果也不同，非常适合用来发送不同紧急程度的消息。
>
> 步骤 3：DING 消息发送后，可以继续查看确认人数。针对未确认的人员，可以单击"再次提醒"按钮，继续选择应用内、短信、电话等方式再次提醒对方。用户也可以在消息界面中单击图标，进入 DING 界面，可查看自己接收或发出的 DING 消息，对重要信息进行集中处理。

5. 电话、视频会议

在钉钉的消息界面单击"电话"图标，进入电话界面，界面左侧为功能列表，界面右侧为显示窗口。

通过"拨号盘"就可以拨打办公电话，电话号码将以座机号码的形式显示。选择"视频会议"可以发起或预约会议。

步骤 1：如选择发起会议，在输入会议名称后单击"开始会议"按钮，会再弹出"会议邀请"对话框来添加其余参会人员。根据部门或人名进行选择即可，最多可支持 302 人。

步骤 2：人员邀请完毕后进入会议界面，如果要继续添加人员，可单击其中的"加入"按钮再次打开"会议邀请"对话框进行添加。

步骤 3：会议界面的左侧为主要查看窗口，右侧是其余参会人员当前窗口的缩略显示，默认为摄像头所拍摄的图像。

> **提示：** 黑色表示没有摄像头，并不是断线，因此无法看到对方的人像显示，但可以通过"共享窗口"来显示其计算机屏幕上的内容。

步骤 4：如果要更换显示内容，可单击下方的"共享窗口"，然后选择要展示的内容。通过该方法便可以远程讲解会议文件或者通过文件进行教学。

步骤 5：其余参会人员单击右侧的缩略窗口，就可以将所选的窗口切换至左侧进行大屏显示，让展示内容更加清楚。

步骤 6：如果参会人数过多，用户还可以单击左下角的"演讲""宫格""列表"来切换显示效果，默认为"演讲"。

6. 文件的在线编辑

钉钉目前支持 Word、Excel、PPT 等办公文件的在线编辑，如果在聊天环境中传输这类文件，会提示"在线预览""在线编辑""下载"3 个选项，如图 7.16 所示。

图 7.16   文件在线编辑

选择"在线编辑"即可打开编辑窗口，该窗口由 WPS 提供技术支持，有"开始""插入""审阅""页面"4 个选项卡，功能与 WPS 中的同名选项卡一致，因此能进行输入文字、编辑修改、修订批注、调整页面等操作，此外，还能邀请其他人来共同编辑和查看历史记录。

（1）当前编辑人员：一个即表示一个参与协作的人员，将指针移动至上方可查看姓名和权限。

（2）历史记录：单击可查看该文件协作记录，任何人员的操作都会被记录在此。

（3）邀请编辑：单击可邀请其他人来对文件进行在线编辑。

延伸讲解 3：通过在线编辑共同填写文档

收到邀请进入编辑窗口后，就能对文件进行在线编辑，不需要下载文件就能进行处理，有效减少工作文件的积压。

例如，安排卫生值日，每个小组每天各安排一人，A、B 组的负责人只需要在表格里共同填写对应的组员即可。共同编辑时可以实时查看对方的编辑过程，对方编辑人员在文档上的光标会以？的形式出现，将指针移动至上方就能看到编辑人员的信息。

如果切换至"审阅"选项卡，单击"高亮协作内容"按钮，就能更清楚地看到对方编辑人员的编辑范围。

单击"评论"按钮可对本文档进行评论，对方编辑人员也能实时看到评论信息，因此，可以通过此种方法交流协作时遇到的问题。

文档协作完成后，会自动在消息界面弹出文件更新的通知，通过"已读"或"未读"的消息状态显示，就能很清楚地查看新文件是否传达到位。

---

7. 考勤与日常管理

钉钉的考勤与日常管理功能非常丰富，有些还提供线下产品，能与线上数据相结合，实现线上线下联通的效果。

1）设置考勤

钉钉的考勤方式非常多样，除了可以地理范围打卡、蓝牙打卡、WiFi 打卡，还可以实现在家远程打卡、线下按指纹机打卡。

步骤 1：要设置考勤，需要有管理者权限，然后在消息界面单击左下角的"更多"图标，选择"管理后台"选项。

步骤 2：在后台页面选择"考勤打卡"选项，进入"考勤管理后台"页面，选择左侧的"考勤组管理"选项。

步骤 3：页面右侧会出现考勤组设置菜单（如果没有需创建一个考勤组），可以对考勤组名称、参与考勤人员、考勤组负责人、考勤类型、工作日打卡时间等进行设置，基本涵盖了企业能用到的所有考勤相关内容。

步骤 4：例如，要设置一个"朝九晚五，周末双休，上班晚几分钟打卡不算迟到，可通过蓝牙和连接公司 WiFi 打卡，也能在家远程考勤"的考勤方案，就可以先选择"班次管理"选项，再单击"默认班次"后的"编辑"按钮。

步骤 5：在弹出的"编辑班次"页面中修改上下班的时间，再勾选"弹性打卡"中的对应选项，设置可上班最多可晚到的时间即可。

步骤 6：单击"确定"按钮后返回"考勤组管理"，勾选周一到周五作为工作日，然后在"考勤方式"中添加考勤地址和办公 WiFi，当员工处于公司地址内有效范围或者连接上公司 WiFi 时，就能自动进行打卡。

步骤 7：在页面下方勾选"允许外勤打卡"选项，再根据情况选择外勤打卡的要求，单击"保存设置"按钮即可完成该考勤方案的创建。设置好的考勤方案将在第二天生效。

延伸讲解 4：可结合线下考勤机来进行考勤

蓝牙打卡、WiFi 打卡、远程打卡这些新型的考勤方式虽然给日常的办公带来了非常多的便利，但由于这几种考勤方式都离不开手机，因此对那些使用手机不太熟练的人来说反而是个麻烦。

针对这种情况，钉钉推出了多款实体的智能考勤机，购买智能考勤机后只需要登录钉钉，然后扫描智能考勤机的二维码，绑定团队，就能实现传统的指纹打卡。指纹打卡的考勤数据同样会保存在后台，因此无须担心在做考勤统计时会漏掉线下指纹打卡的部分。

2）考勤统计

钉钉的考勤统计功能颇为强大，能让迟到、早退、请假、出差这些数据更直观，还可以分部门查看，使公司的考勤情况一目了然，效率远比人工统计高。

在后台页面设置考勤时，可以直接指定考勤组负责人，该负责人便可以登录后台页面查看考勤记录。

单击上方的"导出报表"按钮，便会自动将当前页面的数据生成一个 Excel 文件，以供备份或进一步的筛选和整理。

3）请假、加班等申请和审批

在消息界面单击"工作"图标，进入"OA 工作台"界面，可进行请假、加班、报销、出差、调休、物品领用等各方面的申请和审批。

步骤 1：在界面中选择要提交的申请，然后按要求进行填写，可上传病假条、申请书等照片凭证，确认审批人和审批流程之后选择提交。

步骤 2：提交后会自动弹出申请记录，其中可以看到当前的审批进度，可选择催办、撤销或进行评论。

步骤 3：如果要查看以前提交的申请，可以在"OA 工作台"界面的最下方选择"审批"选项，然后在打开的"审批"界面中切换至"我发起的"选项卡，随时查看自己的审批进度。切换至其他选项卡便能查看其他的审批记录，如"待我审批的""我已审批的""抄送我的"。

7.3　腾讯会议

开会讨论是现代企业中非常常见的工作形式。对于远程办公来说，会议也是一项必不可少的工作，因此出现了大量的远程会议类工具。本节对腾讯会议进行介绍。

腾讯会议是讨论沟通类工具，由腾讯公司提供的一个基于互联网络的视频会议系统，单场会议最多支持 300 人在线，可以通过手机、平板电脑、PC 等方式使用，支持 Android、iOS、Windows、mac OS 多种系统，开会过程中可播放 PPT、PDF、Word 等多种类型的文件。

7.3.1 注册登录

在百度中搜索腾讯会议，打开腾讯会议的官网，在首页即可进行下载，如图 7.17 所示。

图 7.17 腾讯会议下载页面

打开客户端后可以选择"加入会议"或"注册/登录"选项，如图 7.18 所示。如果没有账号可以选择"注册/登录"选项，然后在打开的登录页面中选择"新用户注册"选项，接着通过手机号码进行注册即可。

登录方式 1：打开客户端后单击"微信"按钮，通过微信直接扫码登录。

登录方式 2：通过手机注册账号登录。

图 7.18 加入会议或注册/登录页面

7.3.2 会议的发起、加入和预定

登录腾讯会议客户端后，其主界面如图 7.19 所示，有"加入会议""快速会议""预定会议" 3 个选项，左上角还有用于表示个人信息的头像。单击头像可以编辑修改自己的名称，这会显示在会议的成员列表中，因此需准确填写。

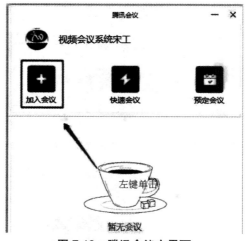

图 7.19　腾讯会议主界面

1. 发起和加入会议

步骤 1：在主界面中单击"快速会议"按钮，可立即发起一场会议，不需要填写任何会议信息，发起后的会议界面如图 7.20 所示。

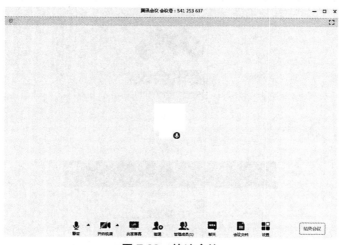

图 7.20　快速会议

> **提示**：在会议界面的顶端会出现本次会议的会议号，一般由 9 位数字组成，如果有其他参与者要加入会议，即可通过输入该会议号来加入。每次发起会议均会随机生成一个会议号。

步骤 2：在主界面中单击"加入会议"按钮，然后在打开的"加入会议"对话框中输入会议号及自己的名称，即可加入该会议，如图 7.21 所示。

图 7.21　加入会议

延伸讲解 1：拨打电话或用微信小程序参会

腾讯会议的参会方式非常灵活，可以不用下载客户端，只需拨打一串号码即可通过打电话的方式参加会议。此外，腾讯会议能和其他腾讯社交产品实现无缝对接，不仅可以通过微信登录，还能通过微信小程序参加会议。

步骤 1：在会议界面单击"邀请"按钮可以得到邀请链接，将其发送出去后，收到消息的人员单击该链接即可通过电话、小程序或腾讯会议客户端进入本次会议，如图 7.22 所示。

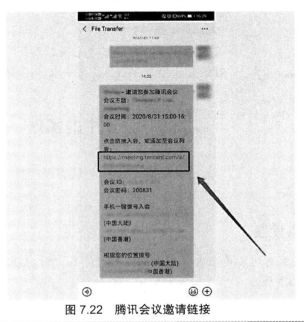

图 7.22　腾讯会议邀请链接

步骤 2：选择"手机一键拨号入会"或者"电话入会"选项，可以通过手机或座机拨打相应的号码加入会议，此时可通过手机或座机进行通话，但无法激活视频，如图 7.23 所示。

图 7.23　手机加入腾讯会议

步骤 3：选择"小程序入会"选项，可以打开本次会议的二维码，用户扫描该二维码即可参与会议，不需另外下载腾讯会议 App。

图 7.24　预定会议

2. 预定会议

腾讯会议支持预定会议，可以提前指定会议主题，预设会议召开时间、会议密码等。在主界面中单击"预定会议"按钮，自动转到"预定会议"界面，在该界面可以填写"会议主题""开始时间""结束时间""入会密码"等信息，预定好的会议会在主页面显示，如图 7.24 所示。

7.3.3　会议中的操作

进入会议后，在会议界面提供了一系列操作工具，协助用户进行会议控制。

1. 音频和视频设置

开始进行视频会议时可以单击屏幕下方的"静音"和"开启视频"按钮来控制音频和视频的开和关，如图 7.25 所示。

图 7.25　音频和视频设置

此外，腾讯会议还提供丰富的音频和视频设置，用户可以单击"设置"按钮，打开"设置"对话框，然后在"视频"和"音频"选项中进行调整。

延伸讲解 1：虚化视频会议中的背景

　　一些用户在进行视频会议时，可能会在意出镜形象的问题，也可能不想因为视频会议而暴露太多自己的隐私，如在家远程办公时衣着打扮不会像上班时那样正式，或不想暴露自己的家庭环境和房间布置。因此，腾讯会议在 PC 端和手机端都提供可以自动调节的一键美颜功能和屏幕虚化功能。

　　步骤 1：进入会议后，单击会议界面中的"设置"按钮，在打开的"设置"对话框中选择"Beta 实验室"选项，通过调节"美颜"滑块，可以对自己的出镜形象进行美化。

　　步骤 2：勾选下方的"背景虚化"复选框，即可将自己的屏幕背景进行虚化，只保留自己的出镜形象。

---

2. 共享屏幕

　　开始进行视频会议时可以单击屏幕下方的"共享屏幕"按钮将发言者的计算机或者手机屏幕共享给其他与会人员，如图 7.26 所示。在同一时间内，只支持单个人共享屏幕。

图 7.26　共享屏幕的设置

3. 管理与会人员

图 7.27　管理与会人员

　　开始进行视频会议时单击屏幕下方的"管理成员"按钮，弹出参会人员列表，可对参会人员进行管理。单击"静音"按钮禁止参会人员发言，单击"改名"按钮修改参会人员姓名，如图 7.27 所示。

　　其他功能介绍如下。

　　（1）显示与会人员数：最上方会显示当前会议内与会人员数。

　　（2）显示与会人员列表：显示当前所有在会议中的与会人员，可以对列表中某个与会人员进行静音/取消静音操作、改名操作、移出会议操作。

　　（3）全体静音：对当前会议内所有与会人员进行静音操作。

　　（4）解除全体静音：取消全体静音的状态。

　　（5）与会人员入会时静音：新加入的与会人员进入会议时默认静音。

（6）允许与会人员自我解除静音：与会人员可自己解除静音状态。

（7）与会人员进入时播放提示音：会议内有新与会人员加入则会发出提示音。

（8）联席主持人：将其他与会人员设置为联席主持人时，该与会人员可协助管理会议，联席主持人可以对与会人员进行静音、解除静音等操作。

4. 会议文档功能

通过腾讯会议系统可以在开会时共享文档，单击屏幕下方的"会议文档"按钮，弹出会议文档管理功能，与会人员可以上传、下载、管理会议相关的文档，如图 7.28 所示。

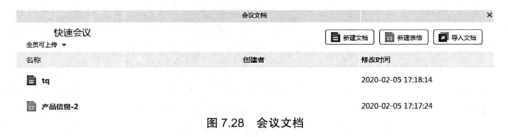

图 7.28　会议文档

7.4　百度网盘

百度网盘是文件传输类工具，也称为百度云，通常称为百度网盘，它是百度推出的一项云存储服务，已覆盖主流 PC 和手机操作系统，用户可以轻松地将自己的文件上传到网盘，并可跨平台随时进行查看和分享。相较于奶牛快传，百度网盘更侧重于存储。

7.4.1　注册和使用

百度网盘和百度贴吧、百度文库、百度音乐、百度知道等均为百度旗下产品，因此可以使用这些产品的账号进行登录。

步骤 1：在浏览器中搜索百度网盘，打开百度网盘的官网，用户可以输入其他百度产品的账号进行登录，也可以单击"立即注册"按钮申请一个账号。

步骤 2：登录后即可进入网页版的百度网盘，就可以进行文件的上传或者下载了，其主界面如图 7.29 所示。该界面与百度网盘其他应用端的界面一致。

> **提示**：百度网盘的普通用户可以获得 2TB 的云盘空间，而开通了超级会员后则可以扩增至 5TB，足以用来存储大多数公司的数据。

图 7.29　登录的主界面

7.4.2　上传文件

百度网盘在上传文件时需要先选择好云盘中的上传位置，用户可以在云盘中新建文件夹对文件进行分类整理，也可以直接选择文件夹进行上传。

步骤 1：在百度网盘主界面中单击"新建文件夹"按钮，然后创建一个名为"办公文件"的文件夹，创建好后单击该文件夹即可进入文件夹内部，如图 7.30 所示。

图 7.30　新建文件

步骤 2：单击"上传"按钮后会打开本地文件夹，然后选择要进行上传的文件即可，可一次性选择多个文件进行上传，如图 7.31 所示。

步骤 3：单击"打开"按钮即可开始上传，上传好的文件就会显示在步骤 1 中所创建的"办公文件"文件夹内。

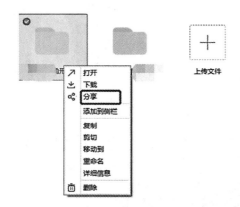

图 7.31   选择多个文件上传

7.4.3   创建文件的分享链接

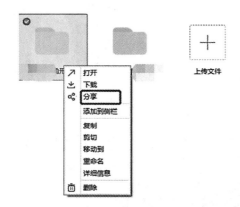

图 7.32   创建文件分享

步骤 1：在百度网盘中选择要进行分享的文件，然后单击鼠标右键，在打开的快捷菜单中选择"分享"选项，在打开的分享窗口中可以选择文件的有效期，如图 7.32 所示。

步骤 2：在分享页面设置分享的方式、有效时间的约定、人数的限定，单击"创建链接"按钮即可得到分享链接，也可以通过生成的二维码进行分享，如图 7.33 所示。

步骤 3：创建的链接和提取码如图 7.34 所示。收到链接的用户单击该链接即可进入下载页面，需输入提取码来下载文件。

图 7.33   分享页面的设置

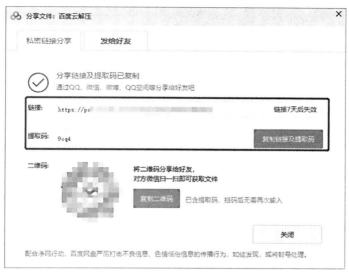

图 7.34　生成的链接和提取码

延伸讲解 2：适合低频率、大文件传输的百度网盘

　　和奶牛快传相比，百度网盘的分享过程要略微复杂。用户必须先登录，然后将文件上传到个人云盘后才能进行分享；而奶牛快传则可以跳过登录步骤，上传文件后就能马上进行分享，无须保存到个人网盘上。

　　虽然传输方法不算便捷，但百度网盘却具有其他云盘工具无可比拟的超大容量，因此，除了传输，还可以用来作为公司的云端存储空间或者备份空间，非常适合用来长期存储或临时分享一些大容量文件。

7.5　本章小结

　　本章介绍了综合性团队工具钉钉平台，讨论沟通类工具——腾讯会议，文件传输类工具——百度网盘。钉钉是企业或组织智能移动办公门户，可轻松实现企业数字化，使协同效率大大提升。钉钉提供的主要功能如图 7.35 所示。同时，钉钉为企事业单位解决运营过程中的痛点问题如图 7.36 所示。

图 7.35　钉钉提供的主要功能

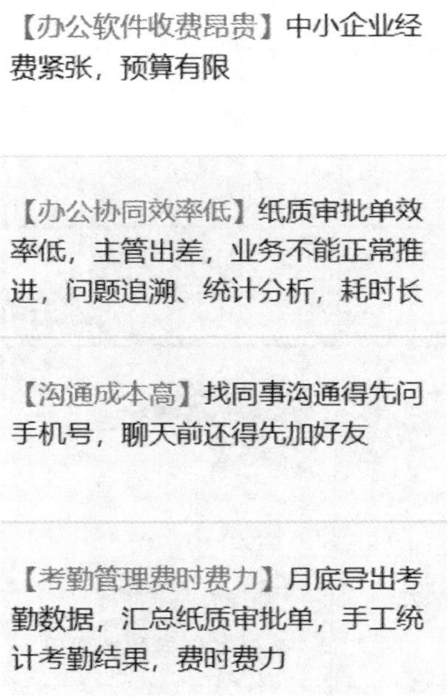

【办公软件收费昂贵】中小企业经费紧张，预算有限

【办公协同效率低】纸质审批单效率低，主管出差，业务不能正常推进，问题追溯、统计分析，耗时长

【沟通成本高】找同事沟通得先问手机号，聊天前还得先加好友

【考勤管理费时费力】月底导出考勤数据，汇总纸质审批单，手工统计考勤结果，费时费力

图 7.36　解决企业的痛点问题

腾讯会议具有如下特点：

（1）丰富的协作能力，让效率加倍升级：支持屏幕共享、电子白板、在线文档、会议弹幕、会议红包、会议录制、在线投票，打造多互动协作空间。

（2）主持人会控能力，让会议有序进行：支持设置联席主持人，一键管理成员音视频权限、协作权限，维持会场秩序。

（3）坚实的安全保障，让会议无懈可击：六重安全防护，有效防止会议信息泄露，确保会议安全性和私密性。

（4）自动会议纪要，让输出省时省心：会上开启云端录制，会后自动转录文字，准度高，排版佳。

百度网盘让美好永远陪伴，具有如下特点：

（1）安全存储，生活井井有条。

（2）在线预览，文件即开即看。

（3）多端并用，数据随身携带。

（4）好友分享，共度幸福时光。

习题

1．列举你在生活中用到的远程办公工具。

2．列举你生活中需要远程办公的情景。

3．写一个远程办公工具应用案例。

第 8 章

互联网+

本章的学习目标

- 理解什么是"互联网+";
- 了解"互联网+"对传统行业的影响;
- 传统行业转型升级案例;
- 了解"互联网+"经销商模式;
- 理解"互联网+"思维的特征;
- 了解互联网行业的发展趋势。

8.1 什么是"互联网+"

"互联网+"就是"互联网+各个传统行业",但并不是简单地相加,而是利用信息通信技术和互联网平台,让互联网与各个传统行业深度融合,创造新的发展生态。"互联网+"代表一种新的经济形态,即充分发挥互联网在生产要素配置中的优化和集成作用,将互联网的创新成果深度融合于经济社会各领域之中,提升实体经济的创新力和生产力,形成更广泛的以互联网为基础设施和实现工具的经济发展新形态。线下的各行各业都加到了互联网上,成了"互联网+",如图 8.1 所示。

图 8.1 互联网+传统行业

"互联网+"已经广泛运用到了我们的生活当中，改变着我们的衣食住行。

"互联网+"将成为我们生活的全部基础，有一天，所有人的生活都将被加到互联网上。当大家不再提"互联网+"的时候，就是真正的"互联网+"世界了，如图8.2所示。

图 8.2　互联网+世界

各行各业纷纷抢占互联网入口，如很多电商平台都开始开设微信公众号，如清华大学出版社的书圈、聊城的农商城等，如图8.3和图8.4所示。在这些微商平台上，用户只需要一部智能手机，手指点点即可满足需求。

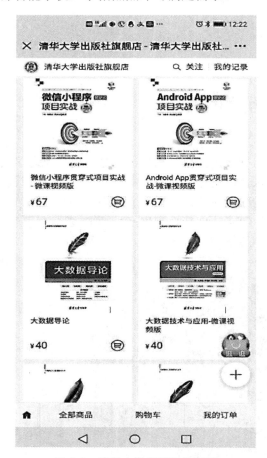

图 8.3　清华大学出版社的书圈

图 8.4　聊城农商城

对于个人创业，以前开个小店，满世界跑去租铺面，房租高得吓人，现在在微信里开个微店就能做买卖，如图 8.5 所示。

极客要创业，不用租办公室，在家上网，就能开发应用，坐等红利。"互联网+"还可以让政府更好地为公众服务。如今，你可以在各级政府的公众号上享受服务，

原来需要东奔西走排大队办的业务，现在用手机就能办理。"互联网+"是互联网思维的一种实践。

图 8.5 开微店

8.2 "互联网+"的提出与变迁

2012 年，于扬首次在公开场合提出"互联网+"的概念。所谓"互联网+"，就是任何传统行业或服务被互联网改变，并产生新的格局。比如，"互联网+"安全=360，"互联网+"广告=百度。

2015 年 3 月，全国两会上，全国人大代表马化腾提交了《关于以"互联网+"为驱动，推进我国经济社会创新发展的建议》的议案，表达了对经济社会创新的建议和看法。他呼吁，我们需要持续以"互联网+"为驱动，鼓励产业创新、促进跨界融合、惠及社会民生，推动我国经济和社会的创新发展。马化腾表示，"互联网+"是指利用互联网的平台、信息通信技术把互联网和包括传统行业在内的各行各业结合起来，从而在新领域创造一种新生态。他希望这种生态战略能够被国家采纳，成为国家战略。

2015 年 3 月 5 日上午，十二届全国人大三次会议上，李克强总理在政府工作报告中首次提出"互联网+"行动计划。李克强在政府工作报告中提出，"制定'互联网+'行动计划，推动移动互联网、云计算、大数据、物联网等与现代制造业结合，促进电子商务、工业互联网和互联网金融（ITFIN）健康发展，引导互联网企业拓展国际市场"。

2015 年 7 月 4 日，经李克强总理签批国务院印发了《关于积极推进"互联网+"行动的指导意见》（以下简称《指导意见》），这是推动互联网由消费领域向生产领域拓展，加速提升产业发展水平，增强各行业创新能力，构筑经济社会发展新优势和新动能的重要举措。

2015 年 12 月 16 日，第二届世界互联网大会在浙江乌镇开幕。在举行"互联网+"的论坛上，中国互联网发展基金会联合百度、阿里巴巴、腾讯共同发起倡议，成立了中国"互联网+"联盟。

8.3 "互联网+"的主要特征

"互联网+"有以下六大特征。

1．跨界融合

"+"就是跨界，就是变革，就是开放，就是重塑融合。敢于跨界了，创新的基础就更坚实；融合协同了，群体智能才会实现，从研发到产业化的路径才会更垂直。融合本身也指代身份的融合，客户消费转化为投资，伙伴参与创新等，不一而足。

2．创新驱动

中国粗放的资源驱动型增长方式早就难以为继，必须转变到创新驱动发展这条正确的道路上来。这正是互联网的特质，用所谓的互联网思维来求变、自我革命，也更能发挥创新的力量。

3．重塑结构

信息革命、全球化、互联网业已打破了原有的社会结构、经济结构、地缘结构、文化结构。权力、议事规则、话语权不断在发生变化。"互联网+"社会治理、虚拟社会治理会与以往有很大的不同。

4．尊重人性

人性的光辉是推动科技进步、经济增长、社会进步、文化繁荣的最根本的力量，互联网的力量之强大最根本的也来源于对人性的最大限度的尊重、对人体验敬畏、对人的创造性发挥的重视，如 UGC、卷入式营销、分享经济。

5．开放生态

关于"互联网+"，生态是非常重要的特征，而生态的本身就是开放的。我们推进"互联网+"，其中一个重要的方向就是要把过去制约创新的环节化解掉，把孤岛式创新连接起来，让研发由人性决定市场的驱动，让创业并努力者有机会实现价值。

6．连接一切

连接是有层次的，可连接性是有差异的，连接的价值相差是很大的，但是连接一切是"互联网+"的目标。

8.4　"互联网+"传统行业

"互联网+"是信息化和工业化融合的升级版，将互联网作为当前信息化发展的核心特征，提取出来，并与工业、商业、金融业等服务业的全面融合。这其中的关键就是创新，只有创新才能让这个"+"真正有价值、有意义。因此，"互联网+"被认为是创新 2.0 下的互联网发展新形态、新业态，是知识社会创新 2.0 推动下的经济社会发展新形态演进。下面是我们生活中实际的"互联网+"业态：

（1）互联网+批发零售=淘宝、天猫、京东。

（2）互联网+通信=腾讯 QQ。

（3）互联网+KTV=唱吧。

（4）互联网+电视=爱奇艺、优酷、腾讯、芒果。

（5）互联网+房地产=搜房、安居客。

（6）互联网+汽车=汽车之家、易车网。

（7）互联网+文学=起点、盛大文学。

（8）互联网+手机=iPhone。

（9）互联网+美食=大众点评、美团。

（10）互联网+相亲=世纪佳缘、珍爱网。

（11）互联网+银行=网银。

随着移动智能终端的推出和 5G 的建设，我们看到面向移动端的"互联网+"业态：

（1）移动互联网+批发零售=手机淘宝、微商。

（2）移动互联网+通信=微信。

（3）移动互联网+房地产=房多多、丁丁租房。

（4）移动互联网+二手汽车=优信拍、车易拍。

（5）移动互联网+美食=美团、饿了么。

（6）移动互联网+金融=支付宝钱包、小米金融、各银行 App、各基金公司 App 等。

（7）移动互联网+汽车=Uber、滴滴快的、嘀嗒拼车。

……

目前互联网已成为通用技术，与历史上出现并深刻改变人类历史进程的这些通用技术并列：钟表、文字、蒸汽机、电力、汽油发动机。

8.5　传统行业转型"互联网+"的案例分析

"互联网+"是互联网思维的进一步实践成果，它代表一种先进的生产力，推动经济形态不断地发生演变。传统行业从互联网企业身上取经，或者从自身产品角度上做变通，换个思维考虑转型升级。这里，给大家分享当前"互联网+"形势下的几个传统企业转型的案例，里面有对这些转型案例的看法，或许能给大家一些启发。

8.5.1　案例 1：加多宝以"罐子"串联出"金彩生活圈"生态

同样是做快消品，相信加多宝的想法是疯狂的，做法也是疯狂的，接受其战略思想的商家客户也是疯狂的。但是，这种疯狂如果能做好，足以成就一个企业的转型与升级。2015

年 4 月 30 日，加多宝上线了"金罐加多宝 2015 淘金行动"，京东商城、滴滴打车等成为首批合作伙伴。10 天之后的 B 轮微信发布会，百度外卖、微信电影票、民生银行等都成为加盟加多宝"金彩生活圈"的第二批战略合作品牌。加多宝正式对外公布了"全球招商"计划，宣布开放加多宝数十亿金罐的用户流量资源，面向所有品牌寻求合作。

图 8.6　加多宝

简单地说，加多宝（图 8.6）的生活圈逻辑就是"因罐子而生"，消费者因口渴买加多宝，通过扫一扫进入互联网生活圈，然后链接其他朋友，或完成其更便利的生活，从而改变消费者消费快消品时的孤立状态，而让每个罐子成了生活圈中的便利入口。这个量是巨大的，加多宝所公布的数据显示，"淘金行动"上线十天，微信活动平台总计派出超过 300 万个金包。根据加多宝官方的解释，金罐加多宝将围绕美食、娱乐、运动、音乐四大主线，整合现有资源优势，计划每月围绕一个主题为消费者提供心动福利，这样，在未来即可以为用户串联起数以万计的生活方式。

对于加多宝的"互联网+"战略，加多宝集团品牌负责人向云表示，绝大多数的互联网企业都在讲大数据，讲"云"，但是"云"越多，需要依赖的"端"也就越多。有一种容量更大的"消费者终端"，却被浪费掉了，而这就是快消品。

"以加多宝为例，每年销售数十亿罐，以一罐一人次的'打开率'计算，就是数十亿的直接流量。这还不包括聚会等多人消费场合的'曝光量'以及加多宝在各大媒体的广告覆盖。"向云表示，此次加多宝携手京东、滴滴、一嗨、韩都衣舍等互联网公司发起"金罐淘金行动"，将金罐加多宝的数十亿罐体向合作伙伴开放。"而这只是万里长征的第一步，后期会有更多的合作伙伴加入，为消费者提供更多元、更丰富的生活方式体验。"向云表示。

微信发布会上，与会者都亲身体验了加多宝的"互联网+"战略。消费者在扫描金罐加多宝罐身二维码后直接进入"淘金行动"，即可摇一摇抢"金包"，每天可摇三次，中奖率是100%，奖品有京东优惠券、韩都衣舍券、嘀嘀专车券，甚至还有黄金版金罐。用户每次领取"金包"后还能分享到朋友圈赠送好友，传递"朋友是金"的美好情谊。

王月贵告诉记者，过去二十年，加多宝将凉茶从一个小众的地方饮品成功打造成全新的饮料品类，如果说在这个过程中，加多宝更多地聚焦在产品正宗品质的传承和保障上，那么自推出金罐开始，加多宝将在品质的基础上，重新诠释中国凉茶的文化内涵，以全球化布局强化中国凉茶的国际竞争力，以"移动互联网+"为核心塑造中国凉茶的新基因，一步一步实现 2.0 版"凉茶中国梦"的历史使命。

短评：加多宝的"金彩生活圈"战略是传统企业的一个逆袭，在这之前谁也没有想到传统企业的传统产品也可以做出一个平台。而这个平台让传统企业知道了不只是互联网产品才能连接用户与互联网，传统的产品同样也可以做到。这个案例也为传统企业的转型提供了更为可行的模式，通过二维码就可以将看似毫不相干的产品串联起来，同时形成一个巨大的网络与流量，恰是这些流量就能构成平台与生态。创造一个以产品为核心的生态，当是广大传统企业在转型道路上的首选。

8.5.2　案例 2：娃哈哈食品饮料行业也玩工业 4.0

作为以生产食品饮料为主的娃哈哈（图 8.7），估计大家不会想到其"互联网+"的表现方式，竟然也是工业 4.0 的内容。与海尔及富士康类似，娃哈哈的生产车间中的大部分生产设备都应用了工业机器人，并且所有机器人都是自主研发的。娃哈哈先后研发了码垛机器人、放吸管机器人、铅酸电池装配机器人、炸药包装机器人等。同时，开发了低惯量永磁同步伺服电机、永磁伺服直线电机、高效力矩电机、高效异步电机，并准备收购 1～2 家欧洲、日本的拥有机器人关键部件的生产厂家，在原有机械厂的基础上发展装备制造业，进入高新技术产业。

图 8.7　娃哈哈

工业机器人的大量应用，使在将来也能实现海尔互联工厂那样的定制生产模式。经销商下完订单后，可以随时跟踪订单的动向，而机器人在生产中的应用，会让从营销到生产的过程更为便捷与流畅。娃哈哈通过互联网信息技术改造，将生产计划、物资供应、销售发货，包括对经销商、批发商的管理、设备远程监控、财务结算、车间管理、科研开发，全部嵌入信息化系统管理，极大地提高了工作效率。

短评：娃哈哈从饮食行业率先冲进高科技装备制造业，属于横向上的一体化战略。娃哈哈将来不只是饮食加工生产企业，还是机器人等高端设备生产企业，会向同行业乃至其他企业输出机器人等生产设备，这一步转型可谓足够大，这种过渡也是比较自然的，毕竟智能设备是生产型企业的刚需，节约成本之类的事都能体现在生产设备上。借助创新研发转型为生产设备商，这是传统企业转型升级的一个方向。

8.5.3　案例 3：蒙牛将"跨界"玩成转型路径

与哇哈哈相比，蒙牛（图 8.8）在融合"互联网+"转型升级方面，走的是跨界的战略级路线。在产品质量及技术方面直接引进国际合作伙伴，整合了全球先进的技术、研发和管理经验。始终保持着与国际接轨，即能保证产品品质，产品的升级也是企业转型升级的一部分。

图 8.8　蒙牛

在保证产品质量的同时，蒙牛在跨界营销及产品形式上做了大量尝试。2014 年，蒙牛与百度合作推出二维码可视化追溯牛奶"精选牧场"，将牧场放到了"云端"。同年 11 月，蒙牛跨界与滴滴战略合作，尝试了从战略到渠道方面的资源最大化的无缝对接。2015 年 5 月 6 日，蒙牛与自行车品牌捷安特签订了品牌、渠道、资源等多方面的战略合作协议，并应用智能塑形牛奶 M-PLUS 的适配硬件产品智能体质仪让用户获悉身体状况，通过云端推送量身定制的私教计划和蛋白质补给提醒到 App。除此之外，蒙牛的最新产品是与明星合作的定制产品，极致单品的互联网思维应用在了其产品上。近几年来，蒙牛还与 NBA、上海迪士尼度假区等签订了战略合作，成为蒙牛在跨界战略方面的重点布局。

　　短评：不断的跨界合作与尝试，使得蒙牛越来越具备互联网思维。而战略合作会深入到品牌、渠道、资源甚至供应等方面。传统企业在与互联网企业的合作中，会有很多不适用互联网模式的操作模式被过滤掉，最后双方磨合出的能够保证合作的模式，对传统企业而言就是最好的模式，这个模式也将是传统企业转型升级的最终模式。

　　以上所选的三个案例都属于快消品行业，这几个案列有一个共同的特点，那就是在"互联网+"行动计划出台之前，一直在不遗余力地探索互联网化的方式，无论是改变生产方式，还是通过战略扩展生态圈，又或者是自搭平台，在传统行业转型的道路上已经率先迈开了步子。

　　希望，更多的传统企业，能从这三个案例中得到启发。

8.6　互联网+工业

　　"互联网+工业"即传统制造业企业采用移动互联网、云计算、大数据、物联网等信息通信技术，改造原有产品及研发生产方式，与"工业互联网""工业 4.0"的内涵一致。

　　●"移动互联网+工业"。借助移动互联网技术，传统制造厂商可以在汽车、家电、配饰等工业产品上增加网络软硬件模块，实现用户远程操控、数据自动采集分析等功能，极大地改善了工业产品的使用体验。

　　●"云计算+工业"。基于云计算技术，一些互联网企业打造了统一的智能产品软件服务平台，为不同厂商生产的智能硬件设备提供统一的软件服务和技术支持，优化用户的使用体验，并实现各产品的互联互通，产生协同价值。

　　●"物联网+工业"。运用物联网技术，工业企业可以将机器等生产设施接入互联网，构建网络化物理设备系统（CPS），进而使各生产设备能够自动交换信息、触发动作和实施控制。物联网技术有助于加快生产制造实时数据信息的感知、传送和分析，加快生产资源的优化配置。

　　●"网络众包+工业"。在互联网的帮助下，企业通过自建或借助现有的"众包"平台，可以发布研发创意需求，广泛收集客户和外部人员的想法与智慧，大大扩展了创意来源。工业和信息化部信息中心搭建了"创客中国"创新创业服务平台，链接创客的创新能力与工业企业的创新需求，为企业开展网络众包提供了可靠的第三方平台。

8.7　互联网+金融

　　在金融领域，余额宝横空出世的时候，银行觉得不可控，也有人怀疑二维码支付存在安全隐患，但随着国家对互联网金融（ITFIN）的研究越来越透彻，银联对二维码支付也出了标准，互联网金融得到了较为有序的发展，也得到了国家相关政策的支持和鼓励。

"互联网+金融"从组织形式上看，这种结合至少有三种方式。第一种是互联网公司做金融；如果这种现象大范围发生，并且取代原有的金融企业，那就是互联网金融颠覆论。第二种是金融机构的互联网化。第三种是互联网公司和金融机构合作。

从 2013 年以在线理财、支付、电商小贷、P2P、众筹等为代表的细分互联网嫁接金融的模式进入大众视野以来，互联网金融已然成为了一个新金融行业，并为普通大众提供了更多元化的投资理财选择。

1. 互联网供应链金融

该业务与电子商务紧密结合，阿里巴巴、苏宁、京东等大型电子商务企业纷纷自行与银行合作开展此项业务。互联网企业基于大数据技术，在放贷前可以通过分析借款人历史交易记录，迅速识别风险，确定信贷额度，借贷效率极高；在放贷后，可以对借款人的资金流、商品流、信息流实现持续闭环监控，有力降低了贷款风险，进而降低利息费用，让利于借款企业，很受小微企业的欢迎。

2. P2P 网络信贷

近两年，我国 P2P 网络信贷市场出现了爆炸式增长，无论是平台规模、信贷资金，还是参与人数、社会影响都有较大进步。据统计，2014 年，P2P 平台数量已经达到 1575 家，全年成交金额 2528 亿元。P2P 规模的飞速发展为中小微企业融资开拓了新的融资渠道，也为居民进行资产配置提供了新的平台。

3. 众筹

众筹这种融资模式具有融资门槛低、融资成本低、期限和回报形式灵活等特点，是初创型企业除天使投资之外的重要融资渠道。我国已成立的众筹平台已经超过 100 家，其中约六成为商品众筹平台，纯股权众筹约占两成，其余为混合型平台。

4. 互联网+银行

2014 年，互联网银行落地，标志着"互联网+金融"融合进入了新阶段。2015 年 1 月 18 日，腾讯是大股东的深圳前海微众银行试营业，并于 4 月 18 日正式对外营业，其成为国内首家互联网民营银行。1 月 29 日，上海华瑞银行获准开业。微众银行的互联网模式大大降低了金融交易成本：节省了有形的网点建设和管理安全等庞大的成本、节省了大量人力成本、节约了客户跑银行网点的时间成本等。微众银行的互联网模式还大大提高了金融交易的效率：客户在任何地点、任何时间都可以办理银行业务，不受时间、地点、空间等约束，效率大大提高；通过网络化、程序化交易和计算机快速、自动化等处理，大大提高了银行业务处理的效率。阿里巴巴旗下的浙江网商银行也于 2015 年 6 月 25 日上线，并取名为"MYbank"。

8.8　互联网+商贸

在零售、电子商务等领域，过去这几年都可以看到和互联网的结合，正如马化腾所言，"它是对传统行业的升级换代，不是颠覆掉传统行业"。在其中，又可以看到"特别是移动互联网对原有的传统行业起到了很大的升级换代的作用"。

2014 年，中国网民数量达 6.49 亿，网站达 400 多万家，电子商务交易额超过 13 万亿元人民币。在全球网络企业前 10 强排名中，有 4 家企业在中国，互联网经济成为中国经济的最大增长点。

2015 年 5 月 18 日，2015 中国化妆品零售大会在上海召开，600 位化妆品连锁店主，百余位化妆品代理商，数十位国内外主流品牌代表与会。面对实体零售渠道变革，会议提出了"零售业+互联网"的概念，建议以产业链最终环节零售为切入点，结合国家战略发展思维，发扬"+"时代精神，回归渠道本质，以变革来推进整个产业提升。

2014 年 B2B 电子商务业务收入规模达 192.2 亿元人民币，增长 28.34%；交易规模达 9.4 万亿元人民币，增长 15.37%。同时，B2B 电商业务也正在逐步转型升级，主要的平台仍以提供广告、品牌推广、询盘等信息服务为主。阿里巴巴、慧聪网、华强电子网等多家 B2B 平台开展了针对企业的"团购""促销"等活动，培育企业的在线交易和支付习惯。

截至 2014 年，中国跨境电子商务试点进出口额已突破 30 亿元。一大批跨境电子商务平台走向成熟。例如，外贸 B2C 网站兰亭集势 2014 年前三季度服装品类的净营收达到 3700 万美元，同比增速达到 103.9%；订单数及客户数同比增速均超过 50%。

2020 年，国家统计局公布了一季度主要经济数据，实物商品网上零售额 18536 亿元，增长 5.9%，其中吃类和用类商品分别增长 32.7% 和 10%。直播带货表现强劲，成了新消费造风口。直播为商家带来的成交订单数同比增长超过 160%，新开播商家同比增长近 3 倍。"除了电商网购，游戏、教育、医疗等众多消费场景都在线上集中爆发，相应的消费需求同样井喷。"苏宁金融研究院消费金融研究中心主任付一夫在接受记者采访时表示，这种"全场景触网"态势使得互联网更加深层次地融入了国人的生活之中。

8.9　经销商"互联网+"的八大模式案例解析

"互联网+"方兴未艾，冲击并改造着一切行业，而对传统商贸公司的影响，则体现于经营的"蛋糕"在被看不见的对手侵蚀，甚至吞食着：随处可见休闲食品、饮品的特快专递；网上窜货成为新动向；众多 O2O 商城的上线，挤占传统经销商货源……越来越多的经销商被这看不见的竞争对手兼并挤压，生意十分难做。

除此之外，在经营层面，"互联网+"对于商贸公司的影响则较为积极，通过运用互联网思维对相关 App 进行升级，则能够给业务员清晰的发展模板，提升经营效率。

经销商"互联网+"背后的逻辑实质，是通过信息技术改造和重塑现实社会的供需关系，为客户提供便利，同时自身获取综合收益。

"经销商互联网+"的基本模式是 O2O，第一，要将线下的业务搬到线上，实现线上互联互通；第二，要将线下进行业务重构；第三，线上与线下互动运营，最终进入云服务平台实现"智慧自发展"。因此，下面为经销商"互联网+"的运营提供了八大模式。

8.9.1 模式 1：电商

谈及电商，我们所了解的淘宝店、微信、微博等的销售都是电商模式，在南方较为盛行，北方地区较为薄弱。绝大部分经销商并不适合微博营销，因此，淘宝店、微店是电商模式的重要体现。经销商在传统渠道并不针对消费者，而是联系终端店和二批商，但是"互联网+"的应用则是压缩二批、直面终端，实则是经销商生意上的补充。

经销商开发淘宝店的优势在于：一是对产品有深度理解；二是可以培养出自己的品牌；三是可以跟厂家尾货甩卖联动；四是借助全国化运营打开市场。一般情况下，名牌的产品不适合做微信销售，因为这些产品本身就有成熟的分销系统，在线下渠道就可以做得很好，而杂牌、销售利润高的产品较为适合。

【案例】沂蒙公社销售炒货、地瓜干等产品，2021 年刚刚开始上线销售，预计可突破 1500 万元。最高纪录通过一场线上活动，从晚上 6 点到早上 7 点，卖了 18000 件货，营业额达 57 万元，产品毛利均保持在 50%以上。

8.9.2 模式 2：自营 O2O

经销商自营 O2O 风起云涌，有 B2B、B2C 两个应用方向。目前，网上商城、微信公众号、微博甚至 App 都有做，但成功的人很少。

【案例】华南商贸配送中心。该公司选择市区人口密度高的地方，服务区域为 6 千米之内，便于人员采用摩托车配送，涵盖南安市区，并实现半小时送货上门服务承诺。公司采取终端消费者会员制，以会员为结点来推荐会员，结成网状的体系，现在会员有 1 万多人，按每个家庭 4 个人计算，其覆盖的客户人数为 4 万多人，发展前景良好，存在众筹与合作的无限商业潜力。

这种发展模式的优势在于走差异化的经营之道，塑造"直接服务消费者的经营模式"，即"互联网+"的 B2C 模式。随着会员规模化，可延展性增强，可借助微信群、App 互联网+的平台开发维护客户，利用大数据化的管理思维、建立 App 端管理系统和企业升级，进入现代企业快速发展和盈利阶段。

8.9.3　模式 3：联营 O2O

联营 O2O 就是以区域代理、加盟的方式，通过网商与地商相结合的手段，吸引和强化消费者，结合终端创造客源，并逐步扩大自己所代理产品的网上销售渠道。

目前大多数联营 O2O 模式，以电子商务公司形式为主，通过建立分销、网销平台，最终构建一个平台商、合作厂家（招商）、代理商（经销商）、加盟店、消费者之间互惠互利、良性循环的"生态圈"。

具体操作步骤是：①在农村市场先做实体加盟店，再通过 O2O 的方式延伸到线上；②逐步建立"同城购物+同城快递+农村门店"的线上、线下矩阵；③以快消品为主导，兼顾人们日常生活必需品和服务，打造异业联盟。

【攻略】首先，作为一个刚入门的经销商，你要寻找一个"互联网+"的公司合作，利用一个软件开启你的联营 O2O 模式；其次，寻找一个区域的经销商，支付一定比例的佣金，获得该区域网络分销权；再次，寻找该区域内的终端店，并获取一定加盟费；最后，通过"互联网+"公司提供的软件，与消费者互动实现终端的产品销售。

8.9.4　模式 4：云商

云商就是经销商借助 O2O 工具，建立"生意云平台"，延伸连锁便利超市（自建、加盟），给生意注入"互联网+"的基因。云商的表象是个 O2O 公司，但作为经销商，怎样运作成形却至关重要。

具体操作步骤是：①以 O2O 便利服务，通过线上线下推广，获取消费者关注微信公众号、下载 App；②"互联网+"产业形态，获取政府的"互联网+"政策支持；③借助 O2O，链接公用服务（水电费等）；④代收代送快递。

【攻略】首先，依靠经销商代理的实力，开几家终端店作为支撑；其次，开连锁店的同时，通过产品让利等方式，推出 App，赢得消费者的关注；最后，通过样板店赢得免费加盟店，方圆几千米以内的消费者都由这家店配送。

"云商"模式的特点：以小博大、以无博有；借助"互联网+"手段，做出与消费者的互动黏性；便利连锁有基础，或者有专业运营人员；免费思维；以合作贷款等方式，搞定与其他品牌代理商的关系。

8.9.5　模式 5：商贸物流

商贸物流就是经销商通过商贸物流的优势，相继建立 B2B、B2C、O2O 等相关交易模式，意味着经销商向"互联网+商业家"、物流地产商、物流金融商的方向转变。

具体步骤：①基于 B2B 模式，用现代化仓储、装卸为亮点运作，利用规模优势帮经销商贷款；②基于 B2C 模式进行配送和支付；③商贸物流地产筹划，整合各经销商所代理的品牌产品入库；④商贸金融运作筹划，整合各经销商货款流水，筹划金融投资；⑤跨区域连锁运营，成为全国性的"互联网+商贸物流"运营商。

【案例】随着厂家销售网络的逐渐扁平化，烟台的一家经销商开始着手转型：首先，公司通过政府购置了一块荒地，建了一座现代化的物流仓库；第二，成立联盟，所有加盟经销商可以免费使用仓库，并为经销商提供物流、金融贷款等服务；第三，免费使用仓库的同时，要求所有经销商的二批商、分销商到自己建设的网站上交易；第四，通过网站的交易额，最多停留一晚，如果要存放在网站账户可以按息计费；第五，通过经销商服务的终端网点，利用交易网站，也可以发展 O2O 模式。通过该模式的建立，该经销商批发交易额 500 万元/天，每天以 10% 的速度递增，现有 6000 家线下合作小店，计划在烟台、威海开拓 15000 家店，批发额 300 亿元，新征 200 亩物流地产，政府补贴上千万元。

8.9.6　模式 6：特通渠道

特通渠道模式就是通过建立现代化渠道，突破区域限制，依托"互联网+"手段，增加渠道黏性，塑造企业价值。

具体步骤介绍如下。

步骤 1：在特通渠道上，直接与厂家形成合作，收取占道费、广告宣传费等。利用原有贸易公司物流配送的基础平台，整合资源，成立固定配送、收款物流线路，实现当天配送补货、当天收款，无任何欠款。

步骤 2：开通银联支付、一卡通支付、微信支付、支付宝支付等手段，补充现金支付方式的不足，增加机器互联网多媒体屏幕，借助企业营销促销方案，直接在终端上转换各项促销优惠活动，实现便利及促销到达率，提升单机销量。

步骤 3：开发独立的 App，利用终端机器进行下载推广，推送促销信息，设定会员积分（安装积分、购买积分、下载积分、互动积分、活跃率积分等），利用积分兑换相对应的产品或礼品，强化消费者的黏度。

步骤 4：实现由工业区向生活区拓展，开发市政网点（公交站、医院、学校、市政服务中心等），强化各网点的曝光率，同时形成整体影响力，与公交公司形成战略合作，将微型互联网售货机移上公交车，形成"上车刷卡——车上冰饮购买"新型销售理念。

【案例】某公司原来代理饮料，销售区域仅为广东佛山，年销售额为 4000 万元，平均毛利润率只有 8%。后来累计在佛山投放 1200 多台自动售货机，在原有单纯饮料机的基础上，发展出"食品机、综合机"等机型，同时利用直营售货机的网点优势，扩大原贸易公司产品代理范围。截至目前，在广东的佛山、中山、顺德、江门、湛江、广州、深圳、珠海等地陆续开展了业务，并在福建泉州、四川成都成立了分公司，公司整体投放了 2500 多台。

8.9.7　模式 7：互联网众筹

互联网众筹由发起人、跟投人、平台构成，具有低门槛、多样性、依靠大众力量、注重创意的特征，是指一种向群众募资，以支持发起的个人或组织的行为，一般而言是通过网络上的平台联结起赞助者与提案者的。

对于大多数经销商来说，往往都有这样几个优势特点：①同行人脉有一定的资本实力，这是互联网众筹的基础；②有一定判断力，对商业机会的捕捉力较强，特别是一些做到一定规模的经销商，在这方面拥有独特的优势；③对厂家经营管理有认知，懂合作，渴望拥有自己的溢价企业。这些特点都让经销商的互联网众筹变得十分容易。

众筹的内容可以是多样的：众筹股权、众筹销售网络、众筹特色产品等，但不是所有的众筹都能成功。"互联网+"股权众筹成功的要点包括三个方面：一是规范化管理，只有管理科学，才能保证众筹目标的实现；二是治理结构，科学的治理结构包括人员的分工、组织的紧密程度等；三是长线思维，要求所有众筹人员都要对目标充满希望，不能急功近利，损害集体利益满足一己私利。

8.9.8 模式 8：分销软件

分销软件指通过互联网将供应商与经销商有机地联系在一起，为企业的业务经营及与贸易伙伴的合作提供一种全新的模式。供应商、分支机构和经销商之间可以实现实时提交业务单据、查询产品供应和库存状况并获得市场、销售信息及客户支持，实现了供应商、分支机构与经销商之间端到端供应链管理。

互联网让经销商管理变得十分简单和便捷，每一款商品、每一个业务员的出勤情况，都能让经销商心中有数。一般而言，"互联网+"分销软件都有四大优势：一是管理人员特别简单，对于业务人员的拜访情况都能了如指掌；二是对于终端的订货情况，业务可以及时反应，做好送货服务；三是省去了包括车销、人工成本等一系列费用；四是所有货的打款、欠款情况一目了然，让财务更加精准。

8.10 "互联网+"智慧城市

李克强总理在政府工作报告中首次提出"互联网+"行动计划，并强调要发展"智慧城市"，保护和传承历史、地域文化。加强城市供水供气供电、公交和防洪防涝设施等建设。坚决治理污染、拥堵等城市，让出行更方便、环境更宜居。

所谓"互联网+"，实际上是创新 2.0 下的互联网发展新形态、新业态，是知识社会创新2.0 推动下的互联网形态演进。而智慧城市则是新一代信息技术支撑、知识社会下一代创新（创新 2.0）环境下的城市形态。"互联网+"也被认为是创新 2.0 时代智慧城市的基本特征，有利于形成创新涌现的智慧城市生态，从而进一步完善城市的监管与运行功能，实现更好的公共服务，让人们生活、出行更便利，环境更宜居。

伴随知识社会的来临，无所不在的网络与无所不在的计算、无所不在的数据、无所不在的知识共同驱动了无所不在的创新。新一代信息技术发展催生了创新 2.0，而创新 2.0 又反过来作用于新一代信息技术形态的形成与发展，重塑了物联网、云计算、社会计算、大数据等新一代信息技术的新形态。"互联网+"不仅仅使互联网移动了、应用于传统行业了，更是同无所不在的计算、数据、知识，造就了无所不在的创新，推动了知识社会以用户创新、开放创新、大众创新、协同创新为特点的创新 2.0。Living Lab（生活实验室、体验实验区）、Fab Lab（个人制造实验室、创客）、AIP（"三验"应用创新园区）、Wiki（维基模式）、Prosumer（产消者）、Crowdsourcing（众包）等典型创新 2.0 模式不断涌现，推动了创新 2.0 时代智慧城市新形态。

上海市浦东新区经信委副主任张爱平认为创新 2.0 时代智慧城市的基本特征是"互联网+"，其逻辑枢纽是"政务云+"，突破急需"云调度+"，这也是创新 2.0 语境下智慧城市的生态演替趋势。

北京大学移动政务实验室宋刚博士对此表示认同，并认为"互联网+"概括了信息通信技术高度融合发展背景下的新一代信息技术与知识社会创新 2.0 的互动与演进，也是对当前创新 2.0 研究十大热点和趋势的一个概括。"互联网+"作为智慧城市的本质特征将形塑面向知识社会的用户创新、开放创新、大众创新、协同创新，推动形成有利于创新涌现的创新生态。"互联网+"的"+"，不仅仅是技术上的"+"，也是思维、理念、模式上的"+"，以人为本推动管理与服务模式创新与大众创业是其中的重要内容。

智慧城市作为推动城镇化发展、解决超大城市病及城市群合理建设的新型城市形态，"互联网+"正是解决资源分配不合理，重新构造城市机构、推动公共服务均等化等问题的利器。譬如在推动教育、医疗等公共服务均等化方面，基于互联网思维，搭建开放、互动、参与、融合的公共新型服务平台，通过互联网与教育、医疗、交通等领域的融合，推动传统行业的升级与转型，从而实现资源的统一协调与共享。从另外一个角度来说，智慧城市正为互联网与行业产业的融合发展提供了应用土壤，一方面推动了传统行业升级转型，在遭遇资源瓶颈的形势下，为传统产业行业通过互联网思维及技术突破推进产业转型、优化产业结构提供了新的空间；另一方面能够进一步推动移动互联网、云计算、大数据、物联网新一代信息技术为核心的信息产业发展，为以互联网为代表的新一代信息技术与产业的结合与发展带来了机遇和挑战，并催生了跨领域、融合性的新兴产业形态。

同时，智慧城市的建设注重以人为本、市民参与、社会协同的开放创新空间的塑造及公共价值与独特价值的创造。而"开放、透明、互动、参与、融合"的互联网思维为公众提供了维基、微博、Fab Lab、Living Lab 等多种工具和方法以实现用户的参与，实现公众智慧的汇聚，为不断推动用户创新、开放创新、大众创新、协同创新，以人为本实现经济、社会、环境的可持续发展奠定了基础。此外，伴随新一代信息技术及创新 2.0 推动的创新生态所带来的创客浪潮，互联网浪潮推动的资源平台化所带来的便利及智慧城市的智慧家居、智慧生活、智慧交通等领域所带来的创新空间进一步激发了有志人士创业创新的热情。也正因如此，"互联网+"是融入智慧城市基因的，是创新 2.0 时代智慧城市的基本特征。

2020 年 7 月 11 日，"上海市第三批人工智能应用场景需求"正式发布，围绕 AI+制造、交通枢纽、商圈、文化旅游、政务、园区、金融等 7 个领域，建设 11 个综合性 AI 应用场景，从单个场景、点上示范转向领域推广、城市赋能，从解决行业痛点趋向实现价值落地。

上海市经济和信息化发展研究中心副主任陆森表示，在智慧城市 1.0 的数字化、网络化、智能化的基础上，我们正在向泛在化、融合化和智能化的未来智能城市转变，智能服务将无缝衔接，人与人、人与社会、人与城市、人与自然都能更好地和谐相处，实体建筑和基础设施将和虚拟世界相结合，这将是未来智能城市发展的必然趋势。

1．通信

在通信领域，互联网+通信便有了即时通信，几乎人人都在用即时通信 App 进行语音、文字甚至视频交流。然而传统运营商在面对微信这类即时通信 App 诞生时简直如临大敌，因为语音和短信收入大幅下滑，但随着互联网的发展，来自数据流量业务的收入已经大大超过下滑的语音收入，可以看出，互联网的出现并没有彻底颠覆通信行业，反而是促进了运营商进行相关业务的变革升级。

重庆市与中国联通公司签订深入推进"互联网+"行动战略合作框架协议。根据协议，中国联通将持续加大在重庆市的投入，重庆将投入 150 亿元人民币，建设重庆宽带互联网基础枢纽设施，构建"云端计划"互联网基础。中国联通公司将在重庆实施"互联网+"协同制造、普惠金融、现代农业、绿色生态、政务服务、益民服务、商贸流通等 7 大系列的行动。

2．交通

"互联网+交通"已经在交通运输领域产生了"化学效应"，比方说，大家经常使用的打车软件、网上购买火车和飞机票、出行导航系统等。

从国外的 Uber、Lyft 到国内的滴滴打车、快的打车，移动互联网催生了一批打车、拼车、专车软件，虽然它们在全世界不同的地方仍存在不同的争议，但它们通过把移动互联网和传统的交通出行相结合，改善了人们出行的方式，提高了车辆的使用率，推动了互联网共享经济的发展，提高了效率、减少了排放，对环境保护也做出了贡献。

8.11　2020 年互联网行业总结

2020 年新年伊始，一场突如其来的疫情，打破了人们正常的生活节奏，也改变了很多人的生活习惯。农历新年开始工作的第一天，远程办公和在线会议闯入大部分上班族的生活里，飞书、腾讯会议、Zoom 等软件被很多人熟知。据腾讯消息，一年内有超过 3 亿场会议在腾讯会议上举行（图 8.9）。远程面试在这一年里被很多企业和求职者认可。同时线上教育蓬勃发展，几千万学生习惯了线上学习。

图 8.9　腾讯会议助力远程办公

　　由于疫情的影响，跑腿业务需求更加旺盛，以至于美团多次大量招募骑手。不久后社区团购再次被推上风口，互联网巨头纷纷入局，掀起了"百团大战"，然而它却遭官方媒体批评，一时之间被口诛笔伐，最后国家出台"九不得"政策。

　　互联网造车继续蓬勃发展，"造车三兄弟"小鹏、蔚来和理想股价涨了几倍到几十倍，销量也屡屡创新高。恒大汽车在 8 月恒驰首期六款车发布，到 12 月初恒驰 1 启动路测、超豪华内饰曝光，短短几个月时间，恒大造车速度惊人。阿里巴巴集团、上汽集团、张江高科联合打造的智己汽车科技有限公司在浦东新区完成注册，注册资本 100 亿元。百度在无人驾驶上继续突破，还成立了阿波罗智行信息科技（成都）有限公司，被曝光可能推出"百度汽车"。

　　互联网直播带货成为 2020 年最火的行业，年度直播带货榜单中，前 3 名的销售额分别是薇娅 310.9 亿元、李佳琦 218.61 亿元、辛巴 121.15 亿元，前 20 名主播销售总额为 1064.4 亿元，前 20 名中，快手占据 11 席位，淘宝占据 7 个席位，抖音占据 2 个席位。抖音在 4 月份签下罗永浩，短短不到 9 个月时间内，销售额高达 19.71 亿元。为了重启旅游行业，国内第一大 OTA 平台的携程董事长梁建章开启了直播生涯，一年之中一共直播超过 100 场，交易额超过 24 亿元。

　　出海最成功的 TikTok，遭受海外行业甚至政府的打压，但并不能阻止其扩张的步伐。抖音及 TikTok 全年收入高达 12.6 亿美元，同时 TikTok 的下载量常年霸榜。

　　新的一年反垄断被重新拉上台面，阿里、腾讯、京东、唯品会和美团等都被一一点名，野蛮生长的互联网时代可能已经终结了。中国互联网企业是唯一一个没有政府鼓励，没有任何产业政策扶持，也没有银行给贷款的情况下发展起来的。经过十几年的野蛮发展也暴露出很多问题，这些问题有待一一解决。2020 年是传统互联网行业终结之年，也是开启互联网行业下一个十年的节点。

8.12　本章小结

　　当前，我国经济正处于转型升级的关键时期，以传统产业为主的经济结构面临挑战，"互联网+"正是破解中国经济发展难题的一剂"良药"。未来互联网不仅将成为如电力一般的基础设施，还将成为无处不在的效率提升器。各行各业通过运用"互联网+"改造销售、渠道、产品、运营各环节的效率洼地，帮助企业实现增效转型升级，并且随着互联网与传统行业不断深入融合，互联网将爆发出更大的正向动能。

习题

1. "互联网+"的主要特征有哪些？
2. 找出你身边需要进行"互联网+"升级改造的场景，写 500 字左右的策划文案。
3. "互联网+"改变了你身边哪些传统行业？举例说明。
4. "互联网+"有哪些营销策略？

本章的学习目标

- 掌握 "互联网+教育" 的几种教学模式；
- 了解 "互联网+教育" 面临的机遇和挑战；
- 了解达内在线职业教育的运营模式；
- 理解 "互联网+教育" 将走向智能化。

9.1　　"互联网+教育" 概述

"互联网+教育" 不仅是互联网技术手段在教育上的应用，而且是利用传感技术、无线网络技术、移动通信技术、云计算技术、大数据技术等信息技术手段开展的新型教育形态，是建立在信息技术基础上的教育。它以学习者为主体，学生和教师、学生和教育机构之间主要运用多种媒体及多种交互手段进行系统教育与通信联系。"互联网+教育" 的出现，改变了传统教育模式，使教育不再受时间、空间限制：通过一个网和一个移动终端，就能同时容纳几百万名学生，并且学生可以任意挑选学校、老师、课程，随时随地即刻进入学习状态；提供微课、MOOC、翻转课堂、手机课堂等多种新颖的教学模式，学生根据能力、兴趣点的变化，可以不断去探索新的知识。教育互联网化为 "终身学习" 提供了一种便捷有效的途径。

9.2　　"互联网+" 的现代教学模式

信息技术、互联网技术、移动技术等现代信息技术在教育领域的应用极大地拓展了教育的时空界限，改变了教与学的关系，推动了教学模式朝着多样化的方向发展。下面是几种具有代表性的基于 "互联网+" 的现代教学模式。

1. MOOC 教学模式

MOOC 教学模式突破以往"课表+教室"的时空限制，多渠道拓展了教学资源，并能够提供个性化教学环境。其主要特征如下：

（1）大规模。大规模主要体现为学习人数多；参与教师多并能以团队方式参与课程建设；平台具有大量可供选择的网络课程。

（2）开放。开放主要体现为学习者没有身份限制；具有开放的教学形式和课程资源；具有开放的教育理念。

（3）在线。教师可以随时随地将课程、教学内容与资源上传到网络平台，学习者只要具备上线条件就可以随时随地学习，并能够及时得到学习反馈和学习效果评价。网络平台可以实时记录学习者的学习轨迹。

MOOC 教学模式为传统教学系统中基本要素（教师、学生、教材）之间的相互作用提供了更多选择，不同的优化组合可以建构出新的教学模式。另外，MOOC 教学模式可以突破传统教学时空限制，拓展教学信息资源，扩大教学信息交流范围，提供个性化教学环境，从而为建构新型教学模式提供了技术条件。

2. SPOC 教学模式

SPOC（Small Private Online Course，小规模限制性在线课程）中的 Small 和 Private 是相对于 MOOC 中的 Massive 和 Open 而言的。Small 是学生规模一般为几十人到几百人；Private 是指对学生设置限制性准入条件，达到要求的申请者才能被纳入 SPOC 课程。SPOC 教学模式的基本流程是，教师把在线视频和习题当作家庭作业布置给学生，然后根据学生所遇到的问题有针对性地安排课堂教学活动；学生必须保证学习时间和学习强度，参与在线讨论，完成规定的作业和考试等，且考试通过者才能获得学分。SPOC 教学模式具有以下优势：

（1）提高教学质量。SPOC 教学模式不是简单地照搬 MOOC。课堂教学在 SPOC 教学模式中占据主导地位。SPOC 课堂的教学活动以答疑、讨论为主，并引入问题探索，培养学生运用知识解决问题的能力。在学校，课堂学时是宝贵的。SPOC 课堂的重点从"知识的传授"转变为"知识的吸收与内化"，而学生观看视频等知识传授活动通过线上完成，时间是灵活的，方式是自由的。这样学生学习更具有主动性，参与度更高，学习效果也更好。SPOC 教学模式可以有效地平衡因材施教和整体教学质量这两方面。

（2）降低教学成本。SPOC 教学模式利用作业自动评判和学习轨迹追踪技术，将教师从烦琐的重复性劳动中解放出来，利用大数据技术，更方便地开展教学评估，降低教学管理成本。

（3）提升学校软实力。SPOC 教学模式能够为不爱表达的同学提供一条网络交流渠道，加强师生之间的互动，能够通过课程论坛促进同学之间的交流，互帮互学，形成良好的学习氛围。

3. 混合式教学模式

在线教学模式和课堂教学模式各有千秋，网络环境下的混合式教学模式则融合了这两种教学模式的优势，把"以学为主"的教学设计和"以教为主"的教学设计结合起来，打破了传统学校教育的课堂教学模式，同时也突破了在线教学模式无法实时有效地沟通和交流的局限，是一种全新的教学模式。

加入信息元素的混合式教学模式，使传统教学课题的结构发生了根本改变。过去同步递进的大班教学，使很多接受能力慢的学生因赶不上老师的进度而逐步产生厌学情绪，甚至放弃学习。相比之下，混合式教学模式通过互联网环境，使学生多了课前预习及课后补习的渠道，并使学生可以在网络上得到知识，课堂上更多的是师生互动、答疑解惑。混合式教学模式需要集教学内容发布与管理、课堂教学、在线教学交互、在线教学评价、基于项目的协作学习、发展性教学评价和教学管理等功能于一体的网络教学平台来支撑。目前国内较流行的在线学习平台有中国大学 MOOC、网易公开课、慕课网、百度传课、腾讯课程等，国外则有 WebCT、Blackboard、UKeU、Frontier，Learning Space 等。

4. 微学习教学模式

微学习（Microlearning）教学模式指的是微观背景下的学习模式。提出微学习概念的林德纳认为，微学习就是一种存在于新媒介生活系统中的基于微内容和微型媒体的新型学习形态。微学习区别于微课程，微学习处理的是相对较小的学习单元及短期的学习活动。微学习教学模式把知识分解成小的、松散的且相互关联的学习单元，即碎片化但成系统、有组织的学习内容，然后学习者通过较短的、灵活的学习时间开展学习活动。其学习过程基于微型媒体工具，如手机、平板电脑等。微学习的核心理念是随时随地学习，想学就学。

名校、名师、精品、开放、免费和移动，现在已经融合并发酵出了 MOOC、SPOC、混合式、微学习等教学模式。

9.3　"互联网+教育"的机遇与挑战

9.3.1　机遇

"互联网+"让教育从封闭走向开放。"互联网+"打破了权威对知识的垄断，让教育从封闭走向开放，人人能够创造知识，人人能够共享知识，人人也都能够获取和使用知识。在开放的大背景下，全球性的知识库正在加速形成，优质教育资源正得到极大程度的充实和丰富，这些资源通过互联网连接在一起，使得人们随时、随事、随地都可以获取他们想要的学习资源。知识获取的效率大幅提高，获取成本大幅降低，这也为终身学习的学习型社会建设奠定了坚实的基础。

"互联网+"时代的校园，将不单纯是指物理意义上圈在围墙里的几幢教学楼，而是现实与虚拟无缝结合的学习场所。网络已覆盖校园的每个角落，教育管理的每个环节都通过互联网实现。教育云课堂和数字图书馆可以为师生提供浩如烟海的学习资源。

"互联网+"时代的课堂，将以活泼有效的师生互动代替传统的知识灌输与接受。借助丰富的在线课程资源和现代教学手段，老师可以更好地发挥引领作用，激发学生的学习兴趣。学生可以利用便捷的互联网教学平台，与老师自如地交流，跟同学顺畅地沟通。

"互联网+"时代的学习是可以移动的，是可以个性化的。学生即使因特殊情况请假在家，也能通过互联网与同学一起远程学习。学生能够借助互联网手段，真正成为学习的主体，实现从被动学习向自主学习的转化，从死记硬背迈向探究式学习。

"互联网+"时代的考试和评价，将不再是单一的考试评价。教育相关的工作者都是评价的主体，同时也都是评价的对象。社会各阶层也将更容易通过网络介入对教育的评价，使教育工作得到更及时的监控和反馈。伴随学生成长的教育大数据，将充分体现学生的学习过程和综合素质，并为学生的职业规划和价值实现提供决策参考。

9.3.2　挑战

在"互联网+"的冲击下，教师和学生的界限也不再泾渭分明。在传统的教育生态中，教师、教材是知识的权威来源，学生是知识的接受者，教师因其拥有知识量的优势而获得课堂控制权。可在"校校通、班班通、人人通"的"互联网+"时代，学生获取知识已变得非常快捷，师生间知识量的天平并不必然偏向教师。此时，教师必须调整自身定位，让自己成为学生学习的伙伴和引导者。

在"互联网+"的冲击下，教育组织和非教育组织的界限已经模糊不清，甚至有可能彻底消失。社会教育机构的灵活性正对学校教育机构发起强有力的冲击。育人单位和用人单位也不再分工明确，而是逐渐组成教育共同体，共同促进教育协同进步。

9.4　教育案例：达内

9.4.1　达内在线教育简介

达内时代科技集团有限公司，成立于 2002 年 9 月。2014 年 4 月 3 日成功在美国纳斯达克上市，融资 1 亿 3 千万美元，成为中国第一个赴美国上市的职业教育公司，也是引领行业的职业教育公司。美股交易代码为 TEDU，简称达内集团。其发展历程如图 9.1 所示。

达内致力于面向 IT 互联网行业，培训培养软件开发工程师、测试工程师、系统管理员、智能硬件工程师、UI 设计师、网络营销工程师、会计等职场人才。2015 年起，它推出面向青少年的少儿编程、智能机器人编程、编程数学等课程。

达内目前开设 Java、Java 互联网架构、Java 大数据、PHP、软件测试、嵌入式、C++、C#、Android、iOS、UID、UED、产品经理、Linux 云计算、Web 前端、VR、VFX 影视视效设计师、CAD、网络运维、网络营销、高级电商、主办会计、少儿编程、智能机器人编程、编程数学等 27 大课程体系，为高端 IT 企业提供全面的人才服务，并为全行业提供高级应用型人才。

2001—2003创业·融资
2001.08在加拿大多伦多开始创业；2003.09获得美国风投IDG
2004—2009·发展
2004.03被授予“全国信息技术人才培训基地”；2009.10推出TTS3.0
2010—2013·超越
2010.1德勤“高科技、高成长亚太500强”
2014—2021·上市·筑梦
2014.03在美国纳斯达克上市，成为上市职业教育机构；2019年，达内17周年庆典，缔造年轻人的中国梦

图 9.1 达内的发展历程

达内的定位包括一站式职业人才培训提供商、一站式人才输送提供商、一站式软件开发提供商，如图 9.2 所示。

业务主要面向下面 4 个领域：

（1）高端培训业务：高端职业教育、在线职业教育平台——TMOOC。

（2）高级人才业务：达内人才优选、在线招聘平台——Jobshow。

（3）青少培训业务：少儿编程、智能机器人编程、编程数学、达内重点教育。

（4）高端软件业务：软件外包。

1200余家高校合作*
一站式
职业人才培训提供商
TMOOC.CN
四大方向
青少培训
少儿编程
智能机器人编程
编程数学
达内重点教育
就业培训
Java、C++、C#、PHP、嵌入式、Android、iOS、软件测试、VR、Web前端、Linux云计算、UID、网络营销、会计、CAD、影视后期、网络运维、高级电商、产品经理
培优培训
Java互联网开发
iOS
Android
Web前端
UED
软件测试
Linux云计算
才高培训
Java大数据
iOS
Android
Web大前端
27大课程体系
一站式
人才输送提供商
达内人才优选
一站式
软件开发提供商
20万家就业雇主合作企业*

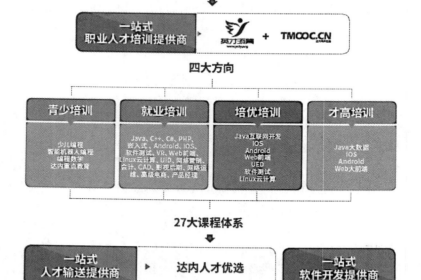

图 9.2 达内三大定位

9.4.2　O2O 教学模式

达内采用 O2O 教学模式（图 9.3），一地授课全国同时学习，教学质量统一，就业质量统一。其特色是线上和线下相结合的一站式授课，线上具有直播课、录播课等教学形式，线下也拥有面授课程，让来自不同城市的学员都能享受到优质的师资资源，不受时间空间所限，解决了职业教育师资不足的缺陷。职业教育师资一直是阻碍机构发展的大问题，分校好开但良师难觅，具有丰富经验教学水平过硬的老师更难寻。

达内教育的 O2O 模式实现了线上线下优劣互补，利用视频直播技术进行线上授课，结合线下的资源补充线上无法进行的动作技能训练，课余还为学员提供了在线学习互动平台，实现一站式智能授课，形成完整的学习闭环。

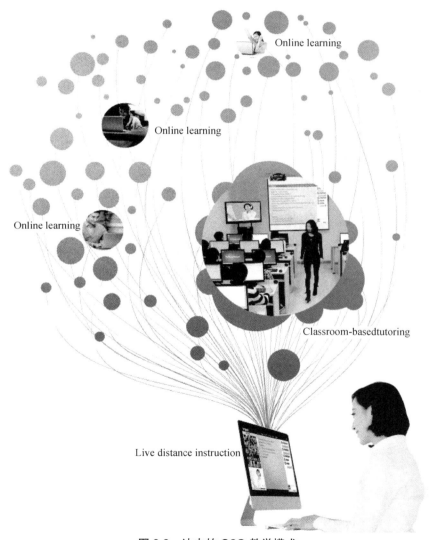

图 9.3　达内的 O2O 教学模式

9.4.3   因材施教分级培优创新教学模式

为了解决不同学生的学习进度差异、不同水平差异导致的学习效果问题，达内根据学习不同课程学员的特点，通过基础阶段的课程学习后进行分级考试或分阶段考试，根据学生的学习能力因材施教、分级培优进行差异化教学，使同一水平的学生能同步实现逐级提高，让同一基础的学生能够紧跟进度，保障所有的学员都能达到更好的学习效果。

2016 年，达内重磅推出因材施教、分级培优的创新教学模式，如图 9.4 所示。同一课程方向，不同受众群体，提供就业、培优、才高三个级别的教学课程，因材施教、分级培优，让每一位学员都能找到适合自己的课程。

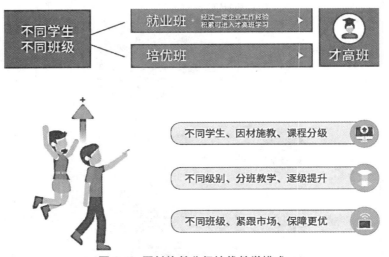

图 9.4   因材施教分级培优教学模式

达内推出的因材施教、分级培优有两个好处，如图 9.5 所示。

（1）对不同基础的学员分级，开展针对性的学习。

（2）能满足企业不同岗位的差异化需求。

图 9.5   分级培优益处

9.4.4 在线交互学习平台 TMOOC

达内 TMOOC 教学系统是达内自主研发的高度智能化学习及评测平台（图 9.6），是目前中国实际运用中同时在线学习人数较多的互动式教学管理平台。该系统用于管理学员的日常教学活动，可以辅助学员完成学习、练习、评测、提问、讨论及学习回顾等学习环节。该系统实现了课程的标准化，学习过程的可视化及学习效果可量化，真正实现了线上线下达内学员的学习共享与交流。

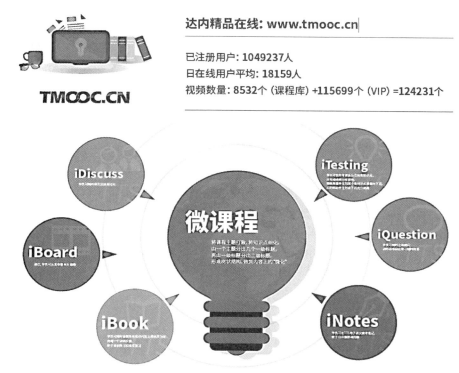

图 9.6 TMOOC 学习平台

9.5 "互联网+教育"智能化

智能装备、物联网、云计算、大数据、人工智能等技术的发展，不断为教育智能化的最终实现扫清了技术障碍。这些技术的应用促进了教育教学从信息化走向智能化和现代化。"教育智能化"有望在教育共享、个性化学习、学习效率提升等多个方面把教育推向一个新高度。

9.5.1　教育的云计算时代

教育成了云计算最先落地的几个领域之一。优质教育资源的匮乏和分布区域过散，使欠发达地区的教育水平较低、教育信息化程度不高，而云计算的应用彻底打破了地区的限制，实现了教育信息资源的集中存储和整合，大大推进了教育的发展进程。

网络技术的发展促使教育逐渐走向社会化、全球化。网络教育不仅可使一所高校深入挖掘其教学资源，而且可以实现资源共享。在校学生可跨校选课，在校外接受网络教育的学生的学分可以得到承认和转换，这为学生的个性化发展提供了广阔的空间。

目前，网络教育资源建设大多处于孤立分散状态，而且标准不统一，能够用来交流与共享的少。要解决这些问题，必须统一教育资源建设标准，按照国际通用的 TCP/IP 协议和有关技术标准，以互联网为主要传输和交流媒体，同时考虑与电视、数字电话等其他传输媒体的兼容性，这样才能避免低水平的重复建设，降低成本，提高质量。

9.5.2　教育的移动互联网时代

5G 网络技术的成熟，使移动互联网已经渗透并正在塑造每个行业。随着相关技术及设施、设备的发展，移动视频互动已经成为现实。移动互联网在教育行业的快速发展有利于在线教育逐渐摆脱互联网和计算机的限制，使碎片化时间的充分利用在移动终端上得到更具长尾效应的延伸，从而实现视频直播授课、实时屏幕互动、即时课堂答题、课后作业批改、"班级圈"社交等一系列互动体验，让学习随时随地进行，不再受时间和空间的限制。

9.5.3　教育的大数据时代

在信息社会，人们思考如何才能不被信息淹没，并能从中及时发现有用的知识，提高信息资源利用率，从而避免"数据爆炸但知识贫乏"的现象。近年来，在教育领域，"大数据"已经成为热点名词，与"在线教育"相呼应。从新东方、学大教育等教育机构发布的教育产品来看，几乎每款产品都会提到大数据技术。

在疫情期间，新东方通过 OMO（Online-Merge-Offline，即线上线下的全面整合，线上线下的边界消失）系统将线下课程转移至线上的小班直播，以降低疫情对业务的影响，使新东方近几年打造的 OMO 系统中，在线工具的使用率大大提高。

新东方抓住了"出国热"、"考研热"的市场机遇，随后为了应对移动互联网崛起，快速发展在线教育，并推动在线教育的大爆发。另外，俞敏洪在 2016 腾讯"云+未来"峰会上说过，新东方已经在过去的几年内成功地触网，现在新东方所考虑的是怎么进行触云。新东方对学员的用户个人数据、社交数据、消费数据、学习数据进行收集，通过庞大的云端大数据能够有效地减少成本、获得更好的营销效果。

新东方考研大数据分析产品在设计上结合考生学习特点，以每年总计 60 万付费人次所计的大数据为依托，对课程结构进行深入调整优化。以英语课程为例，据相关负责人介绍，在课程设计上，新东方在线考研教研团队根据十万级用户评价、班主任规划辅导 4500 次、班级群答疑日均 300～400 条、英语知识堂答疑 41508 条、政治答疑 22990 条、数学答疑近 8 万条、53721 个作文批改服务样本、利用乐词 App 记忆研词的完成率、不同阶段学员使用练习题的效度；不同板块学员停顿记笔记的间隔时效性；不同板块、不同师资的听课率、差评率、投诉率；不同板块、不同师资学员听课播放倍速情况，以总结学员学习情况，进而设计这份备考方案，做到全面科学化、数据化。

9.5.4 人工智能技术是教育智能化的核心

在教育领域，如何有效地对师生之间的各种教学行为进行跟踪、分析、控制，是教育智能化需要解决的任务。其中，智能控制是关键技术。所谓智能控制是通过定性与定量相结合的方法，针对问题的复杂性与不确定性，有效自主地实现信息的处理、优化决策与控制功能。当问题复杂度较高时，需要引入人工智能技术来实现系统的智能化。所以，人工智能技术是教育智能化的核心技术。

随着人工智能技术的日渐成熟，它的一些研究成果也陆续被应用到教育领域，推动了教育发展、改革及教学现代化进程。目前，应用在教育领域的人工智能技术主要有数据自动获取、智能搜索、知识挖掘。

数据获取是通过建模或特定的方法在巨大的教育数据资源中进行收集和分析以得到最需要的数据的过程。

智能搜索在传统搜索技术的基础上，把人工智能等领域的研究成果加入搜索引擎中，大幅度提高了搜索的准确性，使搜索引擎更加人性化、精确化。

知识挖掘是从教育数据集中识别有效的、新颖的、潜在有用的及最终可理解的非平凡过程。

在移动互联、云计算及人工智能快速发展的驱动下，我们已经进入以数据分析驱动教育教学变革的大数据时代。教育领域蕴藏着具有广泛应用价值的海量数据，需要利用数据挖掘技术、智能搜索技术等来构建高可用的相关模型，探索教育变量之间的相关关系，为教育教学决策提供有效的支持，为学习者提供个性化学习服务，从而促使教育资源得以充分利用，实现教育公平。"打开你的 PC，成为你的课堂"正在成为现实，终身学习也不再是梦想。

9.6 本章小结

互联网的发展及其与教育的深度融合极大地改变了传统教育，使其从观念到模式，从学习方式到学习内容，从学习评价到学习成果认定，从产业链到创业模式，都发生了翻天覆地的变化。

"互联网+教育"的核心是通过技术应用变革教育。随着云计算、大数据、物联网、泛在网等技术日趋成熟，以及人工智能、虚拟现实等新兴技术的不断发展，"互联网+教育"将进一步拓展其进化路径，呈现实时互动的教学方式、开放共享的教学资源、移动互联的教育终端，最终实现深度融合的智慧教育。

　　"互联网+教育"的美好前途指日可待，而作为这个时代大潮下的教育者、学习者，我们要时刻准备迎接接踵而来的各种挑战。

习题

1．你使用过哪些在线教育平台？
2．谈谈你对在线教育平台的看法。
3．你喜欢在线学习方式吗？你认为哪些是值得肯定的地方？

参考文献

[1] 谢希仁. 计算机网络[M]. 7 版. 北京：电子工业出版社，2017.

[2] 褚建立. 计算机网络技术实用教程[M]. 2 版. 北京：清华大学出版社，2011.

[3] 唐灯平. 网络互联技术与实践[M]. 北京：机械工业出版社，2019.

[4] 余智豪，何志敏，马莉. 网络互联技术教程[M]. 北京：清华大学出版社，2019.

[5] 吴功宜，吴英. 计算机网络应用技术教程[M]. 5 版. 北京：清华大学出版社，2019.

[6] 高万林. 互联网+教育：技术应用[M]. 北京：电子工业出版社，2020.

[7] 麓山文化. 远程办公全攻略[M]. 北京：人民邮电出版社，2020.

[8] 李芳. 计算机网络基础[M]. 上海：上海交通大学出版社，2019.